U0185634

高职高专电子信息类专业系列教材 >>>>>>>

电子CAD技术

主　编　陈　震　王书杰
副主编　李　平　费贵荣
参　编　唐红锁　汤荣生　刘振兴

机械工业出版社

本书从实际应用角度出发，以项目为载体，将电子产品从原理图绘制到PCB设计的工作过程设置成10个项目。前5个项目详细介绍了利用Altium Designer 14进行电路原理图的绘制和原理图元器件的制作，后5个项目详细介绍了利用Altium Designer 14进行PCB手工设计和元器件封装的制作及管理。

本书以原理图和PCB设计能力的培养为核心，针对学生的实践能力，根据学习性工作任务整合教材内容，便于实现教、学、做一体化。本书可作为职业院校电子信息类、机电一体化技术、电气自动化技术等专业的教材，也可作为电子工程技术人员参考用书。

为方便教学，本书配有电子课件，凡选用本书作为教学用书的老师，均可来电索取。电话：010-88379375；电子邮箱：cmpgaozhi@sina.com。

图书在版编目（CIP）数据

电子CAD技术/陈震，王书杰主编. —北京：机械工业出版社，2018.8
（2023.7重印）

高职高专电子信息类专业系列教材

ISBN 978-7-111-60294-1

Ⅰ.①电…　Ⅱ.①陈…②王…　Ⅲ.①印刷电路-计算机辅助设计-应用软件-高等职业教育-教材　Ⅳ.①TN410.2

中国版本图书馆CIP数据核字（2018）第137354号

机械工业出版社（北京市百万庄大街22号　邮政编码100037）
策划编辑：高亚云　责任编辑：高亚云　于　宁
责任校对：郑　婕　封面设计：陈　沛
责任印制：李　昂
北京捷迅佳彩印刷有限公司印刷
2023年7月第1版第4次印刷
184mm×260mm · 20.5印张 · 505千字
标准书号：ISBN 978-7-111-60294-1
定价：49.80元

电话服务　　　　　　　　　网络服务
客服电话：010-88361066　　机　工　官　网：www.cmpbook.com
　　　　　010-88379833　　机　工　官　博：weibo.com/cmp1952
　　　　　010-68326294　　金　书　网：www.golden-book.com
封底无防伪标均为盗版　机工教育服务网：www.cmpedu.com

前　言

随着电子科技的蓬勃发展，新型元器件层出不穷，电子线路变得越来越复杂，电路的设计工作已经无法单纯依靠手工来完成，电子线路计算机辅助设计已经成为必然趋势，越来越多的设计人员使用快捷、高效的 CAD 软件来进行电路原理图、印制电路板图的设计，打印各种报表。

Altium Designer 是原 Protel 软件开发商 Altium 公司推出的一体化的电子产品开发系统，主要运行在 Windows 操作系统，因易学易用而深受广大电子设计者喜爱。这套软件通过将原理图设计、电路仿真、PCB 设计、拓扑逻辑自动布线、信号完整性分析和设计输出等技术完美融合，为设计者提供了全新的设计解决方案，使设计者可以轻松进行设计，熟练使用这一软件必将使电路设计的质量和效率大大提高。

Altium Designer 除了全面继承包括 Protel 99 SE、Protel DXP 在内的先前一系列版本的功能和优点外，还进行了许多改进，增加了很多高端功能。该平台拓宽了板级设计的传统界面，全面集成了 FPGA 设计功能和 SOPC 设计实现功能，从而允许设计者能将系统设计中的 FPGA 与 PCB 设计及嵌入式设计集成在一起。Altium Designer 是一套完整的板卡级设计系统，真正地实现了在单个应用程序中的集成。由于 Altium Designer 在继承先前 Protel 软件功能的基础上，综合了 FPGA 设计和嵌入式系统软件设计功能，因此它对计算机的系统需求比先前的版本要高一些。

本书基于 Altium Designer 14 版本，从实际应用出发，以典型案例为导向，以项目为驱动，详细介绍了 Altium Designer 软件的设计环境、原理图设计、层次原理图设计、印制电路板（PCB）设计、PCB 规则约束及校验、交互式布线、原理图元件库、PCB 元件库和集成库的创建等相关技术内容。

本书由泰州职业技术学院陈震、王书杰、李平、费贵荣、唐红锁、汤荣生和刘振兴共同编写，其中陈震和王书杰任主编，李平和费贵荣任副主编。陈震编写了项目一、项目二、项目三、项目六、项目七，王书杰编写了项目四、项目八、项目九，李平编写了项目五，费贵荣编写了项目十，唐红锁、汤荣生和刘振兴负责书中电路图的绘制和练习的编写工作。全书由陈震统稿。

为了便于阅读和学习，书中所用元器件的图形符号和文字符号均采用与 Altium Designer 14 软件一致的形式，没有按照国家标准予以修改，特提醒读者注意。

由于电子 CAD 技术发展较快、涉及面广、实用性强，加之编者水平有限，书中难免存在错漏和不妥之处，敬请读者批评指正。

编　者

目　录

项目一
无稳态振荡电路原理图

1.1 设计任务

1. 完成如下所示的无稳态振荡电路的原理图设计

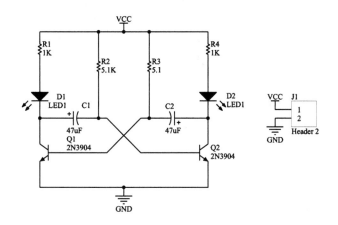

2. 学习内容

1) 新建工程文件。
2) 新建原理图文件。
3) 加载原理图元件库。
4) 放置元件。
5) 绘制导线。
6) 放置电源接地符号。

1.2 设计步骤

1. Altium Designer 14 简介

Altium Designer 是原 Protel 软件开发商 Altium 公司推出的一体化的电子产品开发系统。Altium Designer 在单一设计环境中集成了板级和 FPGA 系统设计、基于 FPGA 和分立处理器的嵌入式软件开发以及 PCB 版图设计，并集成了现代设计数据管理功能，为设计者提供了全新的设计解决方案，使设计者可以轻松进行设计，熟练使用这一软件必将使电路设计的质量和效率大大提高。

Altium 公司的前身为 Protel 国际有限公司，由 Nick Martin 于 1985 年始创于澳大利亚塔斯马尼亚州霍巴特，致力于开发基于 PC 的软件，为印制电路板提供辅助设计。公司总部位于澳大利亚悉尼。

1991 年 Protel 国际有限公司推出 Protel for Windows。

1998 年 Protel 国际有限公司推出 Protel 98，它是第一个包含 5 个核心模块的 EDA 工具，这 5 种核心模块包括原理图输入、可编程逻辑器件设计（PLD）、仿真、板卡设计和自动布线。

1999 年 Protel 国际有限公司推出 Protel 99，功能进一步完善，从而构成从电路设计到板级分析的完整体系。

2000 年 Protel 国际有限公司推出 Protel 99 SE，性能又进一步提高，可对设计过程有更大的控制力。

2001 年 Protel 国际有限公司变更为 Altium 公司。

2002 年 Altium 公司推出 Protel DXP，引进"设计浏览器（DXP）"平台，允许对电子设计的各方面（如设计工具、文档管理、器件库等）进行无缝集成，它是 Altium 建立涵盖所有电子设计技术的完全集成化设计系统理念的起点。

2004 年 Altium 公司推出 Protel 2004，对 Protel DXP 进一步完善。

2006 年 Altium 公司推出 Altium Designer 6.0。

2008 年 3 月 Altium 公司推出 Altium Designer 6.9。

2008 年 6 月 Altium 公司推出 Altium Designer Summer 08（7.0）。

2008 年 12 月 Altium 公司推出 Altium Designer winter 09（8.0）。

2011 年 1 月 Altium 公司推出 Altium Designer 10。

本书所用的 Altium Designer 14 是 Altium 公司 2013 年 10 月推出的。与以前的版本相比，Altium Designer 14 具有以下新的特点：

（1）支持柔性和软硬结合设计　软硬电路结合了刚性电路的处理功能以及软性电路的多样性。大部分元件放置在刚性电路中，然后与柔性电路相连接，它们可以扭转、弯曲、折叠成小型或独特的形状。Altium Designer 14 支持电子设计使用软硬电路，打开了更多创新的大门。它还提供电子产品的更小封装，节省材料和生产成本，增加了耐用性。

（2）层堆栈的增强管理　Altium 层堆栈管理支持 4～32 层。层层中间有单一的主栈，以此来定义任意数量的子栈。它们可以放置在软硬电路不同的区域，促进堆栈之间的合作和沟通。Altium Designer 14 增强了层堆栈管理器，可以快速直观地定义主、副堆栈。

（3）新增 Vault 内容库　使用 Altium Designer 14 和 Altium Vault，数据可以可靠地从一个 Altium Vault 中直接复制到另一个 Altium Vault 中。不仅可以补充还可以修改，基本符号都能自动进行转换，以满足用户的需求。

（4）板设计增强　Altium Designer 14 提供了一系列电路板设计技术以满足用户需求。比如新的差分对布线工具，在跟踪差距改变时可以始终保持阻抗不变。

（5）支持嵌入式元件　PCB 层堆叠内嵌的元件，可以减少占用空间，支持更高的信号频率，减少信号噪声，提高电路信号的完整性。Altium Designer 14 支持嵌入式分立元件，在装配过程中，可以作为个体制造，并放置于内层电路。

（6）改进差分对布线能力　Altium Designer 14 提供了一个更简化的差分对布线设计规则，交互式或者自动设置差分对宽度和间隙，并且差分对布线器按照层布线规则运行，加强了差分对布线的能力。

（7）在用户自定义区域定义过孔缝合　PCB 编辑器的过孔缝合能力在 Altium Designer 14 版本中得到了加强，其有能力限制过孔缝合图案到用户自定义的区域，就像定义一个 Region 或者一个铺铜一样。

（8）AutoCAD 导入/导出功能的提升　Altium Designer 14 增强了 AutoCAD 文件导入/导出的支持，＊.DWG 和＊.DXF 等格式的文件都可以导入/导出到 Altium Designer 14 中。新的导入/导出器不仅能够支持到 AutoCAD 的最新版本，而且对于各种类型的对象也提供了支持。

（9）新增 CAD 软件 EAGLE 导入器　并不是所有的设计都是在 Altium Designer 中完成的。如果用户刚开始使用 Altium Designer，那很可能有其他格式的设计文件，可能是 Altium 公司早期的工具，或者是其他 EDA 工具设计的。即使每天使用 Altium Designer，用户也可能经常要从其他设计工具中导入设计。为支持用户从其他格式和设计工具导入的需求，Altium Designer 14 新增了导入 CadSoft ® EAGLE™（一个简便的图形绘制工具）设计文件和该软件的库文件（＊.sch，＊.brd，＊.lbr）。

（10）提供 IBIS 模型实现编辑器　在信号完整性分析时，为了加强 IC 引脚的模型，Altium Designer 早就有能力使用 IBIS 模型。然而当在原理图上为一 IC 元件定义一个 SI 执行时，系统总是会要求将 IBIS 模型导入 Altium Designer 自有的信号完整性模型格式。为了支持需要在信号完整性仿真中用到专门 IBIS 模型的第三方工具，而不用 Altium Designer 自己的模型格式，Altium Designer 14 提供了专门的 IBIS 模型实现编辑器。

（11）支持供应商 TME　为了使用户的设计获得更多有关器件供应链的信息，Altium Designer 14 可获得供应商列表中新增加了一个供应商 TME（Transfer Multisort Elektronik），TME 位于波兰，是中东欧地区最大的电子元件经销商。通过直接链接到供应商服务网页，可以搜索 TME 整个产品目录。这些即时数据可以通过 Altium Designer 的现场链接供应数据特征集成到用户的设计进程中，使用户通过 Altium Designer 搜索供应数据库，并将设计元件与供应项相匹配。

如果使用 Altium Vault Server，该 Vault 的管理员可将 TME 配置为 Approved Suppliers 的一个成员，这样可以促进集中供应链管理，使得整个组织内的设计师都采用相同的经过批准的供应商。

（12）新安装系统　Altium Designer 14 自带 Altium Designer Installer，使得 Altium Designer 安装变得更直观更便捷。当选择初始安装时，基于 Wizard 的安装包流水线式地执行初始化安装进程，按照安装功能，安装文件现在源于安全的云端 Altium Vault。此外，核心安装的修改以及卸载移至 Windows 7 标准的 Programs and Features 内（通过控制面板访问）。

（13）Altium Designer 扩展　促进加强 Altium Designer 功能实体，通过扩展（Extensions）的概念支持软件的定制化。一个扩展即软件功能的高效添加，提供延伸的特征和功能。核心特征和功能会引用 System Resources 作为初始化安装的一部分安装和处理。此外，可获得一系列 Optional Extensions，用户可按需求安装或者卸载功能包。扩展的概念使得按设计需求手工安装成为可能，Altium Designer 的安装定制化本质上可归结为可获得扩展的管理。安装、升级或者卸载可获得的扩展，都是通过 Extensions and Updates 对话框完成的，这些都是基于 Altium Designer 范围内使用。而且，通过 Altium Designer Developer Edition 利用

Altium Designer SDK 和 Application Software Publisher，扩展还可由第三方开发和发布。

（14）参数控制原厂工具的应用　以前的 Altium Designer 版本在 FPGA 的构建过程中，软件将使用在电脑上安装的该器件商的最新版本设计工具。而对于 Altium Designer 14，用户可以选择每个原厂的任一工具链。这使得设计师可以在不同的设计中完全自由掌控计算机里安装的各种版本的原厂工具。

（15）支持 Xilinx Vivado 工具链　支持使用 Xilinx Vivado 14.3，当针对一个 FPGA 设计构建（Build）写入一个物理器件期间执行布局与布线（Place & Route）时可作为一个可选工具，Xilinx Vivado 是 Xilinx ISE 的继任者，它为 7 系列 Xilinx 器件提供服务。

（16）基于浏览器的 F1 资源文档　Altium Designer 14 重新整修了软件文档。其中一部分提供了非常便捷的基于浏览器的 Altium 文档资源（Altium Designer Resource Reference）。这些文档包含了软件的对话框和命令，也会延伸到包含所有参考类型的资料。

2. 启动 Altium Designer

双击 Altium Designer 图标，进入设计管理器对话框，如图 1-1 所示。Altium Designer 的设计管理器对话框类似于 Windows 的资源管理器对话框，设有菜单栏、工具栏，左侧为工作面板，右侧是设计窗口，最下面的是状态条。

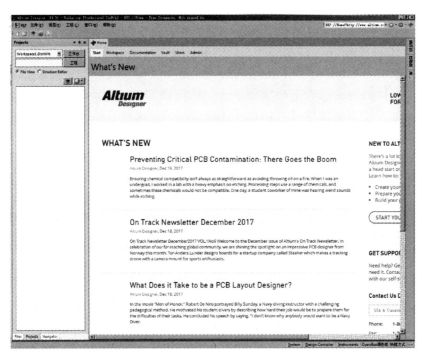

图 1-1　Altium Designer 设计管理器对话框

3. 新建工程文件和原理图文件

Altium Designer 14 采用工程级别的文件管理，在一个工程文件中包含设计中生成的所有文件。工程是每项电子产品设计的基础。工程将设计元素连接起来，包括原理图、

PCB、网表和欲保留在工程中的所有库或模型。工程还能存储工程级选项设置，例如错误检查设置、多层连接模式和多通道标注方案。Altium Designer 14 中工程共有 6 种类型：PCB 工程、FPGA 工程、内核工程、嵌入式工程、脚本工程和库封装工程（集成库的源）。

（1）新建工程文件　新建工程文件有两种方法，分别通过菜单栏和 Files（文件）面板创建。

方法一：如图 1-2 所示，执行菜单命令【文件】|【New】|【Project】，打开图 1-3 所示的【New Project】对话框。

在对话框中，【Project Types】（工程类型）、【Name】（工程名称）和【Location】（工程保存路径）按照图 1-3 进行设置，单击【OK】按钮确认，右侧设计窗口中随即弹出【Projects】窗口，新的工

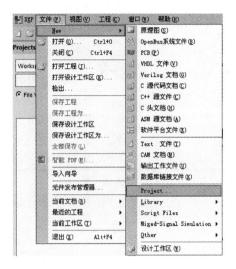

图 1-2　新建工程文件菜单命令

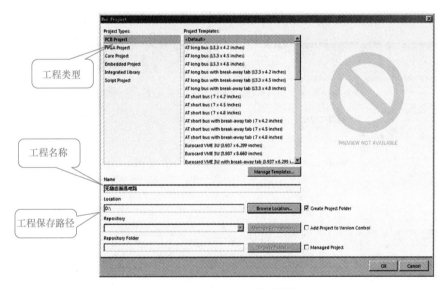

图 1-3　新建工程文件对话框

程文件已经列于面板中，并且不带任何文件，如图 1-4 所示。

方法二：在工作面板的下方选中【Files】（文件）面板，如图 1-5 所示。在【新的】栏中单击选择【Blank Project（PCB）】，即可创建一个名为【PCB_Project1. PrjPCB】的工程文件。

创建工程文件后，执行菜单命令【文件】|【保存工程】，在弹出的工程保存对话框中，设置工程文件名和工程保存路径。

（2）新建原理图文件　在当前工程文件中新建原理图文件有三种方法。

方法一：执行菜单命令【文件】|【New】|【原理图】。

方法二：在【Files】（文件）面板中，在【新的】栏中单击选择【Schematic Sheet】。

方法三：在【Project】（工程）面板中，在工程文件名上单击鼠标右键，在弹出的快捷

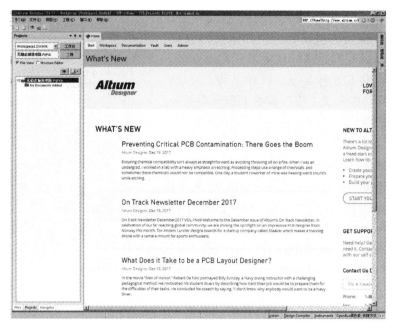

图 1-4　工程文件窗口

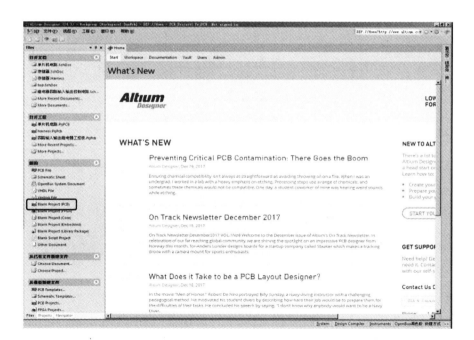

图 1-5　【Files】（文件）面板

菜单中执行菜单命令【给工程添加新的】|【Schematic】，如图 1-6 所示。

新建原理图文件后，在设计窗口中将会出现一个名为【Sheet1. SchDoc】的空白电路原理图，系统自动将其添加到当前打开的工程中，该电路原理图出现在工程的【Source Document】文件夹中，如图 1-7 所示。

图 1-6　新建原理图文件工程面板菜单命令

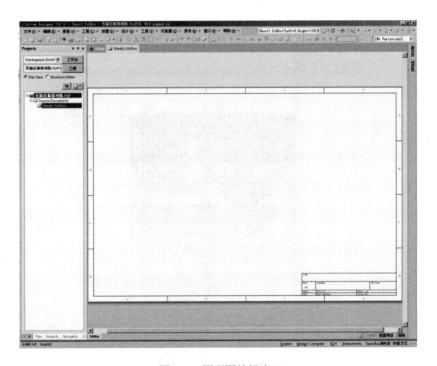

图 1-7　原理图编辑窗口

4. 放置元件

（1）通过库面板放置元件　在工作窗口右侧的弹出式选项卡中，将光标放置到【库】选项卡上约一秒钟，会自动弹出【库】面板，如图 1-8 所示，光标离开【库】面板后，【库】面板会自动收回。也可以在【库】选项卡上通过单击鼠标左键，弹出或关闭【库】面板。

如图 1-9 所示，Altium Designer 14 已经装载了默认的元件库，分别是 Miscellaneous De-

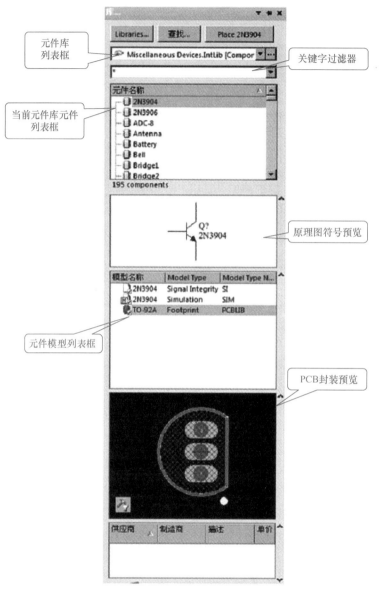

图1-8　库面板

vices. IntLib（通用元件库）、Miscellaneous Connectors. IntLib（通用接插件库）和 FPGA 相关的元件库。

选中当前元件库元件列表框中的某个元件，在下面就会出现该元件的原理图符号预览，同时还会出现该元件的其他可用模型，如仿真分析、信号完整性和 PCB 封装。选中【Footprint】模型，该元件的 PCB 封装就会以 3D 的形式显示在预览框中，这时还可以在按住 <Shift> 键的同时按住鼠标右键移动光标，拖动封装进行旋转，可以全方位地查看元件封装。也可以单击预览框中左下角的按钮，在弹出的菜单中选取【3D】命令，PCB 封装切换成 2D 模式显示，如图 1-10 所示。

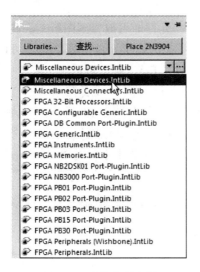

图 1-9   元件库列表框

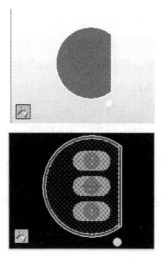

图 1-10   元件封装 2D 和 3D 显示

在当前元件库元件列表框中选中所要放置的元件，单击面板上方的【Place】按钮，光标变成十字形状并附着元件在图纸上浮动，如图 1-11 所示。此时可以按空格键旋转元件的方向，按 < X > 键使元件水平翻转，按 < Y > 键使元件垂直翻转，按 < Tab > 键打开元件的属性对话框，如图 1-12 所示，在对话框中对元件的属性进行编辑。

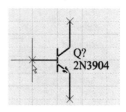

图 1-11   元件浮动状态

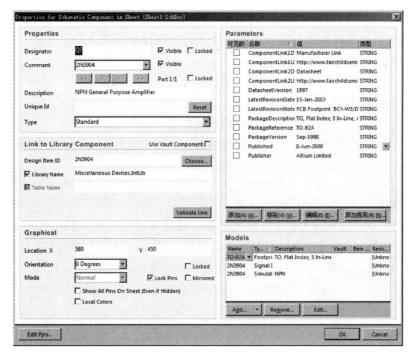

图 1-12   元件属性对话框

修改元件的【Designator】(编号) 为 Q1,【Comment】(注释) 保持不变, 单击【OK】按钮关闭对话框。移动光标到合适的位置, 单击鼠标左键, 元件即可放置到图纸上。此时, 光标上仍有一个浮动的元件, 元件编号自动增加为 Q2, 系统仍处于元件放置状态, 可以继续放置该元件。若想退出元件放置状态, 单击鼠标右键或按 <Esc> 键即可退出。

(2) 通过菜单命令放置元件 执行菜单命令【放置】|【元件】, 或者在图纸的空白处单击鼠标右键, 在弹出的快捷菜单中执行【放置】|【元件】, 会打开图 1-13 所示的【放置端口】对话框, 在对话框中单击【选择】按钮, 系统弹出图 1-14 所示的【浏览库】对话框, 选择相应的元件库, 在元件库中选择相应的元件, 单击【确定】按钮, 返回到【放置端口】对话框, 在对话框中对元件的属性进行设置确认。

图 1-13　放置端口对话框

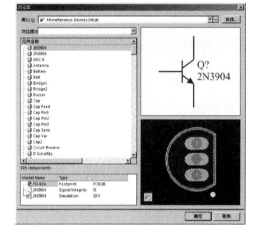

图 1-14　选择元件对话框

对话框中可以对元件的部分属性进行设置。各项属性的含义说明如下:

【物理元件】: 元件在库中的名称。

【逻辑符号】: 元件符号的名称, 不能更改。

【标识】: 元件编号。

【注释】: 元件注释, 通常是元件标称值或元件型号。

【封装】: 元件的封装名称, 若要设计电路板, 一定要选用适当的元件封装。

【部件 Id】: 元件的识别码。

【库】: 元件所在的元件库, 不能更改。

【数据库表格】: 元件所连接的数据库, 不能更改。

设置完成后, 单击【确定】按钮, 后面步骤与通过库面板放置元件的步骤一样, 不再赘述。在放置元件后, 双击元件也可打开元件的属性对话框, 对元件的属性进行设置。

按照图 1-15 放置元件, 并调整元件位置完成元件布局。

5. 绘制导线

元件放置后, 需要通过导线将相应的引脚连接起来, 进入导线的绘制状态有以下四种方法。

方法一: 单击原理图绘图工具栏上的画导线按钮 ≈ 。

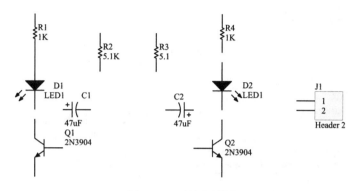

图 1-15　元件布局图

方法二：执行菜单命令【放置】|【线】。

方法三：在原理图空白处单击鼠标右键，在弹出的快捷菜单中执行菜单命令【放置】|【线】。

方法四：使用快捷键 <P> + <W>。

进入导线绘制状态后，光标变成十字形状，将光标移到所要连接的引脚端点或导线，此时出现红色的叉，如图 1-16 所示，表明光标捕捉到电气连接点，单击鼠标左键，确定导线起点，然后移动光标，在适当的位置单击鼠标左键，确定导线的端点，到达终点的引脚或导线时，又会出现红色的叉，如图 1-17 所示，单击鼠标左键，即可完成该段导线的绘制。此时仍为导线绘制状态，可以继续下一条导线的绘制。

图 1-16　寻找导线起点

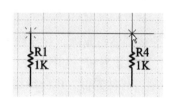

图 1-17　寻找导线终点

如果绘制的不是连续导线，在一段导线绘制结束后，单击鼠标右键或者按 <Esc> 键，退出当前导线的绘制，继续下一条导线的绘制。

若要退出导线绘制状态，只需单击鼠标右键或者按 <Esc> 键即可。

（1）导线属性设置　在导线绘制过程中按 <Tab> 键，或者在已经放置的导线上双击鼠标左键，会打开图 1-18 所示的导线属性对话框。

导线有两个属性，分别是导线线宽和导线颜色。单击【线宽】右侧的 Small，在下拉列表框中列出导线的 4 种线宽，分别是【Smallest】、【Small】、【Medium】和【Large】。如图 1-19 所示，只需在列表框中指定线宽即可。导线的颜色的设置，只需用鼠标左键单击【颜色】右侧的色块，即可打开图 1-20 所示的【选择颜色】对话框，在对话框中选择相应的颜色，单击【确定】按钮即可完成修改。

（2）导线走线模式设置　绘制导线的过程中，若需要拐弯，就要对走线模式进行设置。在导线绘制过程中按 <Shift> + <Space> 键可以改变走线模式，在 90°、45°、任意角度和自动布线四种模式间循环切换。

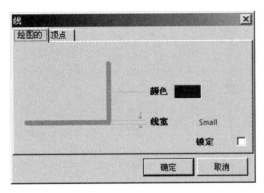

图 1-18   导线属性对话框

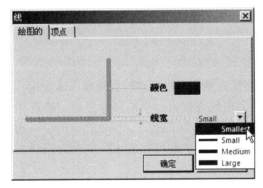

图 1-19   导线线宽选择

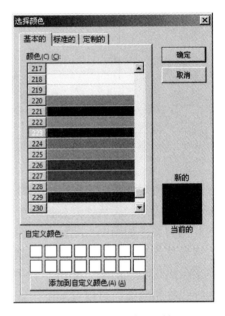

图 1-20   选择颜色对话框

（3）导线调整与删除   对导线的走向不满意时，可以调整导线。先用鼠标单击需要调整的导线，选取该导线，如图 1-21 所示，再指向所要调整的线段，按住鼠标左键不放，如图 1-22 所示，移动鼠标，该段导线就会随之移动。调整到适当位置后，松开左键就可完成导线的调整。

如果指向导线的端点，可以改变端点的位置，如图 1-23 所示。

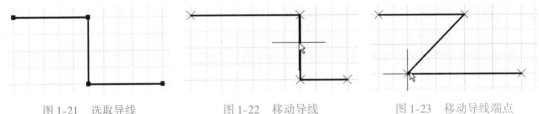

图 1-21   选取导线   图 1-22   移动导线   图 1-23   移动导线端点

若想删除某段导线，选取导线后，直接按 < Del > 键即可删除。

按照绘制导线的方法，在元件布局的基础上绘制导线后的电路如图 1-24 所示。

6. 放置电源和接地符号

放置电源和接地符号的方法有五种。

方法一：单击原理图绘图工具栏上的电源按钮 ⊻ᶜᶜ 或接地按钮 ⏚ 。

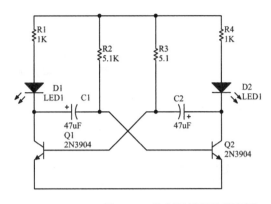

图 1-24 绘制导线后的原理图

方法二：执行菜单命令【放置】|【电源端口】。

方法三：在原理图空白处单击鼠标右键，在弹出的快捷菜单中执行菜单命令【放置】|【电源端口】。

方法四：使用快捷键 <P> + <O>。

方法五：单击工具栏中的 图标，系统弹出电源和接地符号工具栏下拉菜单，如图 1-25 所示。单击相应的电源和接地符号菜单命令，可以得到相应的电源和接地符号，方便用户使用。

进入放置状态后，光标上附着一个电源或接地符号处于浮动状态，在原理图适当的位置单击鼠标左键，即可放置电源或接地符号。

在电源或接地符号处于浮动状态时按 <Tab> 键，或者在已经放置的电源或接地符号上双击鼠标左键，即可打开图 1-26 所示的【电源端口】对话框，在对话框中，可以对电源或接地符号的属性进行设置。各项属性的含义说明如下：

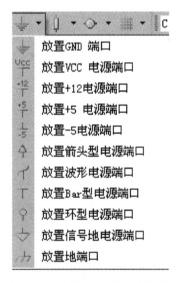

图 1-25 电源和接地端口下拉菜单

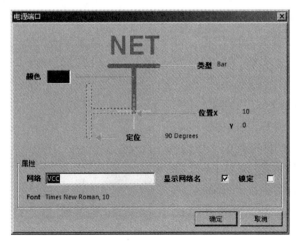

图 1-26 电源端口对话框

【颜色】：设置电源和接地符号的颜色。

【网络】：设置电源和接地符号的网络名称。有连接关系的电源和接地符号，其网络名称必须相同。

【类型】：设置电源和接地符号的形状。常见的电源和接地符号见表1-1。

表1-1　常见的电源和接地符号

类别	形状	名称	类别	形状	名称
电源端子	VCC	Circle	接地端子	GND	Power Ground
	VCC	Arrow		SGND	Signal Ground
	VCC	Bar		EARTH	Earth
	VCC	Wave		EARTH	GOST Power Ground
	VCC	GOST Arrow		EARTH	GOST Earth
	VCC	GOST Bar			

【位置X】和【Y】：设置电源和接地符号的X轴和Y轴坐标。

【显示网络名】：设置电源和接地符号是否显示网络名称，若选中该选项，则显示网络名称，否则不显示。

【锁定】：设置电源和接地符号被锁定，移动该电源和接地符号时，系统将要求确认。

7. 文档存盘退出

方法一：执行菜单命令【文件】|【保存】或者单击工具栏按钮，打开图1-27所示的对话框，在对话框中设置保存路径和文件名，文件保存类型保持不变，单击保存即可。

方法二：执行菜单命令【文件】|【另存为】，其功能是将当前打开的文件更名另存为一个新文件，新文件在当前工程内。

方法三：执行菜单命令【文件】|【保存拷贝为】，其功能是将当前打开的文件更名另存为一个新文件，新文件不在当前工程内。

图1-27　文件保存对话框

1.3　补充提高

1. Altium Designer 14 的汉化

Altium Designer 14 支持中文语言的界面菜单显示。Altium Designer 14 安装完成后，界面是英文的。执行菜单命令【DXP】|【Preferences】，在打开的【Preferences】对话框中选择【System】|【General】，选中【Use Localized resources】和【Localized Menus】复选框，如图 1-28 所示。单击【Apply】按钮，在弹出的对话框中单击【OK】按钮确定。关闭【Preferences】对话框后，重新启动 Altium Designer 14 就进入中文界面，可以看到菜单和对话框大都进行了汉化。

图 1-28　汉化设置对话框

2. 工作面板管理

在 Altium Designer 14 中大量地使用工作面板，可以通过工作面板方便地实现打开文件、访问库文件、浏览每个设计文件和编辑对象等各种功能。Altium Designer 14 的面板大致可分为三类：标签式面板、弹出式面板和活动式面板，各面板之间可以相互转换，各种面板形式如图 1-29 所示。

（1）标签式面板　界面左边为标签式面板，如图 1-29 所示，左下角为标签栏，也就是

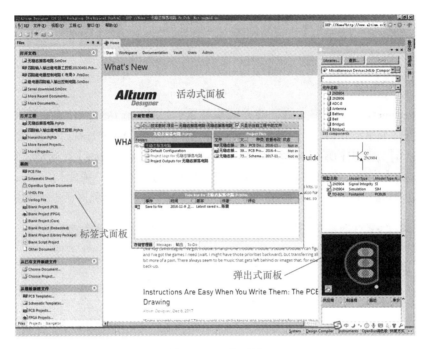

图 1-29　三种面板

多个面板叠在一起。标签式面板同时只能显示一个标签的内容，可单击标签栏的标签进行面板切换。默认状态下，这个面板区提供 4 个面板。

【Files】面板提供打开和新建文件的功能。

【Projects】面板提供工程管理功能，在面板里以树状结构列出整个工程，还可指向文档或工程按鼠标右键拉出菜单，以进行打开文档/存档等操作，相当方便、实用。

【Navigator】面板提供电路图导览功能，对于复杂的电路图而言，此面板提供相当便利的导览功能。

【SCH Filter】面板提供电路图搜索、筛选功能，让我们可快速找到所要的元件。

（2）弹出式面板　顾名思义，弹出式面板只有用鼠标单击或触摸时才能弹出。如图 1-29 所示，在主界面的右上方有一排弹出式面板栏，软件默认三个弹出式面板，分别是【偏好的】、【剪贴板】和【库】。【偏好的】面板提供保存惯用编辑区文档路径的功能。在这个面板中，可将目前的编辑区路径存为【Favorites】，以后就可从这个面板快速开启这个文档。【剪贴板】面板提供 Altium Designer 14 专属的剪贴板，在编辑区里所剪切或复制的元件将存入该剪贴板。当然，也可从这个面板里选取编辑区要剪贴的元件。【库】面板提供元件及元件库操作的功能。

弹出式面板的操作方式有两种，第一种方式是光标指向标签后停留约一秒钟，即可弹出相应的面板，就可操作这个面板，而光标离开该面板后，面板将自动收回；第二种方式是光标指向标签后单击鼠标左键，则可弹出该面板，操作此面板，面板不会自动收回，若要收回面板，则需再指向标签单击下鼠标左键，收回面板。

（3）活动式面板　界面中央的面板即为活动式面板，如图 1-29 所示。可用鼠标拖动活动式面板的标题栏使面板在主界面中随意停放。

工作面板在设计工程中十分有用，通过它可以方便地操作文件和查看信息，还可以提高编辑的效率。系统界面的右下角有一个工作面板标签，如图 1-30 所示，单击工作面板标签，在弹出的快捷菜单中可以设置相应的工作面板是否在界面上显示。若希望显示相应的面板，只需用鼠标单击相应的项目，此时在该菜单项目前会有【√】出现，表示该面板已在主界面显示，当再次单击该项目后，相应的已经显示的面板会关闭，同时【√】消失，表示该面板隐藏。面板最右侧的【＞＞】为面板控制栏显示控制按钮，单击【＞＞】按钮面板控制栏会自动隐藏，同时【＞＞】变为【＜＜】，单击【＜＜】按钮则面板控制栏会再次出现。也可以执行菜单命令【察看】|【工作区面板】，在相应的子菜单中选择显示相应的工作面板。

| System | Design Compiler | SCH | Instruments | OpenBus调色板 | 快捷方式 | ＞＞ |

图 1-30　工作面板标签

标签式面板和弹出式面板可以相互转换，标题栏的 ▤ 图标表示面板是标签式，▤ 图标表示面板是弹出式，单击图标，可以进行转换。

标签式面板和弹出式面板也可以转换成活动式面板。拖住标签式面板和弹出式面板的标签至屏幕的中央，此时标签式面板和弹出式面板就变成了活动式面板。

3. 元件属性设置

元件属性对话框如图 1-31 所示，对话框中常用的属性设置说明如下：

1）【Properties】区域设置原理图元件的最基本属性。

【Designator】：设置元件的唯一编号，用来标识原理图中不同的元件，在同一张原理图中不允许有重复的元件编号。不同类型的元件的默认编号以不同的字母开头，以"?"号结尾，如芯片类的默认编号为"U?"，电阻类的默认编号为"R?"，电容类的默认编号则为"C?"。可以单独在每个元件的属性设置对话框中修改元件的编号，也可以在放置完所有元件后再使用系统的自动编号功能来统一编号。右侧的【Visible】选项设定该编号在原理图中是否可见。【Locked】选项设定元件的编号不可更改。

【Comment】：设置元件的注释。通常是元件的型号或标称值。

【Unique Id】：设置元件唯一的 ID，系统的标识码，无需更改。

【Type】：设置元件的类型。可以选择【Standard】（标准）元件、【Mechanical】（机械）元件、【Graphical】（图形）元件和【Net Tie】（网络连接）元件等类型。一般无需修改元件的类型。

2）【Link to Library Component】区域列出了元件的元件库信息。其中，【Design Item ID】是元件所属的元件组；【Library Name】显示了元件所属的元件库。此区域一般不做修改。

3）【Graphical】区域设置元件的图形外观属性。

【Location X】和【Y】：设置元件在图中的 X 轴坐标和 Y 轴坐标。

【Orientation】：设置元件的旋转角度，可设置元件的旋转角度为 0°、90°、180°、270°。

【Locked】：设置元件被锁定，移动该元件时，系统将要求确认。

【Mirrored】：设置元件镜像。选中该选项后，元件将左右方向翻转。

【Lock Pins】：设置锁定元件引脚。若不选中该选项，则元件的引脚可在元件的边缘部

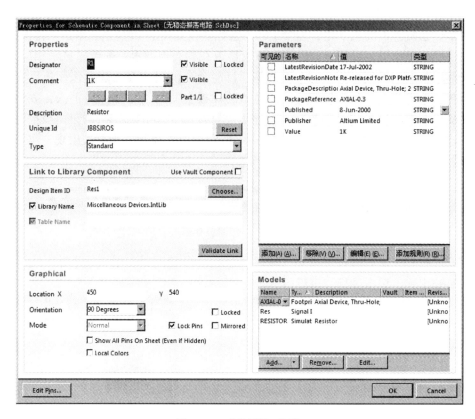

图 1-31 元件属性对话框

分自由移动，选中后将锁定。

【Show All Pins On Sheet（Even if Hidden）】：设置显示元件的所有引脚，包括隐藏的元件引脚。

【Local Colors】：设置使用自定义颜色，选中该选项后会出现图 1-32 所示的自定义颜色色块，单击相应的色块设置元件的填充颜色、元件外框颜色和引脚颜色。

4）【Parameters】区域设置元件的一些其他非电气参数，如元件的生产厂家、元件信息链接、版本信息等，这些参数都不会影响到元件的电气特性。需要注意的是对于电阻、电容等需要设定大小值的元件还有 Value 这一属性，默认其"Visible"属性是选中的，也就是在图中显示。读者可以双击相应的信息或者选定信息后单击【Edit】按钮，在弹出的对话框中修改相应的信息，如图 1-32b 所示，也可自行添加其他信息，在此就不再赘述。

5）【Models】区域列出了元件所能用的各种元件模型，其中包括【Footprint】（PCB 封装模型）、【Simulation】（仿真模型）、【PCB3D】（PCB 立体仿真图模型）和【Signal Integrity】（信号完整性分析模型）。通过下方的【Add】、【Remove】和【Edit】按钮可以添加、删除和编辑元件模型。

4. 元件的基本操作

（1）元件的选取

1）单个元件的选取。用鼠标左键直接单击相关元件就可以选取元件，使元件处于选中

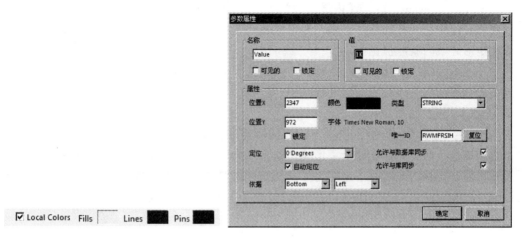

a) 元件颜色设置　　　　　　　　　　　　　b) 参数属性对话框

图　1-32

状态，如图 1-33 所示。当元件处于选中状态时，元件周围将有绿色的方框，若是将光标停留在选中元件上一段时间不动，光标下将出现元件的提示信息，如图 1-33 所示。当有多个元件重叠时，鼠标左键每单击一次，元件会轮流被选取。每次单击鼠标左键只能选取一个元件，当选取一个元件后，先前选取的元件将自动撤销选取。

选取元件时，鼠标左键应在元件图形上单击。若单击元件的编号或型号，将选取该元件的编号或型号，此时编号或型号被绿色的虚线框包围，而元件周围则是白色的端点，如图 1-34 所示。再次单击编号或型号，编号或型号处于在线编辑状态，可对其内容进行编辑，如图 1-35 所示。

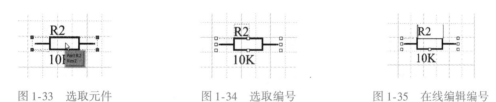

图 1-33　选取元件　　　　　　图 1-34　选取编号　　　　　　图 1-35　在线编辑编号

2）多个元件的选取。按住鼠标左键不放，在编辑窗口中拖出一个矩形区域后松开鼠标左键，在该区域内的元件将被选取。区域内的元件只有整个元件都在区域内时才能被选中。

当需要选取的多个元件呈不规则分布时，可以在按住 <Shift> 键的同时单击选取各个元件，此时所有被单击的元件将全部被选取。若在按住 <Shift> 键的同时单击已选取的元件，则该元件撤销选取。

3）撤销选取。只需在编辑窗口的空白处单击鼠标左键即可撤销所有元件的选取。

4）选取菜单命令。除了通过鼠标操作选取元件以外，系统还提供了【编辑】|【选中】子菜单来选择元件。子菜单中命令的作用介绍如下：

【内部区域】：选取该命令后，光标变成十字形状，单击鼠标左键两次在编辑窗口中拖出一个矩形区域，在矩形区域内的元件均会被选取，相当于刚才介绍的用鼠标拖出矩形区域来框选。

【外部区域】：与【内部区域】命令的区别是只有矩形区域外的元件才能被选中。

【Touching Rectangle】：与【内部区域】命令的作用类似，不同之处在于执行【内部区域】命令选取元件时，元件的整体必须在矩形区域内才能被选中，而执行本命令时，元件只要有部分在矩形区域内就能被选中。

【Touching Line】：选取该命令后，光标变成十字形状，单击鼠标左键两次在编辑窗口中拖出一条直线，与直线接触的元件被选中。

【全部】：选择编辑窗口的所有元件。

【连接】：选取实际连接，包括与该连接相连的其他连接，如导线、节点以及网络标号等。选取该命令后，光标变成十字形状，单击某电气连接则该电气连接处于选中状态并放大铺满编辑窗口显示，此时除了连接之外的所有元件均淡化显示，如图 1-36 所示。单击鼠标右键结束选取命令，单击编辑窗口右下方的【清除】按钮可取消淡化显示。

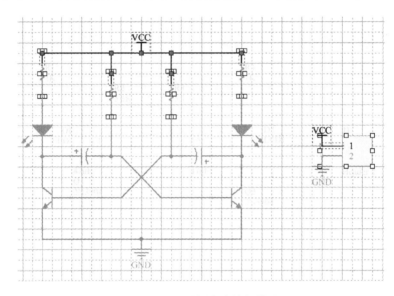

图 1-36 【连接】命令执行效果

【切换选择】：选取该命令后，光标变成十字形状，单击编辑窗口的元件，元件的选取状态将反转，以前处于选中状态的将取消选中状态，以前处于未选中状态的将转为选中状态。

【编辑】菜单命令中还有一个专门的取消选择的子菜单命令【取消选中】，其作用与【选中】子菜单命令的作用正好相反，不再赘述。

（2）元件的复制、剪切与粘贴

1）复制、剪切元件。当元件处于选取状态时，执行菜单命令【编辑】|【拷贝】或是单击工具栏的 按钮，或使用快捷键 <Ctrl> + <C>，就可以将元件复制到剪贴板；执行菜单命令【编辑】|【剪切】或是单击工具栏的 按钮，或使用快捷键 <Ctrl> + <X>，就可以将元件剪切到剪贴板，此时原来的元件将不存在。

2）粘贴元件。执行菜单命令【编辑】|【粘贴】或是单击工具栏的 按钮，或使用快捷键 <Ctrl> + <V>，就可以将最近一次剪切或复制的内容粘贴。

3）快速复制。按住 <Shift> 键的同时用鼠标左键拖动相应的元件，此时元件的编号会自动增加，如图 1-37 所示。

选中元件后，执行菜单命令【编辑】│【复制】或使用快捷键
< Ctrl > + < D >，在原来选取元件的右下方会重叠出一个一样的
元件，连编号都一样。

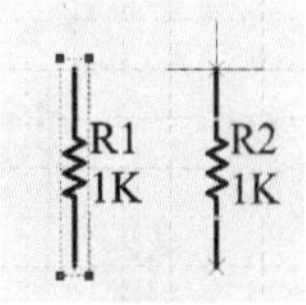

还可以用橡皮图章工具连续粘贴同一个元件，执行菜单命令
【编辑】│【橡皮图章】或是单击工具栏的 按钮，或使用快捷键

图 1-37　快速复制元件

< Ctrl > + < R >，则最近一次剪切或复制的元件将附着在光标上，随之移动。光标上会附着
一个新的元件，每单击鼠标左键一次，即可放置一个元件，直到单击鼠标右键或按 < Esc > 键
退出。如同从【库】面板放置元件一样，只不过无论放多少元件，编号仍然保持不变。

4）【剪贴板】面板。Altium Designer 14 剪贴板的功能十分
强大，单击右侧弹出式面板的【剪贴板】选项，弹出图 1-38 所示
的【剪贴板】面板。剪贴板采用堆栈结构，不仅可以粘贴最后一
次剪切或复制的内容，还可以存储多次剪切或复制的内容，
只不过每次粘贴都是使用的最后一次内容，要想粘贴以前的
内容，则可以在面板内单击相应的内容。单击剪切板面板上
方的【粘贴全部】按钮，可将剪贴板中全部内容粘贴到编辑窗
口，单击【清除全部】按钮可清除剪贴板内的所有内容。

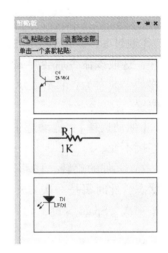

（3）元件的删除　可以采用两种方法删除元件。

1）执行菜单命令【编辑】│【删除】，光标变成十字形状，
在需要删除的元件上单击鼠标左键即可。

2）选中需删除的元件后，执行菜单命令【编辑】│【清
除】，或是直接按键盘的 < Del > 键。

图 1-38　【剪贴板】面板

（4）元件的移动与旋转

1）元件的移动。选中需移动的元件后，再次单击鼠标左键按住元件不放，光标变成十
字形状，并移到最近的引脚上，此时选中的元件处于浮动状态，移动鼠标就可以移动元
件了。

若是移动单个元件，可直接用鼠标左键按住元件就能移动。若是按住 < Ctrl > 键的同时
用鼠标左键按住元件可以实现不断线拖动，如图 1-39a 所示。

除了通过鼠标操作选取元件以外，系统还提供了【编辑】│【移动】子菜单命令来移动元
件。子菜单中命令的作用介绍如下：

【拖动】：元件移动时，元件之间的电气连接保持不变，选取该命令后，光标变成十字
形，单击要拖动的元件，然后移动光标就可以拖动元件，改变元件的位置，拖动到合适的位
置后，单击鼠标左键完成拖动。拖动完成后单击鼠标右键退出拖动状态。在元件拖动的过程
中，元件之间的电气连接保持不变。

【移动】：与【拖动】命令的区别是元件在移动时不再保持原先的电气连接关系。可以在
【Schematic Performances】的【Graphical Editing】里面设置系统默认鼠标按住元件移动是拖动还
是移动。

【移动选择】：移动选中的元件。与【移动】命令操作类似，只不过先要选取移动的元件，
然后再执行该命令，该命令主要用于多个元件的移动。

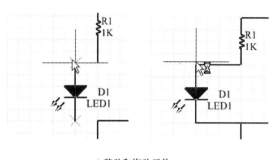
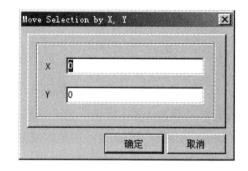

a) 移动和拖动元件　　　　　　　　　　　b) 通过X，Y移动选择

图 1-39　元件的移动

【通过 X，Y 移动选择】：将元件移动到指定的位置。执行该命令首先要选中需要移动的元件，选取该命令后会弹出图 1-39b 所示的对话框，在框中填入所需移动的距离，X 表示水平移动，向右为正；Y 表示垂直移动，向上为正，最后单击【确定】按钮，元件即移动到指定位置。

【拖动选择】：拖动选中的元件。与【移动选择】命令类似，只不过在拖动过程中保持电气连接不变。

2）元件的旋转。移动光标指向想要改变方向的元件，按住鼠标左键不放，元件处于浮动状态，此时每按一次 <Space> 键，元件便逆时针旋转 90°，或者在按住 <Ctrl> 键的同时，每按一次 <Space> 键，元件便顺时针旋转 90°。

5. 窗口管理

当在 Altium Designer 14 中同时打开多个窗口时，可以将各个窗口按不同的方式在编辑窗口中排列显示出来。对窗口的管理可通过【窗口】菜单，或是通过鼠标右键单击工作窗口的选项卡，在弹出的菜单中进行设置，如图 1-40 所示。

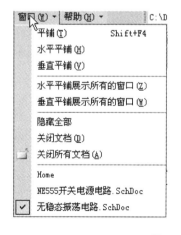

图 1-40　窗口管理

（1）平铺显示　执行菜单命令【窗口】|【平铺】，即可将当前所有打开的窗口在工作区平铺显示，如图1-41所示。

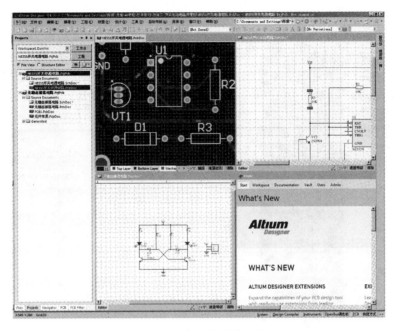

图1-41　窗口的平铺显示

（2）水平平铺显示　执行菜单命令【窗口】|【水平平铺】，即可将当前所有打开的窗口水平平铺显示，如图1-42所示。

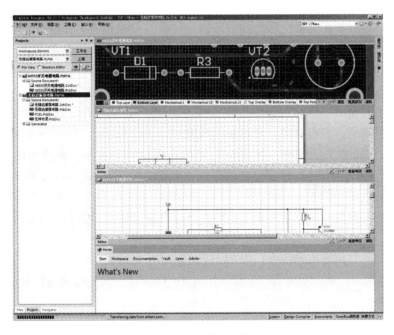

图1-42　窗口的水平平铺显示

（3）垂直平铺显示　执行菜单命令【窗口】|【垂直平铺】，即可将当前所有打开的窗口垂直平铺显示，如图1-43所示。

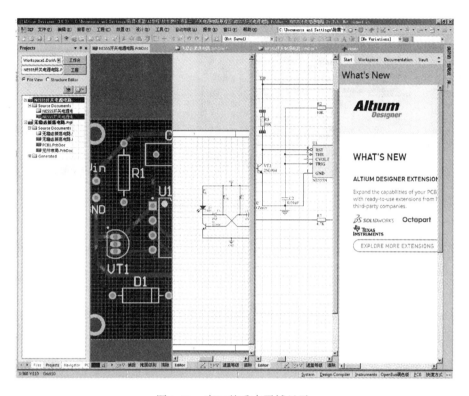

图1-43　窗口的垂直平铺显示

（4）窗口切换　要在多个文件之间进行窗口切换，只需单击工作窗口中的各个文件名。

（5）窗口分割　用鼠标右键单击窗口的选项卡，在弹出的快捷菜单中执行菜单命令【垂直分离】，即可将该窗口与其他窗口垂直分割显示。执行【水平分离】命令，即可将该窗口与其他窗口水平分割显示。

（6）合并所有窗口　鼠标右键单击窗口的选项卡，在弹出的快捷菜单中执行菜单命令【全部合并】，可将所有窗口合并，只显示当前窗口。

（7）在新的窗口中打开文件　用鼠标右键单击窗口的选项卡，在弹出的快捷菜单中执行菜单命令【在新窗口打开】，程序会自动打开一个新的Altium Designer14界面，并单独显示该文件。

（8）隐藏所有窗口　执行菜单命令【窗口】|【隐藏全部】，可以将当前所有打开的窗口隐藏。

（9）关闭文件　执行菜单命令【窗口】|【关闭所有文档】，可以关闭当前所有打开的文件并关闭相应的窗口；执行菜单命令【窗口】|【关闭文档】，则关闭当前打开的文件。

1.4　练习

1. 绘制图1-44所示的电路原理图。

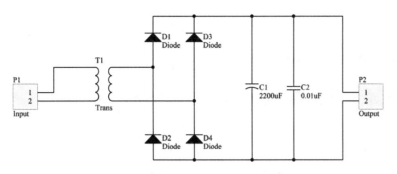

图 1-44　练习 1 电路原理图

2. 绘制图 1-45 所示的电路原理图。

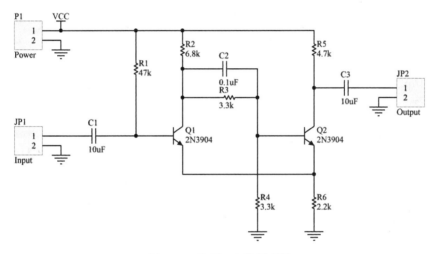

图 1-45　练习 2 电路原理图

项目二

开关电源电路原理图

2.1 设计任务

1. 完成如下所示的 NE555N 构成的开关电源电路的原理图设计

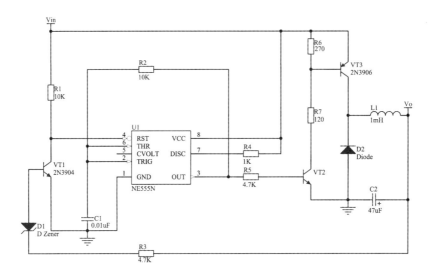

2. 学习内容

1）设置原理图元件参数。
2）查找元件。
3）元件自动标注。

2.2 设计步骤

1. 新建工程文件和原理图文件

新建工程文件"开关电源电路 . PrjPCB"和原理图文件"开关电源电路 . SchDoc"，步骤同项目一，此处不再赘述。

2. 设置原理图环境

原理图环境设置主要指图纸和光标设置。绘制原理图首先要设置图纸，如设置纸张大小、标题框及设计文件信息等，确定图纸的有关参数。图纸上的光标为放置元件、导线连接带来很多方便。

方法一：在电路原理图编辑窗口下，执行菜单命令【设计】|【文档选项】，将打开【文档选项】对话框，如图 2-1 所示。

方法二：在当前原理图的空白处单击鼠标右键，从弹出的快捷菜单中执行菜单命令【选项】|【文档选项】，同样可以打开图 2-1 所示的对话框。

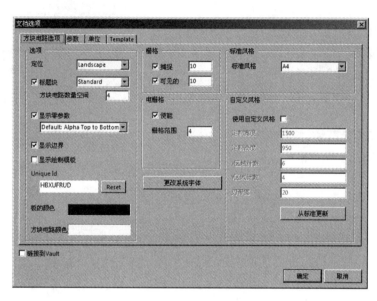

图 2-1　文档选项对话框

文档选项对话框包括了 4 个选项卡的设置，其中【方块电路选项】、【单位】和【Template】选项卡分别说明如下：

（1）【方块电路选项】（Sheet Options）选项卡　该选项卡用于电路图纸的样式设置。

1）设置图纸大小。Altium Designer 14 提供了两种图纸尺寸的设置方式。一种是【标准风格】，另一种是【自定义风格】。在【方块电路选项】选项卡中，【标准风格】下拉列表框中列举了十几种标准图纸尺寸。提供的图纸尺寸分为以下几种：

① 美制：A0、A1、A2、A3、A4，其中 A4 尺寸最小。

② 英制：A、B、C、D、E，其中 A 型尺寸最小。

③ CAD 标准尺寸：CAD A、CAD B、CAD C、CAD D、CAD E，其中 CAD A 型尺寸最小。

④ 其他：Altium Designer 14 还支持其他类型的图纸，如 Orcad A、Letter、Legal 等。

若用户要自定义图纸尺寸，必须选中【使用自定义风格】选项，激活自定义功能，如图 2-2 所示。

【自定义风格】中各个选项的含义如下：

【定制宽度】：自定义图纸的宽度，单位是 mil$^{\ominus}$。

$\ominus$　1mil（密耳）= 25.4×10^{-6}m。

【定制高度】：自定义图纸的高度，单位是 mil。

【X 区域计数】：X 轴参考坐标分格的数量。

【Y 区域计数】：Y 轴参考坐标分格的数量。

【刃带宽】：图纸参考边框的宽度，单位是 mil。

【从标准更新】：此按钮的作用是将标准风格栏所选择的图纸宽度与高度，复制到本区域里的图纸宽度和高度栏。

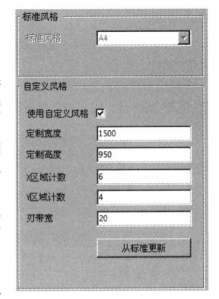

图 2-2　自定义图纸尺寸

2）设置图纸方向。图纸方向通过【定位】下拉列表框来设置，包括【Landscape】（水平放置）和【Portrait】（垂直放置）两个方向。

3）设置图纸标题栏。选中【标题块】选项，可以设定标题栏的样式。在 Altium Designer 14 中，提供了两种预先定义好的标题块，即【Standard】（标准格式）和【ANSI】（美国国家标准格式）两种样式。

4）设置图纸显示。【显示零参数】选项用于设置是否显示图纸参考边框。选中该选项，显示图纸参考边框，否则不显示。

显示图纸参考边框时，X 轴和 Y 轴方向参考坐标分格的编号形式由图 2-3 所示的下拉列表框的选项决定。其中【Default】选项表示 Y 轴方向分格的英文字母从上往下编号，X 轴方向分格的数字从左往右编号；【ASME Y14.1】选项表示 Y 轴方向分格的英文字母从下往上编号，X 轴方向分格的数字从右往左编号。

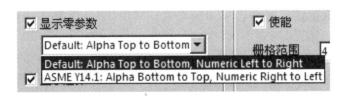

图 2-3　图纸参考边框设置

【显示边界】选项用于设置是否显示图纸边框。若选中该选项，则显示图纸边框，否则不显示。

【显示绘制模板】选项用于设置是否显示模板图形。若选中该选项，则显示模板图形，否则不显示。所谓的模板图形，就是显示模板内的文字、图形、专用字符串等，如自己定义的标志或公司标志。

【板的颜色】和【方块电路颜色】分别用于设置图纸的边框颜色和图纸的底色。单击右侧的颜色方块，弹出【选择颜色】对话框，如图 2-4 所示，在对话框中选择相应的颜色，单击【确定】按钮即可完成修改。

5）设置图纸栅格。Altium Designer 14 提供了【捕捉】、【可见的】和【电栅格】3 种栅格，如图 2-5 所示，通过栅格，用户可以很轻松地排列元件、整齐走线，为元件的放置和线路的连接提供极大的便利。

【捕捉】选项用于设置工作光标移动的最小间距。若选中该选项，则表示工作光标移动时以右边设置值为基本单位移动，系统的默认设置是 10，表示在移动原理图上的元件时，则元件以 10 个像素点为单位移动。未选中此项，则元件以 1 个像素点为基本单位移动，一般采用默认设置，便于在原理图中对齐元件。

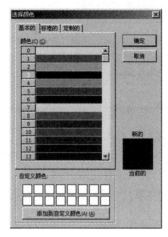

图 2-4　选择颜色对话框

图 2-5　栅格设置

【可见的】选项用于设置图纸的可视栅格。若选中该选项，则显示可视栅格，否则不显示。在右边的设置框中键入数值可改变可视栅格的尺寸。默认的设置为 10，表示可视栅格的尺寸为 10 个像素点。

【电栅格】区域中的【使能】选项和【栅格范围】文本框用于设置电气节点。如果选中【使能】选项，在绘制导线时，系统会以【栅格范围】设置的数值为半径，以工作光标所在位置为中心，向周围搜索电气节点，如果在搜索半径内有电气节点，工作光标会自动移到该节点上，并在该节点上显示一个圆亮点。如果未选中【使能】选项，则不能自动搜索电气节点。

在绘图过程中，也可以通过执行菜单命令【察看】|【栅格】，如图 2-6 所示，在其子菜单中对 3 种栅格进行设置。

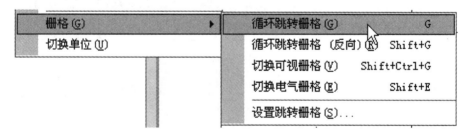

图 2-6　栅格设置菜单

执行菜单命令【循环跳转栅格】或【循环跳转栅格（反向）】，可以使捕捉栅格在系统预设值中进行切换，一般按 < G > 或 < Shift > + < G > 键进行切换，相较于执行菜单命令更方便快捷。

执行菜单命令【切换可视栅格】或【切换电气栅格】，可打开或关闭可视栅格或电气栅格，命令具有开关作用。

执行菜单命令【设置跳转栅格】，打开图 2-7 所示的对话框，在对话框中可以设置捕捉栅格的尺寸。

图 2-7　跳转栅格设置对话框

6）设置系统字体。单击【更改系统字体】按钮，系统打开【字体】对话框，如图 2-8 所示。在对话框中对字体进行设置，将会改变整个原理图中的所有文字，包括原理图中的元件引脚文字和原理图的注释文字等。通常字体采用默认设置即可，不建议修改。

（2）【单位】（Units）选项卡　该选项卡用于电路图的单位设置，可以选择公制或英制单位，如图 2-9 所示。

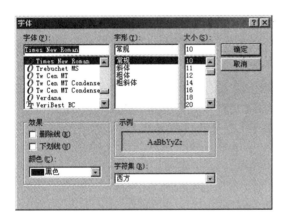

图 2-8　字体对话框

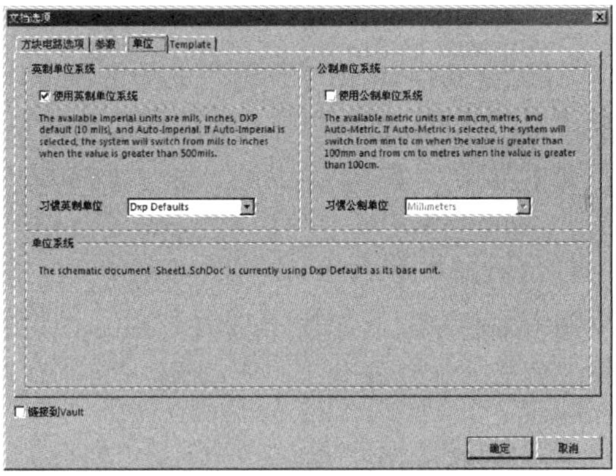

图 2-9　单位选项卡

（3）【Template】选项卡　该选项卡用于电路图模板的设置，用户可以选择软件自带的模板，也可以根据自己的需要制作一个模板，方便在后续工作中进行调用，如图 2-10 所示。

3. 元件库管理

在【库】面板中，系统默认打开了 Miscellaneous Devices. IntLib 和 Miscellaneous Connectors. IntLib 两个集成元件库。原理图中的元件 NE555N 不在上述两个库中，

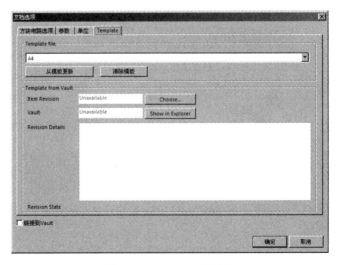

图 2-10　Template 选项卡

需要安装相应的元件库，才能放置该元件。

在【库】面板中单击【Libraries】按钮，即打开图 2-11 所示的【可用库】对话框。

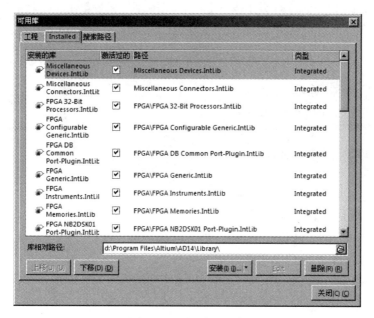

图 2-11　可用库对话框

安装/删除元件库就是将元件库连接到 Altium Designer 或取消连接。Altium Designer 14 提供两种安装/删除元件库的模式，可以在【工程】选项卡中安装或删除元件库。在【工程】选项卡中安装的元件库仅对本工程有效，只有在打开该工程时，【库】面板中才会出现这些元件库。在【Installed】选项卡中安装的元件库对所有工程均有效，不管是哪个工程，都可以使用这些元件库。

在【工程】选项卡或【Installed】选项卡中单击【安装】按钮，在弹出的菜单中选择【Install from file】命令，系统打开加载 Altium Designer 14 元件库的对话框，如图 2-12 所示。

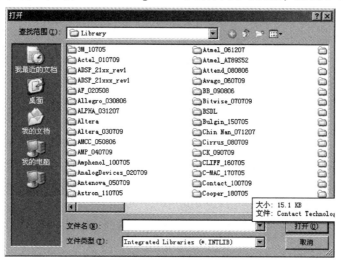

图 2-12　加载元件库

在知道元件所在元件库的情况下，选择相应的元件库，如"ST Analog Timer Circuit. IntLib"，单击【打开】按钮，即可将该库安装。

4. 查找元件

若不清楚 NE555N 在哪个元件库中，可以采取查找的方法找到元件所在的库。在【库】面板中单击【查找】按钮，打开【搜索库】对话框，如图 2-13 所示。

在【过滤器】区域中，指定元件搜索的关键条件，软件默认三个搜索条件，若不够，可单击右上方的【添加行】，即可增加一行。每行表示一个搜索条件，每个搜索条件有三个设置内容。分别说明如下：

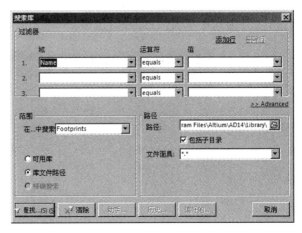

图 2-13　搜索库对话框

【域】：指定搜索所要的依据的属性名称。最常用的搜索关键词是元件名称（Name）。

【运算符】：指定搜索的关键条件。有 4 个选项，每个选项的含义见表 2-1。

表 2-1　运算符选项

选项名称	含　义
equals	只有与【值】栏位的内容完全一致，才符合搜索条件
contains	只要含有【值】栏位的内容，就符合搜索条件
starts with	只要开头内容与【值】栏位一致，就符合搜索条件
ends with	只要结尾内容与【值】栏位一致，就符合搜索条件

【值】：指定搜索的内容。

在【范围】区域中，指定元件搜索的范围。

【在…中搜索】下拉列表框用于设定搜索对象，包含 4 个选项，其中【Components】设定在元件中搜索，【Footprints】设定在元件封装中搜索，【3D Models】设定在元件 3D 模型中搜索，【Database Components】设定在资料库元件中搜索。通常都是在元件中搜索，一般不做调整。

【可用库】选项设定在已加载的元件库中搜索。若选中该选项，右侧的【路径】区域不好设置。

【库文件路径】选项设定在指定的路径的元件库中查找。选中该选项，需在右侧的【路径】区域中指定元件库所在的路径。一般选中该选项，然后指定软件默认的元件库路径。

按照图 2-14 进行设置，【运算符】设置为"contains"，【值】设置为"555"，设置元件名称中包含 555 的元件就是查找的对象。单击【查找】按钮，即可进行元件的查找。查找的结果如图 2-15 所示，可见，元件列表框中的元件名称均包含 555。在元件列表框中找到 NE555N，单击【Place NE555N】按钮，弹出确认对话框，如图 2-16 所示。

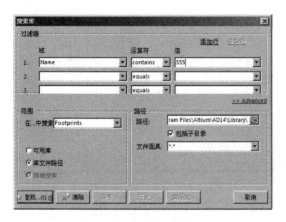

图 2-14　搜索条件设置

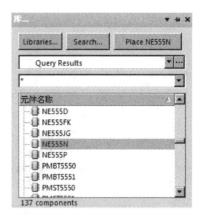

图 2-15　查找结果

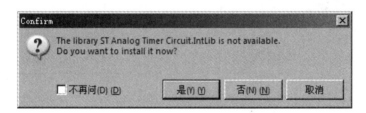

图 2-16　确认对话框

对话框提示元件所在的元件库没有安装，是否需要安装，若单击【是】按钮，放置元件的同时会安装该元件库；若单击【否】按钮，则放置元件的同时不安装该元件库。若需要设计 PCB，则单击【是】按钮，安装元件库的同时放置元件；反之，单击【否】按钮，不安装元件库，在原理图中放置该元件。

5．放置元件

放置元件 NE555N 后，在 Miscellaneous Devices.IntLib 库中分别选取元件 Res2、Cap、Cap Pol2、NPN、PNP、Inductor，按照图 2-17 放置元件，并调整元件位置完成原理图布局。元件放置后，通过鼠标左键双击元件，打开元件属性对话框，对元件的属性进行设置。

6．元件自动标注

在设计电路图时，元件的编号是一定要编辑的，并且不能重复。若元件比较多，采取单独编辑的方法容易造成编号重复或跳号，使得工作效率下降。元件自动标注可以快速对元件进行编号，提高工作效率。

执行菜单命令【工具】|【注解】，打开【注释】对话框，如图 2-18 所示。

【处理顺序】区域用于设定编号的顺序与方向，其下拉列表框提供了 4 个选项，每个选项对应的编号顺序与方向均以图形的方式显示在其下拉列表框下方。

【匹配选项】区域用于设置复合元件的编号选项，以及判断复合元件是否为同一个元件。

【完善现有的包】是针对复合元件的选项。其对应的下拉列表框有 3 个选项，其中【None】选项设定若复合元件已经编号，其中尚有未使用的单元时，则不能继续使用其中的单

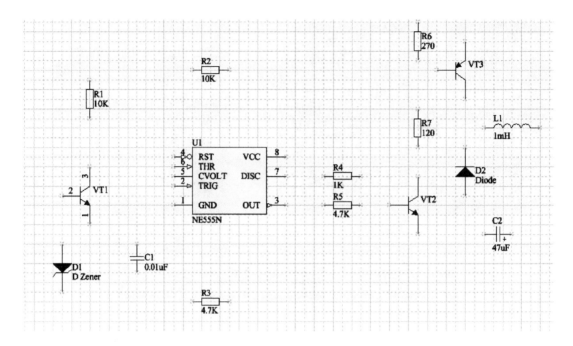

图 2-17　原理图布局

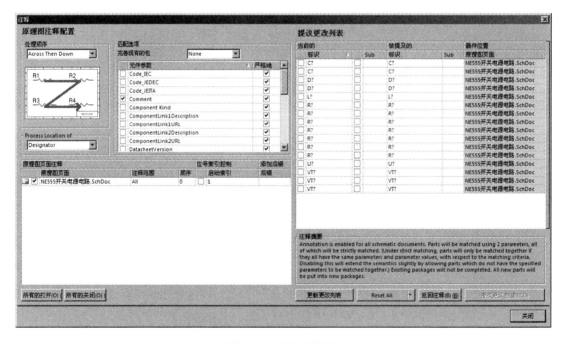

图 2-18　注释对话框

元；【Per Sheet】选项设定同一张图样中，若复合元件已经编号，其中尚有未使用的单元时，则优先使用其中的单元；【Whole Project】选项设定同一个工程中，若复合元件已经编号，其中尚有未使用的单元时，则优先使用其中的单元。3 个选项的设置效果如图 2-19 所示。

　　【匹配选项】区域中的表格内有三个栏位，第一个栏位的功能是设定将该元件参数作为

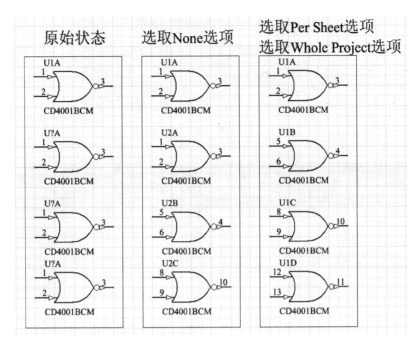

图 2-19　复合元件编号选项

判断是否为相同复合元件的条件；【元件参数】栏位列出元件的参数；【严格地】栏位设定该项参数必须完全一样才认定为相同的复合元件。通常至少会选取【Comment】参数作为判断的条件。

下面的范围表格用于设置所要编号的电路图及相关选项。

【原理图页面注释】设置元件编号的对象。最左边栏位设置该电路图是否要参与编号。也可以通过页面左下角的【所有的打开】按钮选取表格中的所有电路图，通过【所有的关闭】按钮取消表格中的所有电路图。

【原理图页面】栏位显示电路图的文档名。

【注释范围】栏位设定在电路图里编号的元件范围。单击该单元格，出现下拉按钮，单击下拉按钮，弹出列表框，在列表框中有 3 个选项。其中【All】选项设定要对所有元件进行编号；【Ignore Selected Parts】选项设定不对选取的元件进行编号；选取【Only Selected Parts】选项设定只对选取的元件进行编号。

【顺序】栏位主要针对多张电路图，用于指定电路图编号的顺序。

【位号索引控制】栏位设定该电路图编号的起始号码。若要电路图中的元件编号从 100 开始，则先选中左边的复选框，然后在索引起始值栏位里输入 100，则各类元件将从 100 开始进行编号。

【添加后缀】栏位设定该电路图的编号将会在元件编号的最右边加入指定的后缀字。

在窗口左上方的【处理顺序】中选择编号的顺序与方向，在左下方的表格中选取要编号的电路图，单击【更新更改列表】按钮，弹出图 2-20 所示的确认对话框。对话框提示图中有 16 个元件的编号将会改变，单击【OK】按钮，关闭对话框，将编号的改变反映到对话框中，如图 2-21 所示。

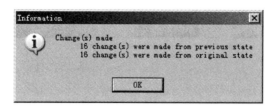

图 2-20　编号改变确认对话框

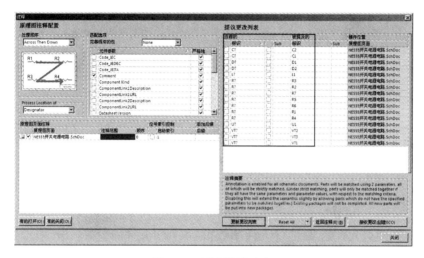

图 2-21　更改结果对比

单击【接收更改（创建 ECO）】按钮，打开图 2-22 所示的【工程更改顺序】对话框。

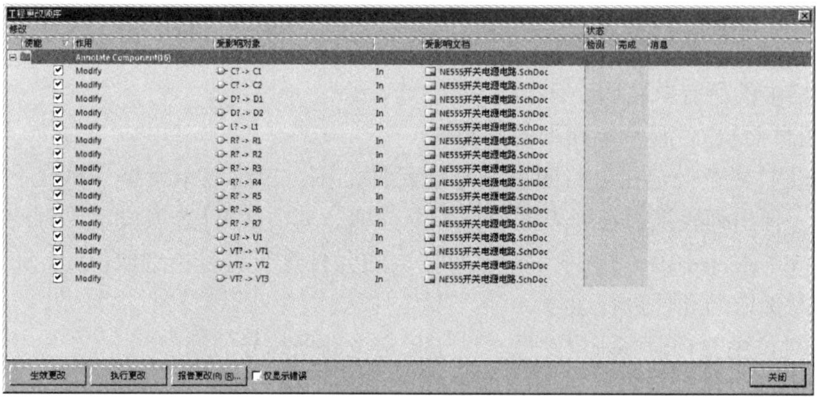

图 2-22　工程更改顺序对话框

单击【生效更改】按钮进行检测，并把结果反映到【检测】栏中。若【检测】栏都打钩，表示没有问题，再单击【执行更改】按钮，进行更改的动作，同时也会将更改的结果反映在【完成】栏位中，如图 2-23 所示。单击【关闭】按钮，返回到【注释】对话框，单击【关闭】按钮，完成元件编号的自动标注。结果如图 2-24 所示。

通过执行菜单命令【工具】|【注解】对元件进行自动标注，需要在对话框中进行设置，操作相对繁琐。系统【工具】菜单中还提供了其他的菜单命令用于元件的自动标注。其中，

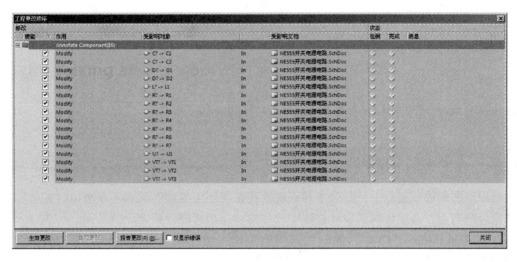

图 2-23　执行更改结果

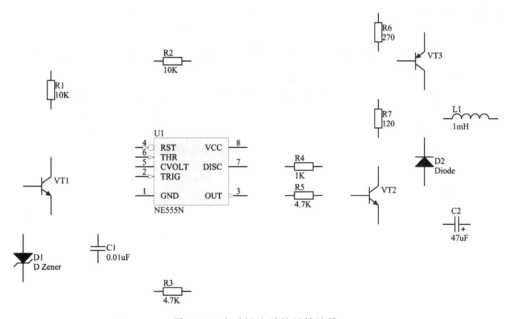

图 2-24　自动标注后的元件编号

【复位标号】命令用于复位所有元件的编号，执行该命令后原理图中所有的元件均回复到原始的未编号状态；【复位重复】命令用于复位所有编号重复的元件，执行该命令后原理图中编号重复的元件均回复到原始的未编号状态；【静态注释】命令用于标注未编号的元件，执行该命令后原理图中未编号的元件进行编号；【标注所有器件】命令用标注所有的元件，执行该命令后原理图中所有的元件重新进行编号。

7. 绘制导线

元件放置后，通过导线进行元件间的电气连接。

8. 放置电源和接地符号

放置相应的电源和接地符号。

9. 文档存盘退出

执行菜单命令【文件】|【保存】，保存绘制好的电路原理图。

2.3 补充提高：原理图操作环境设置

在原理图的绘制过程中，其效率和正确性往往与环境参数的设置有着密切的关系。参数设置得合理与否，直接影响到设计过程中软件的功能是否能得到充分的发挥。

在 Altium designer 14 中，原理图编辑器工作环境的设置可通过以下三种方式实现：①执行菜单命令【工具】|【设置原理图参数】；②在编辑窗口中单击鼠标右键，在弹出的快捷菜单中执行【选项】|【设置原理图参数】命令；③按快捷键 < T > + < P > 。系统将打开【参数选择】对话框。对话框中，列出了原理图编辑器 11 大类系统参数设置，下面来分别介绍。

（1）【General】常规参数设置　电路原理图的常规参数设置通过【General】页面来实现，如图 2-25 所示。

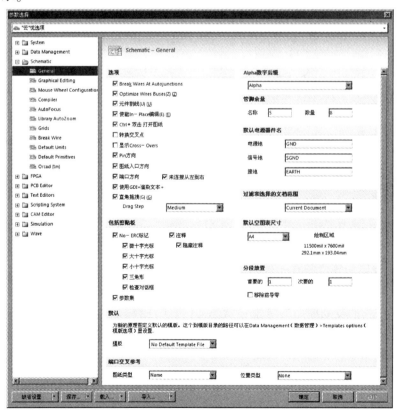

图 2-25　【General】常规设置页面

1)【选项】区域用于电路图绘制过程中操作选项的设置。

【直角拖拽】：选中该选项，在原理图上拖动元件或导线时，与其相连接的导线仍保持水平或垂直。否则，拖动时导线可以呈现任意的角度。

【Optimize Wire Buses】：最优连线路径。选中该选项，在进行导线与导线或总线与总线连接时，若出现重叠，将自动合并为同一条导线或总线。此时，下面的【元件割线】选项也呈现可选状态。否则，重叠的两条导线或总线的端点上，将出现一个电气连接点。

【元件割线】：选中该选项，会启动元件分割导线的功能。即当放置一个元件时，若元件的两个引脚同时落在一根导线上，则该导线将被分割成两段，两个端点分别自动与元件的两个引脚相连。

【使能 In-Place 编辑】：选中该选项，使能在线编辑文字功能，在原理图中单击鼠标左键选取文本（如元件的编号、标注等），使之出现虚线框，再单击鼠标左键即可直接进行编辑文本内容，而不必打开相应的对话框。

【Ctrl + 双击打开图纸】：选中该选项，按下 < Ctrl > 键的同时双击原理图中的方块电路图，即可打开对应的电路原理图。

【转换交叉点】：选中该选项，十字交叉相连的导线由十字形连接状态自动转换成交叉连接，如图 2-26 所示。

【显示 Cross-Overs】：显示跨线。选中该选项，非电气连线的交叉点会以半圆弧显示，表示交叉跨越状态，如图 2-27 所示。

图 2-26 转换交叉点　　　　　　　　　　　图 2-27 显示跨线

【Pin 方向】：选中该选项，会在元件引脚上显示其信号方向。单击元件某一引脚时，会自动显示该引脚的编号及输入输出特性等，如图 2-28 所示。

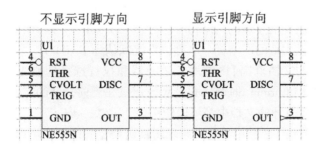

图 2-28 Pin 方向

【图纸入口方向】：选中该选项，在顶层原理图中，电路图中子图出入口的箭头方向将会根据对应子图中端口的方向自动调整箭头方向。

【端口方向】：选中该选项，端口的样式将会根据其所连接线路的信号方向，自动调整箭头方向。

【未连接从左到右】：选中该选项，对于未连接的端口，其箭头方向一律采用从左向右的方向。

【使用 GDI + 渲染文本 +】：选中该选项，可使用 GDI 字体渲染精细到字体的粗细、大小等功能。

2）【包括剪贴板】区域用于 Altium Designer 14 中的剪贴板的选项设置。

【No-ERC 标记】：选中该选项，在复制、剪切到剪贴板或打印时，均包含图纸的 NO-ERC 标记。

【参数集】：选中该选项，使用剪贴板进行复制操作或打印时，包含元件的参数信息。

3）【分段放置】区域用于元件标号等自动增量的设置。

【首要的】：用于设定在原理图上连续放置时，元件编号、网络标号或文本以数字结尾时的自动增量数，系统默认值为 1。

【次要的】：用于设定在编辑原理图元件时，引脚名称以数字结尾时的自动增量数，系统默认值为 1。该项只有在元件编辑器中才有效。

【移除前导零】：选中该选项，在原理图上放置元件编号、网络标号或文本时，若以数字结尾，但数字以 0 开头，系统会自动删除 0。例如元件的编号是 R01，则下一个将变成 R2。

4）【默认】区域用于默认模板文件的设置。在【模板】下拉列表中选择模板文件。选择后，每次创建一个新文件时，系统将自动套用该模板。系统默认没有模板文件。

5）【Alpha 数字后缀】区域用于复合元件中各个功能单元编号的设置。有 3 个选项，其中【Alpha】选项设定功能单元的编号采用字母编码；【Numeric，separated by a dot '.'】选项设定功能单元的编号采用数字编码，与元件编号之间用点号隔开；【Numeric，separated by a colon ':'】选项设定功能单元的编号采用数字编码，与元件编号之间用冒号隔开。

6）【管脚余量】区域用于元件引脚上的文字与元件体间距的设置。

【名称】：用于设置元件的引脚名称与元件体的间距，系统默认值为 5mil。

【数量】：用于设置元件的引脚编号与元件体的间距，系统默认值为 8mil。

7）【默认电源器件名】区域用于接地符号默认网络名称的设置。

【电源地】：用于设置电源地的网络标号名称，系统默认为 GND。

【信号地】：用于设置信号地的网络标号名称，系统默认为 SGND。

【接地】：用于设置大地的网络标号名称，系统默认为 EARTH。

8）【过滤和选择的文档范围】区域用于过滤器和执行选择功能时，默认文件范围的设置。有 2 个选项，其中【Current document】选项设定仅在当前打开的文档中使用；【Open document】选项设定在所有打开的文档中都可以使用。

9）【默认空图表尺寸】区域用于空白原理图默认尺寸的设置，可以从下拉列表框中选择适当的选项。旁边给出了绘制区域的相应尺寸，以帮助用户进行设置。

10）【端口交叉参考】区域用于电路图之间输入输出端口所对应端口位置参考标识的设置。

【图纸类型】：用于设置输入输出端口的交叉参考索引的图纸样式，也就是如何表述其所连接的图纸。有 3 个选项，其中，【None】选项设定不显示其所连接的电路图的图名或图号；【Name】选项设定将所连接的电路图的图名放到交叉参考索引里；【Number】选项设定将所连接的电路图的图号放到交叉参考索引里。

【位置类型】：用于设置输入输出端口的交叉参考索引的位置样式，也就是如何表述其所连接的位置。有3个选项，其中【None】选项设定不显示其所连接位置的信息；【Name】选项设定将所连接位置的参考图放到交叉参考索引里；【Number】选项设定将所连接位置的坐标放到交叉参考索引里。

（2）【Graphical Editing】图形编辑环境参数设置　图形编辑环境的参数设置通过【Graphical Editing】页面来实现，如图2-29所示。

图2-29　【Graphical Editing】图形编辑环境参数设置页面

1）【选项】区域用于电路图编辑过程中操作选项的设置。

【剪贴板参数】：选中该选项，在复制或剪切选中的对象时，系统将提示确定一个参考点。

【添加模板到剪贴板】：选中该选项，用户在执行复制或剪切操作时，系统将会把当前文档所使用的模板一起添加到剪贴板中，所复制的原理图包含整个图纸。

【转化特殊字符】：选中该选项，用户可以在原理图上使用特殊字符串，显示时会转换成实际字符串，否则将保持原样。

【对象的中心】：选中该选项，指向元件按住鼠标左键时，光标将自动跳到元件的参考点上（元件具有参考点时）或对象的中心处（对象不具有参考点时），否则光标将自动滑到元件的电气节点上。

【对象电气热点】：选中该选项，当用户移动或拖动元件时，光标自动滑动到离元件最近的电气节点（如元件的引脚末端）处。如果想实现【对象的中心】的功能，则应取消【对象电气热点】，否则移动元件时，光标仍然会自动滑到元件的电气节点处。

【自动缩放】：选中该选项，当跳转到指定元件时，电路原理图可以自动地实现缩放，调整出最佳的视图比例。

【否定信号‘\’】：选中该选项，只要在网络标号或引脚名称的第一个字符前加一个＜\＞，则该网络标号或引脚名称将全部被加上横线，表示低电平有效。否则，必须在每个字符前面单独加一个"\"。

【双击运行检查】：选中该选项，在原理图上双击某个元件时，可以打开【Inspector】检查面板。在该面板中列出了该对象的所有参数信息，用户可以进行查询或修改。

【确定被选存储清除】：选中该选项，在清除选定的存储器时，将出现一个确认对话框。通过这项功能的设定可以防止由于疏忽而清除选定的存储器。

【掩膜手册参数】：用于设置是否显示参数自动定位被取消的标记点。选中该选项，如果对象的某个参数已取消了自动定位属性，那么在该参数的旁边会出现一个点状标记，提示用户该参数不能自动定位，需手动定位，即应该与该参数所属的对象一起移动或旋转。

【单击清除选择】：选中该选项，通过单击原理图编辑窗口中的任意位置，就可以解除对某一对象的选中状态，不需要再使用菜单命令或者【原理图标准】工具栏中的按钮。

【‘Shift’+单击选择】：选中该选项，只有在按下＜Shift＞键时，单击才能选中图元。此时，右侧的【元素】按钮被激活。单击【元素】按钮，弹出图2-30所示的【必须按定 Shift 选择】对话框，可以设置哪些图元只有在按下＜Shift＞键时，单击才能选择。使用这项功能会使原理图的编辑很不方便。

【一直拖拉】：选中该选项，移动某一选中的图元时，与其相连的导线也随之被拖动，以保持连接关系。否则，会与其相连的导线断开。

【自动放置图纸入口】：选中该选项，导线连接到电路图时，会自动放置电路图出入口。

【保护锁定的对象】：选中该选项，系统会对锁定的图元进行保护，无法移动或选取被锁定的

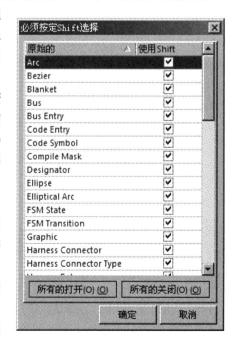

图 2-30　必须按定 Shift 选择对话框

图元。

【图纸入口和端口使用 Harness 颜色】：选中该选项，电路图出入口和端口使用线束定义的颜色。

【重置粘贴的元件标号】：选中该选项，在粘贴复制的元件时，元件编号复位，以"?"结尾。

2）【自动扫描选项】区域用于系统自动移边功能的设置，即当工作光标在原理图上移动到窗口边缘时，系统会自动向未显示的区域移动，以保证工作光标指向的位置进入可视区域。

【类型】：用于设置自动移边的模式。有 3 个选项可供用户选择，其中【Auto Pan Off】选项设定关闭自动移边功能；【Auto Pan Fixed Jump】选项设定按照固定步长自动移动；【Auto Pan ReCenter】选项设定每次自动移边半个编辑窗口。

【速度】：通过拖动滑块，可以设定自动移边的速度。滑块越向右，速度越快。

【步进步长】：用于设置自动移边时的步长。系统默认值为 30，即每次移动 30 个像素点。数值越大，图纸移动越快。

【Shift 步进步长】：用于设置在按住 < Shift > 键的情况下，自动移边时的步长。该文本框的值一般要大于【步进步长】中的值，这样在按住 < Shift > 键时可以加快图纸的移动速度。系统默认值为 100。

3）【撤销/取消撤销】区域用于撤销或取消撤销次数的设置。

【堆栈尺寸】：用于设置可以取消或重复操作的最深层数，即次数的多少。理论上，撤销/取消撤销操作的次数可以无限多，但次数越多，所占用的系统内存就越大，会影响编辑操作的速度。系统默认值为 50，一般设定为 30 即可。

【撤销组】：选中该选项，可以组群撤销，也就是类似元件所进行的相同操作的撤销。

4）【颜色选项】区域用于所选中对象颜色的设置。单击【选择】颜色显示框，系统将弹出【选择颜色】对话框，在该对话框中可以设置选中对象的颜色。

5）【光标】区域用于工作光标类型的设置。

【指针类型】：用于设置工作光标的类型。有 4 个类型可供用户选择，其中【Large Cursor 90】选项设定采用大十字形光标；【Small Cursor 90】选项设定采用小十字形光标；【Small Cursor 45】选项设定采用小45°交叉形光标；【Tiny Cursor 45】选项设定采用细小45°交叉形光标。

（3）【Mouse Wheel Configuration】鼠标滚轮参数设置 鼠标滚轮参数的设置通过【Mouse Wheel Configuration】页面来实现，如图 2-31 所示。

鼠标滚轮的应用大大方便了绘图。如图 2-31 所示，图中列出了所有滚轮与按键的组合方式以及所对应的功能。读者可自行设置 < Ctrl > 键、< Shift > 键、< Alt > 键以及滚轮滚动和滚轮单击的组合。表格中，【Zoom Main Window】表示编辑窗口的缩放；【Vertical Scroll】表示编辑窗口垂直滚动；【Horizontal Scroll】表示编辑窗口水平滚动；【Change Channel】表示切换通道。

（4）【Compiler】编译设置 原理图编译的相关设置通过【Compiler】页面来实现，如图 2-32 所示。

1）【错误和警告】区域用于各级信息表示方法的设置。其中，在【等级】栏位中列出信息的等级，分为【Fatal error】（致命错误）、【Error】（错误）和【Warning】（警告）三个等级。

图 2-31　【Mouse Wheel Configuration】鼠标滚轮参数设置页面

若选中【显示】栏位对应的选项，则在电路图中发现该等级的错误时，将直接标示波浪线。在【颜色】栏位里，设定该等级错误标示的波浪线的颜色。

2）【自动连接】区域用于连接线路时，自动产生电气节点的属性设置。

【显示在线上】：选中该选项，设定在连接的导线上，自动产生电气节点，同时在下面设定节点的【大小】和【颜色】。

【显示在总线上】：选中该选项，设定在连接的总线上，自动产生电气节点，同时在下面设定节点的【大小】和【颜色】。

3）【手动连接状态】区域用于手动放置电气节点的默认属性设置。若选中【显示】选项，手动放置的电气节点才会在电路图中显示，同时可在其右边设置节点的【大小】和【颜色】。

4）【编译扩展名】区域用于名称扩展的相关设定。而名称扩展（也就是上标字）主要出现在多通道（Multi-Channel）的重复阶层式电路图里，以上标字的方式出现。以元件编号为例，在逻辑电路里的元件编号的上标字，将对应到实体电路图中该元件的元件编号；同样，在实体电路图里的元件编号的上标字，将对应到逻辑电路图中该元件的元件编号。

【标识】选项设定显示元件编号的名称扩展，选取本选项后可在右边栏位中选取显示模

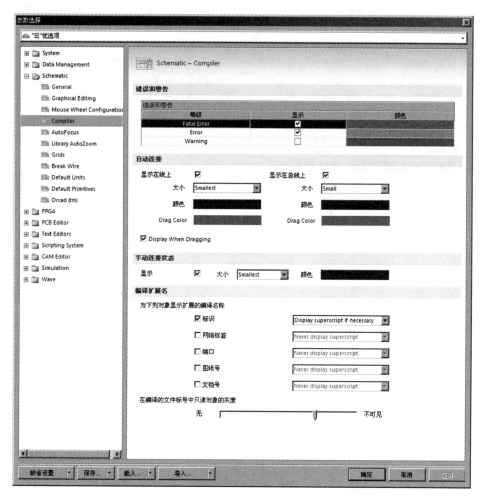

图 2-32　【Compiler】编译设置页面

式，其中包括下列 3 个选项。其中【Never display superscript】选项设定不要显示名称扩展；
【Always display superscript】选项设定显示名称扩展；【Display superscript if necessary】选项设
定根据需要显示名称扩展。

　　【网络标签】选项设定显示网络名称的名称扩展，选取本选项可在右边栏位中选取显示
模式，其选项与【标识】的选项一样。

　　【端口】选项设定显示输入/输出端口及电路框图进出点的名称扩展，选取本选项后，可
在右边栏位中选取显示模式，其选项与【标识】的选项一样。

　　【图纸号】选项设定显示电路图号的名称扩展，选取本选项后，可在右边栏位中选取显
示模式，其选项与【标识】的选项一样。

　　【文档号】选项设定显示文件号码的名称扩展，选取本选项后，可在右边栏位中选取显
示模式，其选项与【标识】的选项一样。

　　【在编译的文件标号中只读对象的灰度】用于只读元件的淡化设定，这是针对多通道
（Multi-Channel）的重复阶层式电路图里实体电路图的浏览而设的。滑块往右边移，只读元
件将变淡化；往左边移，只读元件将变清楚。

（5）【Auto Focus】自动聚焦设置　自动聚焦的相关设置通过【Auto Focus】页面来实现，如图 2-33 所示。

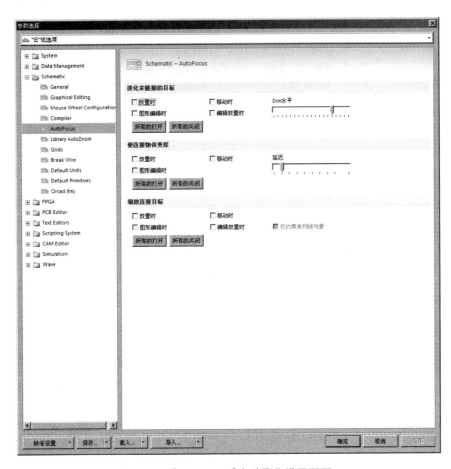

图 2-33　【Auto Focus】自动聚焦设置页面

1）【淡化未链接的目标】区域的功能是设定进行某些操作时，淡化未与之连接的元件。

【放置时】：选中该选项，在连接已知网络线路时，将自动淡化非该网络所连接的元件。

【移动时】：选中该选项，移动元件时，将自动淡化没有与该元件连接的其他元件。

【图形编辑时】：选中该选项，调整走线时，将自动淡化非该走线的网络。

【编辑放置时】：选中该选项，进行文字在线编辑时，将自动淡化其他元件。

【所有的打开】：同时选中上述选项。

【所有的关闭】：同时取消上述选项。

【Dim 水平】：设定淡化时的淡化程度，滑块越往右移，淡化程度越高。

2）【使连接物体变厚】区域的功能是设定进行某些操作之后，粗化与之连接的线路。

【放置时】：选中该选项，在连接已知网络线路后，将自动粗化与之连接的线路一段时间。

【移动时】：选中该选项，移动元件后，将自动粗化与之连接的线路一段时间。

【图形编辑时】：选中该选项，调整走线后，将自动粗化与之连接的线路一段时间。

【延迟】：设定粗化显示的时间长短，滑块越往右移，粗化的时间越长。

3）【缩放连接目标】区域的功能是设定进行某些操作时，将自动缩放编辑区。

【放置时】：选中该选项，在连接已知网络线路时，将自动缩放以显示该网络的所有线路。

【移动时】：选中该选项，移动元件时，将自动缩放以显示所有与该元件连接的线路。

【图形编辑时】：选中该选项，调整走线时，将自动缩放以显示该网络的所有线路。

【编辑放置时】：选中该选项，进行文字在线编辑时，将自动缩放显示该元件。

【仅约束非网络对象】：选中该选项，只有电气元件上的文字进行在线编辑时，才会自动缩放显示该元件。

（6）【Library AutoZoom】元件库自动缩放设置　元件库自动缩放的设置通过【Library AutoZoom】页面来实现，如图 2-34 所示。

图 2-34　【Library AutoZoom】元件库自动缩放设置页面

【缩放库器件】区域设置在电路图元件编辑器中，切换元件时所要采用的显示比例。

【在元件切换间不更改】：选中该选项，在电路图元件编辑器里切换元件时，不改变显示比例。

【记忆最后的缩放值】：选中该选项，在电路图元件编辑器里切换元件时，采用前一次的缩放比例显示。

【元件居中】：选中该选项，在电路图元件编辑器里切换元件时，将元件置于编辑区中间，按照右边【缩放精度】滑轴所设定的缩放比例显示。

（7）【Grids】栅格设置　原理图中默认栅格尺寸的设置通过【Grids】页面来实现，如图2-35所示。

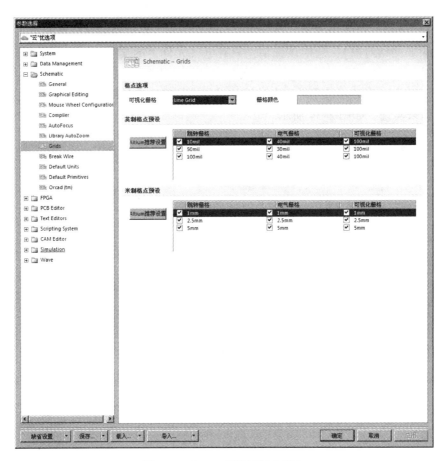

图2-35　【Grids】栅格设置页面

1）【格点选项】区域用于编辑区里显示的栅格种类与颜色的设置。

【可视化栅格】：设定可视化栅格的类型。有2个类型可以供用户选择，其中【Line Grid】选项设定采用线状可视化栅格；【Dot Grid】选项设定采用点状可视化栅格。

【栅格颜色】：设定可视化栅格的颜色。

2）【英制格点预设】区域用于英制单位栅格尺寸的设置，包括【跳转栅格】、【电气栅格】和【可视化栅格】。每种栅格预设了3种尺寸。

【Altium推荐设置】：单击按钮，在弹出的下拉菜单中选择系统预设的栅格间距，如图2-36所示。

3）【米制格点预设】区域用于公制单位栅格尺寸的设置，与【英制格点预设】区域设置方法相同，不同赘述。

（8）【Break Wire】切除导线设置　原理图中切除导线的

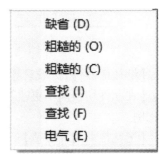

图2-36　推荐设置菜单

相关设置通过【Break Wire】页面来实现，如图 2-37 所示。

图 2-37　【Break Wire】切除导线设置页面

1)【切割长度】区域用于切除导线时，有关长度的设置。

【折断片段】：选中该选项，切除指定线段（两端点之间）。

【折断多重栅格尺寸】：选中该选项，切除导线的长度为栅格尺寸的倍数，可在右边栏位指定倍数。

【固定长度】：选中该选项，切除固定长度的导线，可在右边栏位指定所要切除的长度。

2)【显示切割框】区域用于是否显示切割框的设置。其中，选中【从不】选项，切除导线时，不显示切割框；选中【总是】选项，切除导线时，将会显示切割框；选中【线上】选项，切除导线时，只在所要切除的导线上，才会显示切割框。

3)【显示】区域用于是否显示切割端的设置。其中，选中【从不】选项，切除导线时，不显示切割端；选中【总是】选项，切除导线时，将会显示切割端；选中【线上】选项，切除导线时，只在所要切除的导线上，才会显示切割端。

(9)【Default Units】默认单位设置　原理图中默认单位的相关设置通过【Default Units】页面来实现，如图 2-38 所示。

1)【英制单位系统】区域用于英制单位的设置。选中【使用英制单位系统】选项后，即可在【使用的英制单位】中指定采用哪种单位。有 4 种单位可以供用户选择，其中【Mils】选项设定采用 mil（密耳）单位，1mil 等于 1/1000in；【Inches】选项设定采用 in（英寸）单位，1in

图 2-38 【Default Units】默认单位设置页面

约为 2.54cm；【Dxp Defaults】选项设定采用 10mil 为一个单位；【Auto Imperial】选项设定若 500mil 以下采用 mil 单位，500mil 以上则自动切换为 in 单位。

2)【公制单位系统】区域用于公制单位的设置。选中【使用公制单位系统】选项后，即可在【使用的公制单位】中指定采用哪种单位。有 4 种单位可以供用户选择，其中【Millimeters】选项设定采用 mm（毫米）单位，1mm 等于 0.1cm；【Centimeters】选项设定采用 cm（厘米）单位；【Meters】选项设定采用 m（米）单位；【Auto-Metric】选项设定若长度为 100mm 的倍数，则采用 cm 单位；若长度为 100cm 的倍数，则切换为 m 单位。

（10）【Default Primitives】元件默认值设置 元件默认值的相关设置通过【Default Primitives】页面来实现，如图 2-39 所示。这里的元件实际上是指系统中的各类图形对象。

【元件列表】区域将 Altium Designer 的各种元件分门别类，放置于列表框中。在列表框中选取了元件种类，将在下面的【元器件】列表框中列出该类的所有元件，以供选择。元件分类有 8 种，其中【All】选项设定列出所有元件；【Wiring Objects】选项设定列出与连接线路相关的元件；【Drawing Object】选项设定列出非电气元件；【Sheet Symbol Objects】选项设定列出电路框图相关的元件；【Finite State Machine Object】选项设定列出与有限状态机相关的元件；【Harness Objects】选项设定列出与功能线束相关的元件；【Library Objects】选项设定列出与元件库相关的元件；【Other】选项设定上述类别所没有包括的元件。

图 2-39　【Default Primitives】元件默认值设置页面

在【元器件】列表框中选取要编辑默认（初始）属性的元件，单击下面的【编辑值】按钮，打开其属性对话框，在对话框中编辑其默认属性。单击【复位】按钮，将元件的默认属性恢复为系统默认值。单击【复位所有】按钮，将【元器件】列表框中所有元件的默认属性都恢复为系统默认值。默认值在编辑时可以通过【Mils】或【MMs】选项卡指定英制单位或公制单位的默认值。

（11）【Orcad（tm）】ORCAD 界面设置　原理图与 ORCAD/SDT 相关的设置通过【Orcad（tm）】页面来实现，如图 2-40 所示。

1）【复制封装】区域的功能是设定载入 ORCAD/SDT 电路图时，将从本选项所指定的 ORCAD 元件栏位中，载入其元件封装名称。同样，若输出到 ORCAD/SDT 时，元件封装名称也是输出到这个元件栏位。

2）【Orcad 端口】区域的功能是设定载入 ORCAD/SDT 电路图时，其中的输入/输出端口长度将保持原电路图的输入/输出端口长度。选中【模仿 Orcad（M）】选项，则其中的输入/输出端口长度可保持原电路图的输入/输出端口长度。

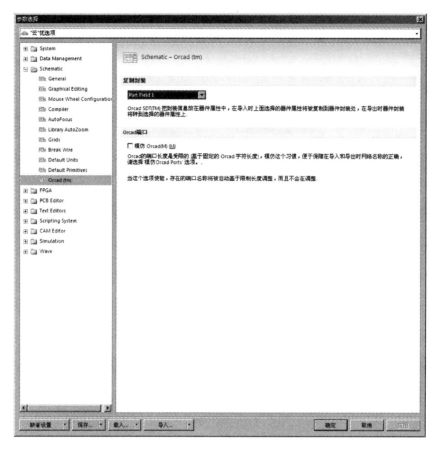

图 2-40　【Orcad（tm）】页面

2.4　练习

1. 绘制图 2-41 所示的电路原理图。

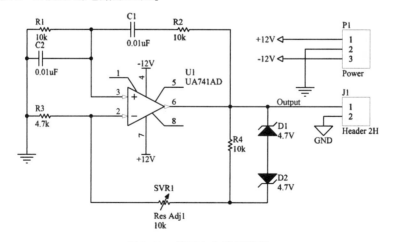

图 2-41　练习 1 电路原理图

2. 绘制图 2-42 所示的电路原理图。

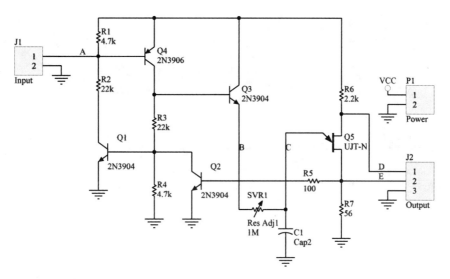

图 2-42 练习 2 电路原理图

项目三

模数转换电路原理图

3.1 设计任务

1. 完成如下所示的模数转换电路的原理图设计

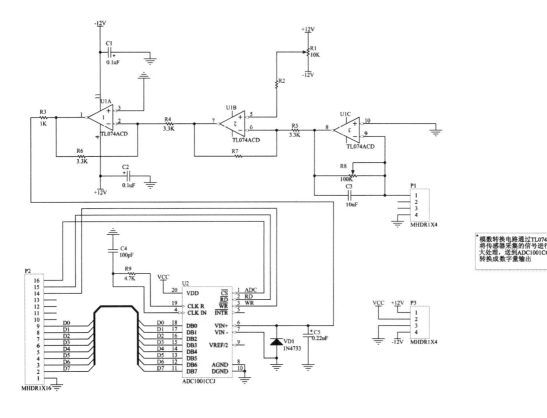

2. 学习内容

1) 放置复合元件。

2) 绘制总线、总线分支。

3) 放置网络标号。

4) 放置字符串 (文本字符串、文本框和注释)。

5) 编译查错 (ERC)。

6) 生成网络表。

7) 非电气图形。

3.2 设计步骤

1. 新建工程文件和原理图文件

新建工程文件"模数转换电路 . PrjPCB"和原理图文件"模数转换电路 . SchDoc",步骤同项目一,此处不再赘述。

2. 放置元件

电路图中,元件 TL074ACD 是复合元件。复合元件是指一个元件封装中,有多个功能相同的单元,每个单元的元件名相同,只是引脚的编号不同而已。最典型的例子就是逻辑门和运放。例如,一片 TL074ACD 中,有 4 个相同的运放(运算放大器的简称),每个运放都可以单独使用。为了区分复合元件中的各个单元,分别用字母 A、B、C、D 或数字 1、2、3、4 做元件编号的后缀,如图 3-1 所示。

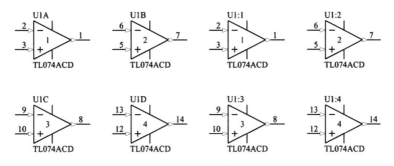

图 3-1 复合元件编号

通过【库】面板查找元件 TL074ACD,查找结果如图 3-2 所示。元件名称左边有"+",说明 TL074ACD 是复合元件,单击元件名称左边的"+"展开,如图 3-3 所示,可以看到,TL074ACD 包含四个单元 Part 1、Part 2、Part 3 和 Part 4。在列表框中选中所要放置的单元,单击【Place TL074ACD】按钮,即可放置相应的单元。除了在放置时指定单元,也可以在元件属性对话框中,通过图 3-4 所示的四个按钮对单元进行切换。

图 3-2 复合元件查找结果

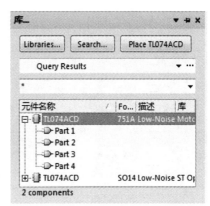

图 3-3 复合元件的功能单元

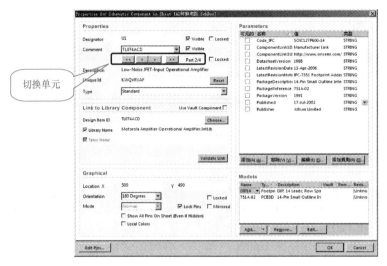

图3-4 复合元件属性对话框

放置复合元件 TL074ACD 后，在 Miscellaneous Devices.IntLib 库中分别选取元件 ADC1001CCJ、Res1、RPot、Cap、Cap Pol2、Diode、MHDR1X4、MHDR1X16 等，按照图 3-5 放置元件，并调整元件位置完成原理图布局。元件放置过程中按 <Tab> 键或元件放置后双击元件，打开元件属性对话框，对元件的属性进行设置。

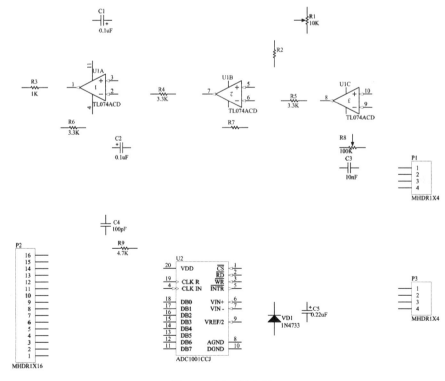

图3-5 原理图布局

3. 绘制总线和总线分支

总线是一组具有相同性质的并行信号线的组合，如数据总线、地址总线、控制总线等的组合。在大规模的电路原理图设计，尤其是数字电路的设计中，如果只用导线来完成各元件之间的电气连接，那么整个原理图的连线就会显得杂乱而繁琐，而总线的运用可以大大简化原理图的连线操作，使原理图更加整洁、美观。

原理图编辑环境下的总线没有任何实质的电气连接意义，仅仅是为了绘图和读图方便而采取的一种简化连线的表现形式。

总线的绘制与导线的绘制基本相同，进入总线的绘制状态有以下四种方法。

方法一：单击原理图绘图工具栏上的【放置总线】按钮 。

方法二：执行菜单命令【放置】|【总线】。

方法三：在原理图空白处单击鼠标右键，在弹出的快捷菜单中执行菜单命令【放置】|【总线】。

方法四：使用快捷键 <P> + <B>。

此时光标变成十字形，进入绘制总线状态，将光标移动到想要放置总线的起点位置，单击鼠标左键，确定总线起点，然后移动鼠标，在适当的位置单击鼠标左键，确定总线的终点。确定总线终点后，单击鼠标右键即可完成该段总线的绘制。此时仍为总线绘制状态，可以继续下一条总线的绘制。若要退出总线绘制状态，只需单击鼠标右键或者按 <Esc> 键即可。与绘制导线一样，在总线绘制过程中按 <Shift> + <Space> 键可以改变总线的走线模式。

在总线绘制过程中，按 <Tab> 键打开【总线】对话框，或者在放置总线完成后，双击总线，打开【总线】对话框，如图 3-6 所示。在对话框中，可以对总线颜色、线宽以及端点的坐标进行设置。

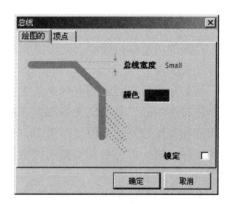

图 3-6　总线对话框

总线分支是单一导线与总线的连接线。使用总线分支把总线和具有电气特性的导线连接起来，可以使电路原理图更为美观、清晰，且具有专业水准。与总线一样，总线分支也不具有任何电气连接的意义，而且它的存在并不是必需的，即便不通过总线分支，直接把导线与总线连接也是正确的。

进入总线分支的放置状态有以下四种方法。

方法一：单击原理图绘图工具栏上的【放置总线入口】按钮 。

方法二：执行菜单命令【放置】|【总线进口】。

方法三：在原理图空白处单击鼠标右键，在弹出的快捷菜单中执行菜单命令【放置】|【总线进口】。

方法四：使用快捷键 <P> + <U>。

此时光标变成十字形，进入放置总线分支状态，光标上出现一个浮动的总线分支，通过 <Space> 键改变总线分支的方向，在导线与总线之间单击左键，即可放置一段总线入口分支，此时仍为总线分支放置状态，可以继续下一条总线分支的放置。若要退出总线分支放置状态，只需单击鼠标右键或者按＜Esc＞键即可。总线分支与总线的连接如图3-7所示。

在总线分支放置过程中，按＜Tab＞键打开【总线入口】对话框，或者在放置总线分支完成后，双击总线分支，打开【总线入口】对话框，如图3-8所示。在对话框中，可以对总线分支的位置、颜色、线宽进行设置。

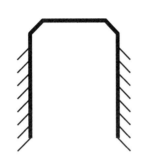

图3-7 总线分支与总线的连接

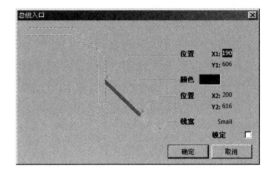

图3-8 总线入口对话框

按照样图，利用总线和总线分支完成元件 U2 和 P2 的连接。

4. 绘制导线

按照样图，通过导线完成元件间其余的电气连接。

5. 放置网络标号

在原理图绘制过程中，元件之间的电气连接除了使用导线外，还可以通过放置网络标号的方法来实现。

网络标号具有实际的电气连接意义，具有相同网络标号的导线或元件引脚，不管在图上是否连接在一起，其电气关系都是连接在一起的。特别是对于较复杂的线路，若每一条导线都实实在在地绘制，不但费时费力，绘制而成的电路图也会比较难以识图。若使用网络标号代替实际走线，即可与其他相同网络标号的导线相连接，不再需要实际的走线，大大简化原理图。

电路图中 U2 的 11～18 引脚通过总线和总线分支与 P2 的 2～9 引脚相连，通过导线无法判断引脚之间的连接关系，因此必须要通过网络标号来明确 U2 与 P2 的引脚连接关系。

进入网络标号的放置有以下四种方法。

方法一：单击原理图绘图工具栏上的【放置网络标号】按钮 Net1 。

方法二：执行菜单命令【放置】|【网络标号】。

方法三：在原理图空白处单击鼠标右键，在弹出的快捷菜单中执行菜单命令【放置】|【网络标号】。

方法四：使用快捷键＜P＞+＜N＞。

此时光标变成十字形，进入放置网络标号状态，光标上将出现一个浮动的网络名称"Net label1"。按＜Tab＞键即可打开【网络标签】对话框，如图3-9所示。在【网络】文本框中输入"D0",单击【确定】按钮。移动光标到需要放置网络标号的导线上,当接触导线时,将出现一个红色的"×"代表与之连接,如图3-10所示,此时单击鼠标左键,可完成放置。此时仍处于放置网络标号的状态,重复上述操作即可放置其他网络标号。若要退出网络标号放置状态,只需单击鼠标右键或者按<Esc>键即可。

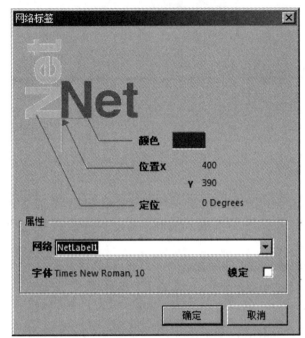

图 3-9　网络标签对话框

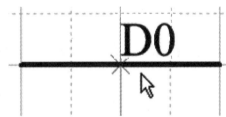

图 3-10　放置网络标号

双击已经放置的网络标号,也可打开属性对话框对网络标号的属性进行设置。【网络标签】对话框中的各项属性含义如下:

【颜色】:设置网络标号的颜色,指向色块,单击鼠标左键,即可指定颜色。

【位置 X】和【Y】:设置网络标号的 X 轴和 Y 轴坐标。改变其值,即可改变网络名称在编辑区里的位置。

【定位】:设置网络标号的放置方向。

【网络】:设置网络标号的名称。单击右边的下拉按钮,在列表框中列出当前电路中已经存在的网络名称,以供选择。也可直接输入新的网络名称,只是网络名称必须使用英文,且不可使用符号。若要指定负使能动作的网络名称,即要在网络名称上加一条横线,则在每个字母右边加"\"即可。若网络标号以数字结尾,则在连续放置时,会自动增号。

【字体】:设置网络标号的字形与大小。

【锁定】:设置网络标号被锁定,移动该网络标号时,系统将要求确认。

在 Altium Designer 14 的电路设计中,每一条实际的电气连线都属于一个网络并拥有网络名称。将光标停留在导线上一段时间,系统就会自动提示出该导线所属的网络名,如图 3-11 所示。没有放置网络标号时,系统给该连接命名为"NetR5_1",表明该网络是连在电阻 R5 一引脚上,当放置名称为"IN"的网络标号后,该条网络的网络名就变成了"IN"。

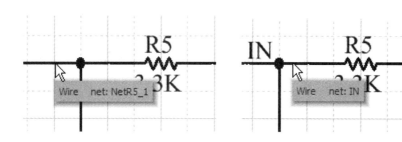

图 3-11　显示网络名称

6. 放置电源和接地符号

放置相应的电源和接地符号。

7. 放置文本字符串、文本框和注释

在绘制电路原理图时，为了增加原理图的可读性，通常会在原理图的相关位置添加文字作为电路说明。Altium Designer14 提供了放置文字的功能，包括文本字符串、文本框和注释。

（1）文本字符串　进入文本字符串的放置有以下四种方法。

方法一：【实用】工具栏中的【实用工具】中的【放置文本字符串】按钮。

方法二：执行菜单命令【放置】|【文本字符串】。

方法三：在原理图空白处单击鼠标右键，在弹出的快捷菜单中执行菜单命令【放置】|【文本字符串】。

方法四：使用快捷键 <P> + <T>。

此时光标变成十字形，进入放置文本字符串状态，光标上将出现一个浮动的字符串"Text"。按 <Tab> 键打开【标注】对话框，如图 3-12 所示。在【文本】框中输入"AD 转换电路"，单击【确定】按钮后，将字符串移动到图纸标题栏的【Title】栏目，单击左键即可放置。此时光标上仍有一个字符串，可继续放置字符串。若要退出字符串放置状态，只需单击鼠标右键或者按 <Esc> 键即可。

双击已经放置的文本字符串，也可打开标注对话框对文本字符串的属性进行设置。对话框中的各项属性含义如下：

【颜色】：设置文本字符串的颜色，指

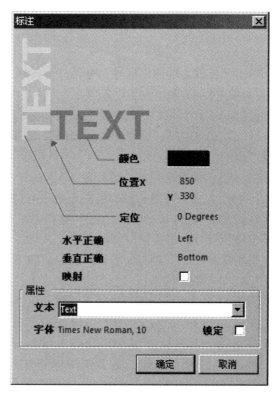

图 3-12　标注对话框

向色块，单击鼠标左键，即可指定颜色。

【位置 X】和【Y】：设置文本字符串的 X 轴和 Y 轴坐标。改变其值，即可改变文本字符串在编辑区里的位置。

【定位】：设置文本字符串的放置方向。

【水平正确】：设置文本字符串水平放置时所采用的基准位置，包括【Left】（靠左对齐）、【Center】（居中对齐）及【Right】（靠右对齐）三个选项。

【垂直正确】：设置文本字符串垂直放置时所采用的基准位置，包括【Bottom】（底端对齐）、【Center】（居中对齐）及【Top】（顶端对齐）三个选项。

【映射】：设置文本字符串的镜像（文字内容不翻转）。

【文本】：设置文本字符串的内容，我们可直接在其中输入中英文文字，若文本字符串右边为数字，且连续放置时，可自动增号。

【字体】：设置文本字符串的字形与大小等。

【锁定】：设置文本字符串被锁定。移动该文本字符串时，系统将要求确认。

除了在【文本】列表框中直接输入字符串的内容外，还可以通过特殊字符串的方式来设置。特殊字符串与整张电路图相关，如日期、图号、绘图者等信息是以特殊字符串的方式，由使用者放置在电路图中。在使用特殊字符串前，必须在【文档选项】对话框的【参数】选项卡中对电路图提供的特殊字符串的内容进行设置，如图 3-13 所示。在【参数】选项卡中将特殊字符串【Organization】的值设置为【泰州职业技术学院】，单击【确定】按钮，完成特殊字符串的设置。

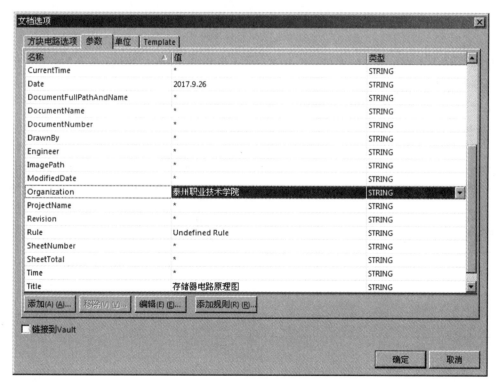

图 3-13 设置特殊字符串

在图 3-12 所示对话框中，单击文本栏位右边的下拉按钮，弹出特殊字符串的列表框，如图 3-14 所示。

图 3-14　特殊字符串列表框

选取【 = Organization】，单击【确定】按钮后，将字符串移动到所要放置的位置，单击左键即可放置字符串，如图 3-15 所示。

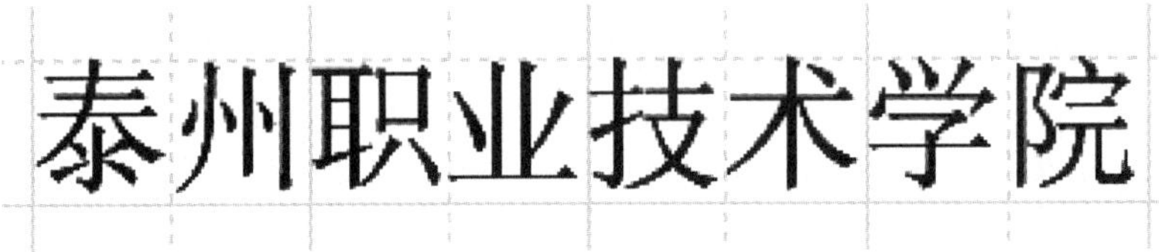

泰州职业技术学院

图 3-15　放置特殊字符串

注意：要能正确显示特殊字符串，除了要在【文档选项】对话框的【参数】选项卡中对特殊字符串的内容进行设置，还要在【参数选择】对话框的【Schematic】|【Graphical Editing】页面中选中【转化特殊字符串】选项，这样才能正确显示特殊字符串。

Altium Designer14 提供的特殊字符串及其功能见表 3-1。

表 3-1　特殊字符串及其功能

特殊字符串	功　能	备　注
= Address1	第一列地址	
= Address2	第二列地址	
= Address3	第三列地址	
= Address4	第四列地址	
= Application_BuildNumber	应用构建号	自动产生
= ApprovedBy	核准者	
= Author	作者	
= CheckedBy	检验者	
= CompanyName	公司名称	
= Current Date	现在日期	自动产生

（续）

特殊字符串	功　能	备　注
= Current time	现在时间	自动产生
= Date	日期	自动产生
= Document FullPathAndName	文件文档名与路径	
= DocumentName	文件名称	
= DocumentNumber	文件号码	
= DrawnBy	绘图者	
= Engineer	工程师	
= ModifiedDate	修改日期	
= Organiztion	组织/单位	
= Revision	版本	
= Rule	设计规则	
= SheetNumber	电路图图号	
= SheetTotal	电路图总数	
= Time	时间	自动产生
= Title	标题	

（2）文本框　文本字符串只能是一行文字，若要放置整段或整篇文章，则可使用文本框。进入文本框的放置有以下四种方法。

方法一：【实用】工具栏中的【实用工具】中的【放置文本框】按钮。

方法二：执行菜单命令【放置】|【文本框】。

方法三：在原理图空白处单击鼠标右键，在弹出的快捷菜单中执行菜单命令【放置】|【文本框】。

方法四：使用快捷键 < P > + < F >。

此时光标变成十字形，进入放置文本框状态，光标上将出现一个浮动的虚线框。按 < Tab > 键打开【本文结构】对话框，如图 3-16 所示。单击【改变】按钮，打开【TextFrame Text】文本框，在文本框中输入图 3-17 所示的文字，单击【确定】按钮关闭【TextFrame Text】文本框后，单击【确定】按钮，将文本框移动到图样适当的位置，单击左键两次确定文本框的位置和大小即可放置文本框。此时光标上仍有一个虚线框，可继续放置文本框。若要退出文本框放置状态，只需单击鼠标右键或者按 < Esc > 键即可。

双击已经放置的文本框，也可打开图 3-16 所示的对话框对文本框的属性进行设置。对话框中各项的含义如下：

【文本颜色】：设置文本框内的文字颜色。指向右边的色块，单击鼠标左键，即可指定颜色。

【队列】：设置文本框内的文字的对齐方式，其中包括【Left】（靠左对齐）、【Center】（居中对齐）及【Right】（靠右对齐）三个选项。

【位置 X1】和【Y1】：设置文本框所在位置的第一角的 X 轴和 Y 轴坐标。

【位置 X2】和【Y2】：设置文本框所在位置的第二角的 X 轴和 Y 轴坐标。

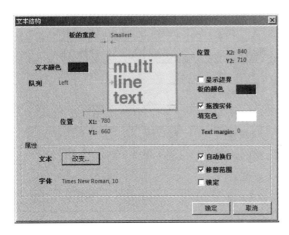

图 3-16　文本结构对话框　　　　　　　图 3-17　文本编辑器

【显示边界】：设置是否显示文本框的边框。

【板的颜色】：设置文本框的边框颜色。指向右边的色块，单击鼠标左键，即可指定颜色。

【拖拽实体】：设置文本框是否显示填充色。选中该选项，文本框显示填充色，否则，不显示填充色。

【填充色】：设置文本框的填充颜色。指向右边的色块，单击鼠标左键，即可指定颜色。

【Text margin】：设置文本框中文本距离左边界和上边界的距离。

【文本】：单击右边的【改变】按钮，打开简单的文字编辑器，以供输入、编辑文字，如图 3-17 所示。

【自动换行】：设置当该文本框内的文字超过文本框的宽度时，是否自动换行。选中该选项，文本会根据文本框的宽度自动换行；否则，文本不会自动换行。

【修剪范围】：设置当该文本框内的文字超过文本框的范围时，是否显示无法呈现的部分。选中该选项，文本只能在文本框内显示部分内容，超出文本框的内容不显示；否则，文本会超出文本框的范围完整显示，如图 3-18 所示。

【锁定】：设置文本框被锁定，移动文本框时，系统将要求确认。

【字体】：设置文本框中字符串的字形与大小等。

文本框的内容除了在其属性对话框中进行设置外，还可以在线编辑。单击文本框使文本框处于选中状态，这时可以拖动文本框四周的八个控制点改变文本框的大小。再次单击文本框则使文本框进入在线内容编辑状态，如图 3-19 所示，编辑完成后单击右下角的【✓】完成并保存修改，或是单击【✗】放弃修改。

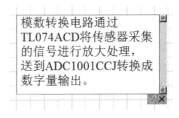

图 3-18　修剪范围设置效果　　　　　　图 3-19　文本框在线编辑

（3）注释　注释的功能与文本框一样，都是给原理图提供说明信息，不过注释的应用更为灵活，比较像办公室里常用的便利贴，可贴上去，也可很方便地撕掉，更可把它卷起来或展开来。如图 3-20 所示，注释有两种显示状态：展开显示状态和叠起状态。展开显示时与文本框显示一样，单击注释左上角向上的三角形箭头，就可使注释卷叠起来，同时箭头变成向下三角形，这样可以节省原理图的空间，此时若是将光标移至叠起的三角形上，则系统会提示该注释的具体信息，再次单击三角形箭头，注释就会自动展开。

图 3-20　注释的两种显示状态

进入注释的放置有以下三种方法。

方法一：执行菜单命令【放置】|【注释】|【注释】。

方法二：在原理图空白处单击鼠标右键，在弹出的快捷菜单中执行菜单命令【放置】|【注释】|【注释】。

方法三：使用快捷键 < P > + < E > + < O >。

此时光标变成十字形，进入放置注释状态，光标上将出现一个浮动的黄色注释框。按 < Tab > 键打开【注解】对话框，如图 3-21 所示。单击【改变】按钮，打开【Note Text】文本框，在文本框中输入图 3-19 所示的文字，单击【确定】按钮关闭【Note Text】文本框后，单击【确定】按钮，将注释框移动到图样适当的位置，单击左键两次确定注释框的位置和大小即可放置注释。此时光标上仍有一个黄色注释框，可继续放置注释。若要退出注释放置状态，只需单击鼠标右键或者按 < Esc > 键即可。

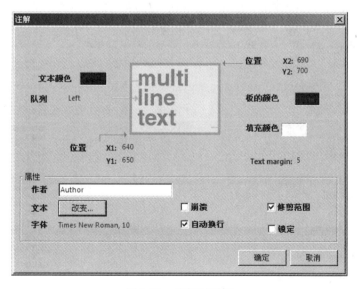

图 3-21　注解对话框

双击已经放置的注释，也可打开图 3-21 所示的对话框对注释的属性进行设置。其中大部分内容都与文字框的属性对话框一样，其中只多出两个项目，说明如下：

【作者】：设置注释作者的名字，可直接在右边文本框中输入名字。

【崩溃】：设置是否将注释折叠，如图 3-20 所示。

另外，Altium Designer14 还提供椭圆形注释、矩形注释和多边形注释，椭圆形注释、矩形注释和多边形注释的放置，与绘图工具所绘制的椭圆形、矩形和多边形完全一样。

8. 编译查错

为了防止在电路设计过程中出现某些疏忽，导致电路无法正常工作，在电路原理图设计结束后需要对原理图进行电气规则检查，Altium Designer 14 用编译代替了原先版本中的电气规则检查（ERC）。在编译工程的过程中，系统会根据用户的设置，对整个工程进行检查。编译结束后，系统会提供相应的报告信息，如网络构成、原理图层次、设计错误报告类型分布信息等。检查结果将在【Messages】面板里列出，且会在编辑区里，直接在错误处列出错误标记，较常见的错误标记是在元件引脚下面出现红色波浪线，我们只要指向这个地方，即出现相关错误说明。

（1）错误报告设置　编译前首先要对电气检查规则进行设置，以确定系统对各种违反规则的情况做出何种反应，以及编译完成后系统输出的报告类型。编译项目参数设计包括错误检查参数、电气连接矩阵、比较器设置、ECO 生成、输出路径、网络表选项和其他项目参数的设置。

执行菜单命令【工程】|【工程参数】，打开图 3-22 所示的【Options for PCB Project 模数转换电路 . PrjPcb】对话框，在该对话框中可以对【Error Reporting】（错误报告）、【Connection Matrix】（连接矩阵）以及【Default Prints】（默认输出）等常用的项目进行设置，一般使用默认设置即可。

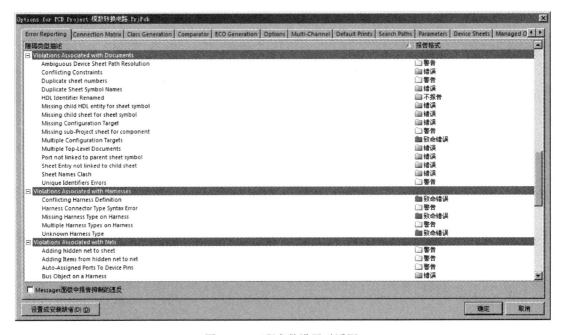

图 3-22　工程参数设置对话框

系统默认打开的是【Error Reporting】错误报告选项卡，提供了以下几大分类的电气规则检查。分别是：【Violations Associated with Buses】总线相关的电气规则检查，【Violations Associated with Code Symbols】代码符号相关的电气规则检查，【Violations Associated with Components】元件相关的电气规则检查，【Violations Associated with Configuration Constraints】配置相关的电气规则检查，【Violations Associated with Documents】文件相关的电气规则检查，【Violations Associated with Harnesses】线束相关的电气规则检查，【Violations Associated with Nets】网络相关的电气规则检查，【Violations Associated with Others】其他电气规则检查和【Violations Associated with Parameters】参数相关的电气规则检查。

　　可以对每一类电气规则中的某个规则的报告类型进行设定，在需要修改的电气规则上单击鼠标右键，弹出图 3-23 所示的规则设置选项菜单，各菜单命令的含义如下：

　　【所有的关闭】：关闭所有电气规则检查的规则。

　　【所有警告】：所有违反规则的情况均设为警告。

　　【所有错误】：所有违反规则的情况均设为错误。

　　【所有致命错误】：所有违反规则的情况均设为致命错误。

　　【选择的关闭】：关闭选中的电气规则检查的规则。

　　【被选警告】：违反选中电气规则的情况提示为警告。

　　【被选错误】：违反选中电气规则的情况提示为错误。

　　【被选致命的】：违反选中电气规则的情况提示为致命错误。

　　【默认】：违反选中电气规则的情况恢复成系统默认设置。

　　也可单击某个电气检查规则右边的【报告格式】区域，弹出报告类型设置下拉列表框，如图 3-24 所示，其中绿色为不产生错误报告；黄色为警告提示；橘黄色为错误提示；红色则为致命错误提示。

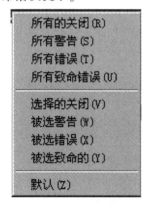

图 3-23　规则设置选项菜单

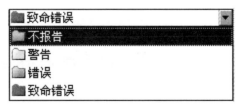

图 3-24　规则报告类型

　　（2）连接矩阵设置　连接矩阵用来设置不同类型的引脚、输入输出端口间电气连接时系统给出的错误报告种类。在工程参数设置对话框中单击【Connection Matrix】标签进入连接矩阵设置选项卡，如图 3-25 所示。

　　各种引脚以及输入输出端口之间的连接关系用一个矩形表示，矩阵的行和列分别代表着不同类型的引脚和输入输出端口，两者交点处的小方块则代表其对应的引脚或端口直接相连时系统的错误报告内容。错误报告有四种等级，与其他的电气规则检查一样，绿色为不产生

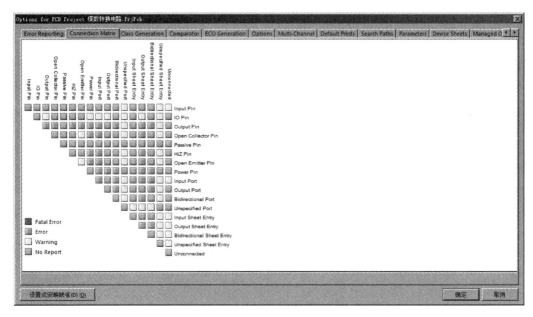

图 3-25　连接矩阵设置选项卡

错误报告，黄色为警告提示，橘黄色为错误提示，红色则为致命错误提示。要想改变不同引脚或端口连接的错误提示等级，只需用鼠标单击相应的小方块，其颜色就会在红、橘黄、黄和绿色之间轮流变换。

（3）编译工程　对原理图的各种电气错误等级设置完成后，就可以对电路原理图或整个工程进行编译，执行菜单命令【工程】|【Compile Document 模数转换电路 . SchDoc】，对当前原理图进行编译；或是执行菜单命令【工程】|【Compile PCB Project 模数转换电路 . PrjPCB】，则对工程中所有的文件进行编译。编译完成后，若电路原理图中存在错误，系统将会在【Messages】面板中提示相关的错误信息，如图 3-26 所示，【Messages】面板中分别列出了编译错误所在的原理图文件、出错原因以及错误的等级。

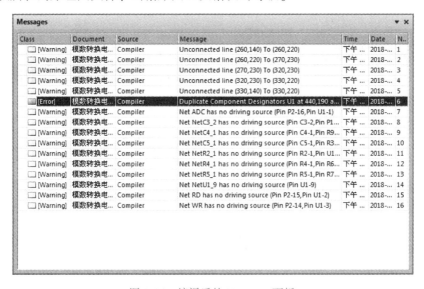

图 3-26　编译后的 Messages 面板

【Messages】面板中有【Warning】警告和【Error】错误两种，一般情况下不需要理会【Warning】警告，只要将【Error】错误修改正确即可。

若要查看错误的详细信息，可在【Messages】面板中双击错误选项，系统将打开图 3-27 所示的【Compile Errors】编译错误面板，列出了该项错误的详细信息。同时工作窗口将跳转到原理图出错处，产生错误的元件或连线高亮显示，其他所有对象处于被遮挡状态，便于设计者修正错误。由图 3-27 可知，原理图中 2 个元件重名，都是 U1，将其中一个元件编号改成 U2后，重新进行编译，【Messages】面板不打开，说明电气规则检查没有错误发生。

若编译没有错误，【Messages】面板不打开。打开【Messages】面板的方法有以下 3 种。

方法一：执行菜单命令【察看】|【工作面板】|【System】|【Messages】。

方法二：单击工作窗口右下角的【System】标签，在弹出的菜单中单击【Messages】命令。

方法三：在工作窗口中单击右键，在弹出的快捷菜单中单击【工作区面板】|【System】|【Messages】命令。

图 3-27　【Compile Errors】编译错误面板

9. 生成网络表

在电路设计过程中，电路原理图是以网络表的形式在 PCB 及仿真电路之间传递电路信息的。网络表有多种格式，通常是一个 ASCII（American Standard Code for Information Interchange，美国信息交换标准代码）的文本文件，用于记录和描述电路中各个元件的参数以及各个元件之间的连接关系。在低版本的设计软件中，往往需要生成网络表，以便进行下一步的 PCB 或仿真设计。Altium Designer 14 提供了集成的开发环境，用户无需生成网络表就可以在原理图和电路板之间直接传输数据。但有时为了与其他电路设计软件兼容，在不同的电路设计软件之间传递数据时，还是要生成原理图的网络表。

网络表就是对电路或者电路原理图的一个完整描述。描述的内容包括两个方面，一是电路原理图中所有元件的信息（包括元件标识、PCB 封装形式和元件标称值等），二是网络的连接信息（包括网络名称、网络节点等）。所谓网络，指的是彼此连接在一起的一组元件引脚，一个电路实际上就是由若干网络组成的。这些都是进行 PCB 布线、设计 PCB 不可缺少的依据。

如图 3-28 所示，Altium Designer 14 提供了丰富的不同格式的

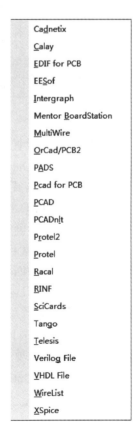

图 3-28　网络表的格式

网络表，帮助用户针对不同的项目设计需求，在不同的设计软件之间进行交互设计。具体来说，网络表包括两种，一种是基于单个原理图文件的网络表，另一种则是基于整个工程的网络表。

生成网络表有多种方法，可以在原理图编辑器中由电路原理图文件直接生成，也可以利用文本编辑器手动编辑生成，还可以在 PCB 编辑器中，从已经布线的 PCB 文件中导出相应的网络表。

（1）设置网络表选项　执行菜单命令【工程】|【工程参数】，在打开的工程参数设置对话框中选择【Options】选项卡，如图 3-29 所示。其中与网络表有关的各项设置内容含义如下：

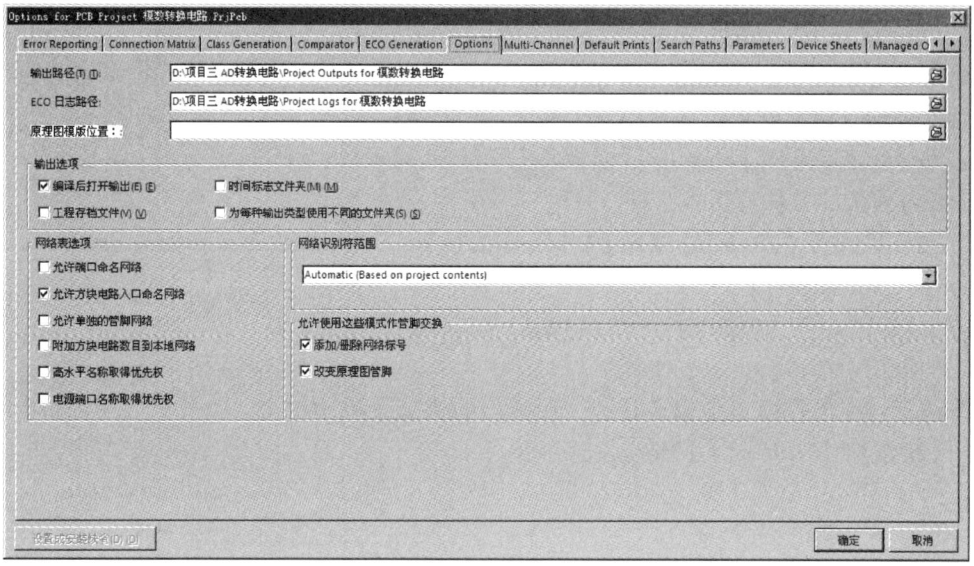

图 3-29　Options 选项卡

【输出路径】：设置生成报表的输出路径，系统默认路径为当前工程所在的文件夹下创建一个名为【Project Outputs for ＊＊】的文件夹。

【网络表选项】区域用于设置创建网络表的选项。其中，【允许端口命名网络】选项允许使用输入/输出端口的名称作为网络名称；【允许方块电路入口命名网络】选项允许使用方块电路图的出入口作为网络名称；【允许单独的管脚网络】选项允许只包含一个引脚的网络存在；【附加方块电路数目到本地网络】选项允许系统自动把图样编号添加到各网络名称中，用以识别网络所在的图样；【高水平名称取得优先权】选项允许在层次电路图中将上层图样中的网络名称用于下层图样；【电源端口名称取得优先权】选项允许使用电源端口名称作为网络名称。

【网络识别符范围】选项用于设置网络标号的范围，主要用于多张电路图设计。其中有 5 个选项，具体含义在项目五中介绍。

一般情况下，【Options】选项卡不需设置，采用默认值即可。

（2）生成网络表　这里，需要创建的是用于 PCB 设计的网络表，即 Protel 网络表。执行菜单命令【设计】|【文件的网络表】，在弹出的子菜单中列出了 Altium Designer 14 所支持的网络表格式，选择【Protel】命令，即可生成 Protel 格式的网络表文件。在【Projects】面板

中，可以看到生成的网络表文件存放在当前工程下的【Generated】|【Netlist Files】文件夹中。双击即可打开该网络表文件，如图 3-30 所示。

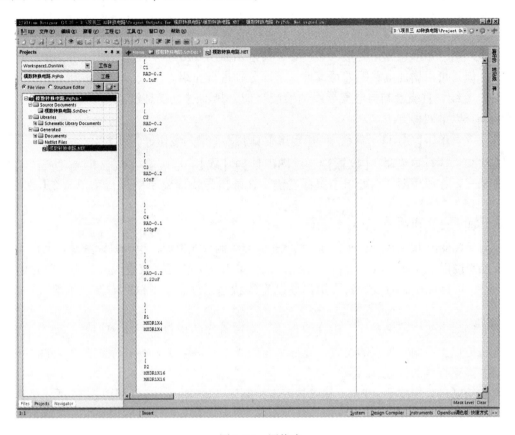

图 3-30 网络表

从生成的网络表内容可知道，网络表是一个简单的 ASCII 文本文件，由多行文本组成。其内容分成了两大部分，两者分别用不同的符号表示。其中元件信息由若干小段组成，每一个元件的信息为一小段，用方括号分隔，由元件标识、元件封装形式、元件型号等组成，空行则是由系统自动生成的，如图 3-31 所示。另一部分是网络信息，网络信息同样由若干小段组成，每个网络的信息为一小段，用圆括号分隔，由网络名称和网络中包含的元件引脚编号组成，如图 3-32 所示。

[	元件声明开始
C1	元件编号
6-0805_M	元件封装形式
10uF	元件标注
]	

(	网络定义开始
CS	网络名称
U1-13	网络包含的元件引脚
U2-1	网络包含的元件引脚
)	

图 3-31 元件的声明　　　　　图 3-32 网络的声明

3.3 补充提高：非电气图形的操作

在 Altium Designer 14 中可以绘制各式各样的图形，这其中包括直线、圆弧、椭圆弧、椭圆、饼形图、矩形、圆角矩形、多边形、贝塞尔曲线及图片等。这些图形并没有任何的电气含义，但是可以增加电路图的可读性，下面分别进行介绍。

（1）直线 直线绘制与电气导线的绘制类似，只不过直线是没有电气含义的。进入直线的绘制有以下四种方法。

方法一：单击【实用】工具栏中的【实用工具】 中的 按钮。

方法二：执行菜单命令【放置】|【绘图工具】|【线】。

方法三：在原理图空白处单击鼠标右键，在弹出的快捷菜单中执行菜单命令【放置】|【绘图工具】|【线】。

方法四：使用快捷键 <P> + <D> + <L>。

此时光标变成十字形，进入绘制直线状态，与绘制导线类似，单击鼠标左键确定直线的顶点，在绘制过程中按 <Space> 键改变走线模式，单击鼠标右键完成直线的绘制。此时仍处于绘制状态，可继续绘制直线。若要退出绘制直线状态，只需单击鼠标右键或者按 <Esc> 键即可。

若要调整直线，单击鼠标左键选中直线，则该直线的顶点将会出现控点，如图 3-33 所示，拖拽控点，可调整顶点的位置。光标移至直线上方是会变成十字箭头形状，此时可以移动直线，调整直线的位置。

直线绘制过程中按下 <Tab> 键或是双击绘制完毕的直线，将打开图 3-34 所示的【Poly-Line】对话框。

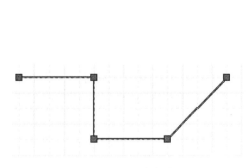

图 3-33 选中直线

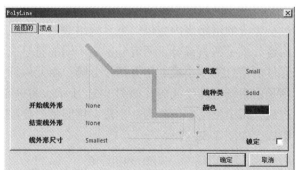

图 3-34 PolyLine 对话框

【PolyLine】对话框中各项属性的含义如下：

【开始线外形】和【结束线外形】：设置直线起点和终点的形状，包括【None】（无）、【Arrow】（空心箭头）、【SolidArrow】（实心箭头）、【Tail】（空心箭尾）、【SolidTail】（实心箭尾）、【Circle】（圆形）和【Square】（方形）7 种形状，如图 3-35 所示。

【线外形尺寸】：设置直线起点和终点样式的大小，包括【Smallest】、【Small】、【Medium】和【Large】4 种大小，如图 3-36 所示。当端点的属性设置为【None】（无）时，该项设置无效。

【线宽】：设置直线的宽度，包括【Smallest】、【Small】、【Medium】和【Large】4 种宽度，如图 3-37 所示。

【线种类】：设置直线的样式，包括【Solid】（实线）、【Dashed】（虚线）、【Dotted】（点线）和【Dash Dotted】（点画线）4 种样式，如图 3-38 所示。

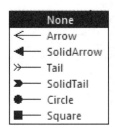

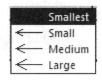

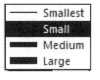

图 3-35　箭头形状　　　　图 3-36　箭头大小　　　　图 3-37　直线宽度　　　　图 3-38　直线样式

【颜色】：设置直线的颜色。指向色块，单击鼠标左键，即可指定颜色。

【锁定】：设置直线被锁定。移动该直线时，系统将要求确认。

（2）圆弧　进入圆弧的绘制有以下三种方法。

方法一：执行菜单命令【放置】|【绘图工具】|【弧】。

方法二：在原理图空白处单击鼠标右键，在弹出的快捷菜单中执行菜单命令【放置】|【绘图工具】|【弧】。

方法三：使用快捷键 < P > + < D > + < A >。

此时光标变成十字形，进入绘制圆弧状态，光标上将出现一个浮动的圆弧，将光标移至适当的位置，单击鼠标左键四次，分别确定圆弧的圆心、半径、起点和终点，一个完整的圆弧绘制结束。此时仍处于绘制状态，可继续绘制圆弧。若要退出绘制圆弧状态，只需单击鼠标右键或者按 < Esc > 键即可。

若要调整圆弧线，单击鼠标左键选中圆弧，则该弧线将出现三个控点，如图 3-39 所示，拖拽半径控点，可调整其半径；拖拽起点控点，可调整其起点位置；拖拽终点控点，可调整其终点位置。光标移至圆弧上方时会变成十字箭头形状，此时可以移动圆弧，调整圆弧的位置。

圆弧绘制过程中按下 < Tab > 键或是双击绘制完毕的圆弧，将打开图 3-40 所示的【弧】对话框。

【弧】对话框中各项属性的含义如下：

【位置 X 和 Y】：设置圆弧圆心所在位置的 X 轴坐标和 Y 轴坐标。

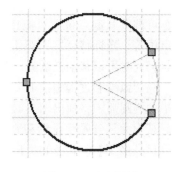

图 3-39　选中圆弧

【起始角度】和【终止角度】：设置圆弧起点和终点的角度。

【半径】：设置圆弧的半径。

【线宽】：设置圆弧的宽度，包括【Smallest】、【Small】、【Medium】和【Large】4 种宽度。

【颜色】：设置圆弧的颜色。指向色块，单击鼠标左键，即可指定颜色。

【锁定】：设置圆弧被锁定。移动该圆弧时，系统将要求确认。

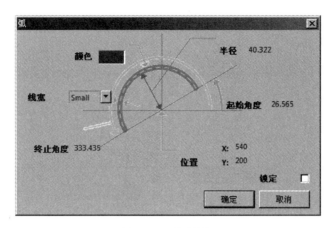

图 3-40　弧对话框

（3）椭圆弧　椭圆弧的绘制与圆弧类似，进入椭圆弧的绘制有以下四种方法。

方法一：单击【实用】工具栏中的【实用工具】中的按钮。

方法二：执行菜单命令【放置】|【绘图工具】|【椭圆弧】。

方法三：在原理图空白处单击鼠标右键，在弹出的快捷菜单中执行菜单命令【放置】|【绘图工具】|【椭圆弧】。

方法四：使用快捷键 <P> + <D> + <I>。

此时光标变成十字形，进入绘制椭圆弧状态，光标上将出现一个浮动的椭圆弧，将光标移至适当的位置，单击鼠标左键五次，分别确定椭圆弧的圆心、X 轴半径、Y 轴半径、起点和终点，一个完整的椭圆弧绘制结束。此时仍处于绘制状态，可继续绘制椭圆弧。若要退出绘制椭圆弧状态，只需单击鼠标右键或者按 <Esc> 键即可。

若要调整椭圆弧，单击鼠标左键选中椭圆弧，则该弧线将出现四个控点，如图 3-41 所示，拖拽 X 或 Y 半径控点，可调整 X 或 Y 半径；拖拽起点控点，可调整其起点位置；拖拽终点控点，可调整其终点位置。光标移至椭圆弧上方时会变成十字箭头形状，此时可以移动椭圆弧，调整椭圆弧的位置。

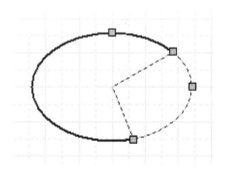

图 3-41　选中椭圆弧

椭圆弧绘制过程中按下 <Tab> 键或是双击绘制完毕的椭圆弧，将弹出图 3-42 所示的【椭圆弧】对话框。其中大部分属性设置和圆弧属性对话框基本一致，只是多了【Y 半径】用于设置椭圆弧线的 Y 轴半径。

（4）椭圆　椭圆的绘制与椭圆弧类似，进入椭圆的绘制有以下四种方法。

方法一：单击【实用】工具栏中的【实用工具】中的按钮。

方法二：执行菜单命令【放置】|【绘图工具】|【椭圆】。

方法三：在原理图空白处单击鼠标右键，在弹出的快捷菜单中执行菜单命令【放置】|【绘图工具】|【椭圆】。

方法四：使用快捷键 <P> + <D> + <E>。

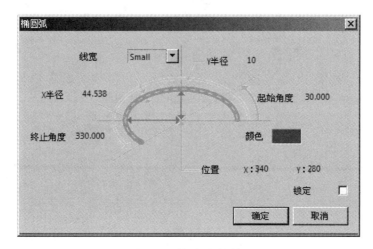

图 3-42 椭圆弧对话框

此时光标变成十字形，进入绘制椭圆状态，光标上会附着一个椭圆，将光标移至适当的位置，单击鼠标左键三次，分别确定椭圆的圆心、X 轴半径和 Y 轴半径，一个完整的椭圆绘制结束。此时仍处于绘制状态，可继续绘制椭圆。若要退出绘制椭圆状态，只需单击鼠标右键或者按 < Esc > 键即可。

若要调整椭圆，单击鼠标左键选中椭圆，则该椭圆将出现两个控点，如图 3-43 所示，拖拽其中的 X 或 Y 半径控点，可调整 X 或 Y 半径。光标移至椭圆上方时会变成十字箭头形状，此时可以移动椭圆，调整椭圆的位置。

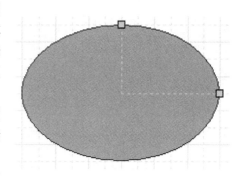

图 3-43 选中椭圆

椭圆绘制过程中按下 < Tab > 键或是双击绘制完毕的椭圆，将打开图 3-44 所示的【椭圆形】对话框。对话框中的各项属性含义如下：

【位置 X 和 Y】：设置椭圆圆心所在位置的 X 轴坐标和 Y 轴坐标。

【X 半径】和【Y 半径】：设置椭圆的 X 轴和 Y 轴半径。

【板的宽度】：设置椭圆边框线的宽度，包括【Smallest】、【Small】、【Medium】和【Large】4 种宽度。

【边界颜色】：设置椭圆边框线的颜色。指向色块，单击鼠标左键，即可指定颜色。

【填充色】：设置椭圆内部填充色的颜色。指向色块，单击鼠标左键，即可指定颜色。

【拖拽实体】：设置椭圆是否显示填充色。选中该选项，则显示填充色，否则不显示填充色。

【透明的】：设置椭圆填充色是否半透明显示。选中该选项，则填充色半透明显示，否则填充色不透明显示。

【锁定】：设置椭圆被锁定。移动该椭圆时，系统将要求确认。

图 3-45 分别为椭圆的【拖拽实体】和【透明的】两个选项所实现的空心显示、实心非透明显示和实心透明显示三种显示状态。

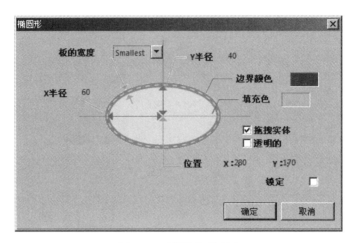

图 3-44　椭圆形对话框

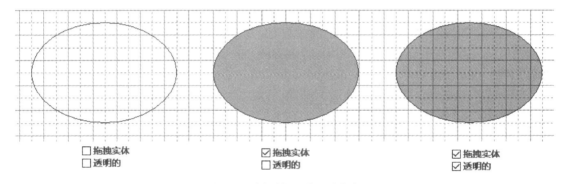

图 3-45　椭圆的三种显示状态

（5）饼形图　饼形图的绘制与圆弧类似。进入饼形图的绘制有以下四种方法。

方法一：单击【实用】工具栏中的【实用工具】中的按钮。

方法二：执行菜单命令【放置】|【绘图工具】|【饼形图】。

方法三：在原理图空白处单击鼠标右键，在弹出的快捷菜单中执行菜单命令【放置】|【绘图工具】|【饼形图】。

方法四：使用快捷键 <P> + <D> + <C>。

此时光标变成十字形，进入绘制饼形图状态，光标上将出现一个浮动的饼形图，将光标移至适当的位置，单击鼠标左键四次，分别确定饼形图的圆心、半径、起点和终点，一个完整的饼形图绘制结束。此时仍处于绘制状态，可继续绘制饼形图。若要退出绘制饼形图状态，只需单击鼠标右键或者按 <Esc> 键即可。

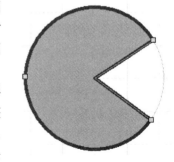

若要调整饼形图，单击鼠标左键选中饼形图，则该饼形图将出现三个控点，如图 3-46 所示，拖拽半径控点，可调整半径；拖拽起点控点，可调整其起点位置；拖拽终点控点，可调整其终点位置。光标移至饼形图上方时会变成十字箭头形状，此时可以移动饼形图，调整饼形图的位置。

图 3-46　选中饼形图

饼形图绘制过程中按下 < Tab > 键或是双击绘制完毕的饼形图，将打开图 3-47 所示的【Pie 图表】对话框。其中大部分属性设置和椭圆的属性对话框基本一致，只是多了【起始角度】和【终止角度】。

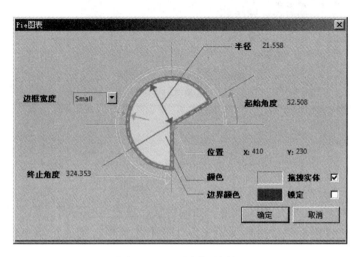

图 3-47　Pie 图表对话框

（6）矩形　进入矩形的绘制有以下四种方法。

方法一：单击【实用】工具栏中的【实用工具】中的按钮。

方法二：执行菜单命令【放置】|【绘图工具】|【矩形】。

方法三：在原理图空白处单击鼠标右键，在弹出的快捷菜单中执行菜单命令【放置】|【绘图工具】|【矩形】。

方法四：使用快捷键 < P > + < D > + < R >。

此时光标变成十字形，进入绘制矩形状态，光标上将出现一个浮动的矩形，将光标移至适当的位置，单击鼠标左键两次，分别确定矩形的对角顶点，一个完整的矩形绘制结束。此时仍处于绘制状态，可继续绘制矩形。若要退出绘制矩形状态，只需单击鼠标右键或者按 < Esc > 键即可。

若要调整矩形，单击鼠标左键选中矩形，则该矩形将出现八个控点，如图 3-48 所示，拖拽控点，可调整矩形的大小。光标移至矩形上方时会变成十字箭头形状，此时可以移动矩形，调整矩形的位置。

矩形绘制过程中按下 < Tab > 键或是双击绘制完毕的矩形，将打开图 3-49 所示的【长方形】对话框。对话框中的各项属性含义如下：

【位置 X1 和 Y1】和【位置 X2 和 Y2】：设置矩形对角顶点所在位置的 X 轴坐标和 Y 轴坐标。

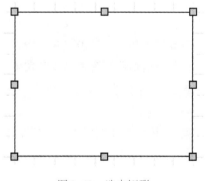

图 3-48　选中矩形

【板的宽度】：设置矩形边框线的宽度，包括【Smallest】、【Small】、【Medium】和【Large】4 种宽度。

【板的颜色】：设置矩形边框线的颜色。指向色块，单击鼠标左键，即可指定颜色。

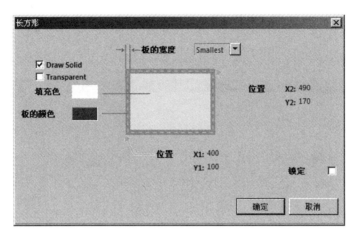

图 3-49　长方形对话框

【填充色】：设置内部填充色的颜色。指向色块，单击鼠标左键，即可指定颜色。

【Draw Solid】：设置矩形是否显示填充色。选中该选项，则显示填充色，否则不显示填充色。

【Transparent】：设置矩形填充色是否半透明显示，选中该选项，则填充色半透明显示，否则，填充色不透明显示。

【锁定】：设置矩形被锁定。移动该矩形时，系统将要求确认。

（7）圆角矩形　进入圆角矩形的绘制有以下四种方法。

方法一：单击【实用】工具栏中的【实用工具】✍中的◻按钮。

方法二：执行菜单命令【放置】|【绘图工具】|【圆角矩形】。

方法三：在原理图空白处单击鼠标右键，在弹出的快捷菜单中执行菜单命令【放置】|【绘图工具】|【圆角矩形】。

方法四：使用快捷键 <P> + <D> + <O>。

此时光标变成十字形，进入绘制圆角矩形状态，光标上将出现一个浮动的圆角矩形，将光标移至适当的位置，单击鼠标左键两次，分别确定圆角矩形的对角顶点，一个完整的圆角矩形绘制结束。此时仍处于绘制状态，可继续绘制圆角矩形。若要退出绘制圆角矩形状态，只需单击鼠标右键或者按 <Esc> 键即可。

若要调整矩形，单击鼠标左键选中圆角矩形，则该圆角矩形将出现 12 个控点，如图 3-50 所示，其中包括四周的 8 个外形大小控点和内部 4 个圆角的半径控点。拖拽圆角四周的外形大小控点，可调整圆角矩形的大小。拖拽圆角内部的半径控点，可调整圆角的 X 轴和 Y 轴半径。光标移至矩形上方时会变成十字箭头形状，此时可以移动圆角矩形，调整圆角矩形的位置。

圆角矩形绘制过程中按下 <Tab> 键或是双击绘制完毕的圆角矩形，将打开图 3-51 所示的【圆形 长方形】对话框。其中大部分属性设置和矩形属性对话框基本一致，只是多了【X 半径】和【Y 半径】用于设置圆角的半径。

图 3-50　选中圆角矩形

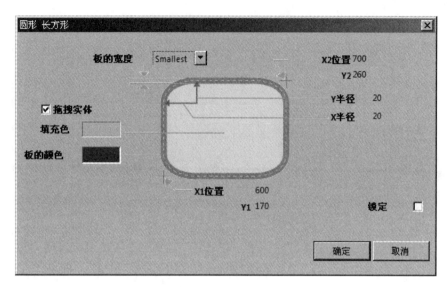

图 3-51　圆角矩形属性对话框

（8）多边形　进入多边形的绘制有以下四种方法。

方法一：单击【实用】工具栏中的【实用工具】█中的▧按钮。

方法二：执行菜单命令【放置】|【绘图工具】|【多边形】。

方法三：在原理图空白处单击鼠标右键，在弹出的快捷菜单中执行菜单命令【放置】|【绘图工具】|【多边形】。

方法四：使用快捷键＜P＞+＜D＞+＜Y＞。

此时光标变成十字形，进入绘制多边形状态，将光标移至适当的位置，单击鼠标左键确定多边形的顶点，单击鼠标右键完成多边形的绘制。此时仍处于绘制状态，可继续绘制多边形。若要退出绘制多边形状态，只需单击鼠标右键或者按＜Esc＞键即可。

若要调整多边形，单击鼠标左键选中多边形，则该多边形的顶点出现控点，如图 3-52 所示。拖拽多边形的控点，可调整多边形顶点的位置，改变多边形的形状。光标移至多边形上方时会变成十字箭头形状，此时可以移动多边形，调整多边形的位置。

多边形绘制过程中按下＜Tab＞键或是双击绘制完毕的多边形，将打开图 3-53 所示的【多边形】对话框。其中大部分属性设置和矩形属性对话框基本一致，不再赘述。

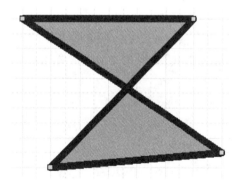

图 3-52　选中多边形

（9）贝塞尔曲线 贝塞尔曲线可以绘制任意斜率的曲线，由 4 个点来确定一条曲线。进入贝塞尔曲线的绘制有以下四种方法。

方法一：单击【实用】工具栏中的【实用工具】█中的∿按钮。

方法二：执行菜单命令【放置】|【绘图工具】|【贝塞尔曲线】。

方法三：在原理图空白处单击鼠标右键，在弹出的快捷菜单中执行菜单命令【放置】|

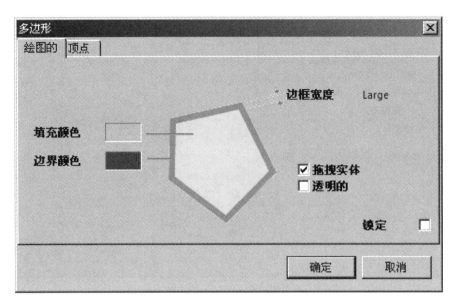

图 3-53　多边形对话框

【绘图工具】|【贝塞尔曲线】。

方法四：使用快捷键 <P> + <D> + <B>。

此时光标变成十字形，进入绘制贝塞尔曲线状态，单击鼠标左键确定曲线的起点，移动光标拉出曲线，单击鼠标左键确定第二个控制点，此时曲线显示为直线，移动光标使直线发生弯曲，单击鼠标左键确定第三个控制点，此时曲线呈圆弧状，再次移动光标产生第二个圆弧，单击鼠标左键确定第四个点，一条曲线绘制完毕。此时仍处于绘制状态，可继续绘制贝塞尔曲线。若要退出绘制贝塞尔曲线状态，只需单击鼠标右键或者按 <Esc> 键即可。

若要调整曲线，单击鼠标左键选中曲线，则该曲线出现 4 个控点，如图 3-54 所示。拖拽曲线的控点，可以改变曲线的形状。光标移至曲线上方时会变成十字箭头形状，此时可以移动曲线，调整曲线的位置。

贝塞尔曲线绘制过程中按下 <Tab> 键或是双击绘制完毕的曲线，将打开图 3-55 所示的【贝塞尔曲线】对话框。属性设置和直线属性对话框基本一致，不再赘述。

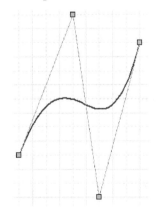

图 3-54　选中贝塞尔曲线

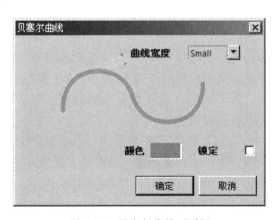

图 3-55　贝塞尔曲线对话框

（10）图片　原理图中可以放置图片，通常是放置公司或单位的Logo。放置图片时先要放置一个图片框，图片框是图片的载体，放置与矩形的放置相似。进入图片放置有以下四种方法。

方法一：单击【实用】工具栏中的【实用工具】 中的 按钮。

方法二：执行菜单命令【放置】|【绘图工具】|【图像】。

方法三：在原理图空白处单击鼠标右键，在弹出的快捷菜单中执行菜单命令【放置】|【绘图工具】|【图像】。

方法四：使用快捷键<P>+<D>+<G>。

此时光标变成十字形，进入绘制图片框状态，单击鼠标左键确定图片框的顶点，移动光标拉出图片框，单击鼠标左键确定对角顶点，同时系统会自动弹出图3-56所示的图片选择对话框。选择合适的图片确认，图片就成功插入。

若要调整图片，单击鼠标左键选中图片，则图片框出现8个控点。拖拽图片框的控点，可以改变图片的形状。光标移至图片上方时会变成十字箭头形状，此时可以移动图片，调整图片的位置。

双击图片，打开图3-57所示的图片属性对话框。对话框中的各项属性含义如下：

图3-56　图片选择对话框　　　　　　　图3-57　图片属性对话框

【X1位置和Y1】和【X2位置和Y2】：设置图片框对角顶点所在位置的X轴坐标和Y轴坐标。

【边框宽度】：设置图片边框线的宽度，包括【Smallest】、【Small】、【Medium】和【Large】4种宽度。

【边界颜色】：设置图片边框线的颜色。指向色块，单击鼠标左键，即可指定颜色。

【文件名】：设置插入的图形文件名，包括整个路径。可以通过右侧的【浏览】按钮选择路径。

【嵌入式】：设置图片嵌入到电路图中。选中该选项，即使图片文件路径发生变化，也能正确显示图片，否则就不能正确显示图片。

【边界上】：设置是否显示图片的边框。选中该选项，显示图片的边框，否则，不显示边框。

【X:Y比例1:1】：设置是否保持图片原有的长宽比，选中该选项，在调整图片大小时，图片的长宽比保持不变。

【锁定】：设置锁定图片。移动图片时，系统将要求确认。

3.4 练习

1. 绘制图 3-58 所示的电路原理图。

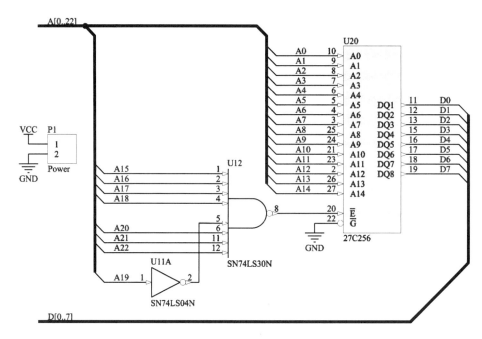

图 3-58　练习 1 电路原理图

2. 绘制图 3-59 所示的电路原理图。

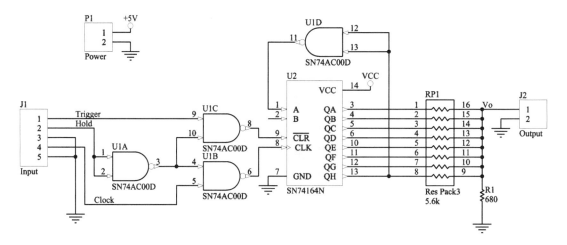

图 3-59　练习 2 电路原理图

3. 绘制图 3-60 所示的电路原理图。

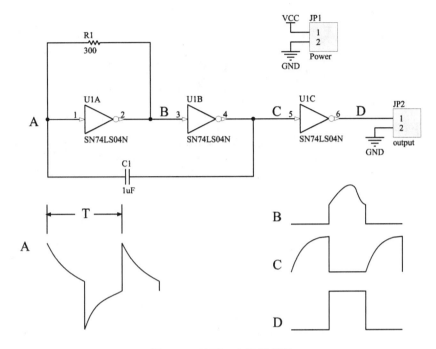

图 3-60　练习 3 电路原理图

项目四

单片机电路原理图

4.1 设计任务

1. 完成如下所示的单片机电路的原理图设计

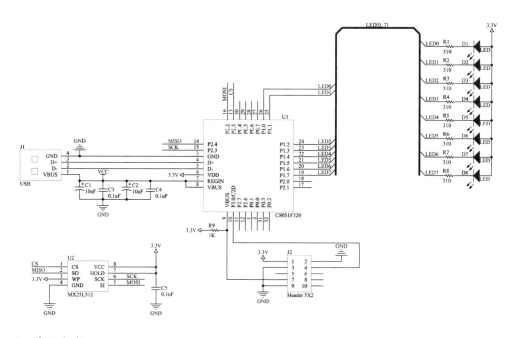

2. 学习内容

1) 绘制新元件（元件库编辑）。

2) 整体编辑。

3) 生成元件报表。

4) 查找替换。

4.2 设计步骤

1. 新建工程文件和原理图文件

新建工程文件"单片机电路 . PrjPCB"和原理图文件"单片机电路 . SchDoc"。步骤同项目一，此处不再赘述。

2. 新建原理图元件库和元件

（1）新建原理图元件库 Altium Designer 14 原理图元件库中虽然包含了非常丰富的元件，但由于微电子技术的不断发展，在实际使用中仍然不能满足设计者的需求。因此，在使用 Altium Designer 14 的过程中，需要使用元件库编辑工具不断添加和修改元件库信息，以满足绘制原理图的各种需要。Altium Designer 14 的元件库主要可分为表 4-1 所列几种。

表 4-1 元件库文件类型

种 类	扩展名	用 途
集成式元件库	*.IntLib	提供电路设计的元件
元件库工程	*.linPkg	提供元件库编辑与管理
原理图元件库	*.SchLib	提供元件符号
电路板元件库	*.PcbLib	提供元件封装

集成式元件库是将元件符号、元件封装及其他元件模型整合在一起，以供电路绘图或电路板设计之用。元件库工程只是个连接文档，把原理图元件库、电路板元件库连接在同一个工程里，最后才能进行编辑，从而产生集成式元件库。原理图元件库主要是储存元件符号，此外，还包括元件模型的连接等。电路板元件库则是储存元件封装，以提供编辑时的元件封装来源。

所有类型的元件库都保存在库目录下（\Library），各类型的库文件分别保存在相应的子目录下。由于不同类型的库文件的结构和格式不同，因此在不同的编辑环境下，只能打开和使用相应类型的库文件。

新建原理图元件库的方法有三种。

方法一：执行菜单命令【文件】|【新建】|【库】|【原理图库】。

方法二：在【Files】面板中，在【新的】栏中单击【Other Document】，在弹出的菜单中选择【Schematic Library Document】命令。

方法三：在【Project】面板中，在工程文件名上单击鼠标右键，在弹出的快捷菜单中执行菜单命令【给工程添加新的】|【Schematic Library】，如图 4-1 所示。

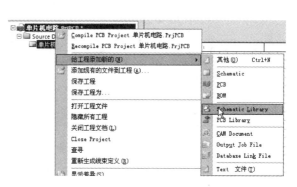

新建原理图元件库文件后，在设计窗口中将会出现一个名为【Schlib1.SchLib】的空白库文件，系统自动将其添加到当前打开的工程中，该原理图元件库文件出现在工程的【Libraries】|【Schematic Library Documents】目录下，如图 4-2 所示。将新建的原理图元件库文件保存为【单片机电路.SCHLIB】。

图 4-1 新建原理图元件库方法三

执行菜单命令【工具】|【文档选项】，弹出图 4-3 所示的【库编辑器工作台】对话框，在该对话框中进行工作区参数的设置。

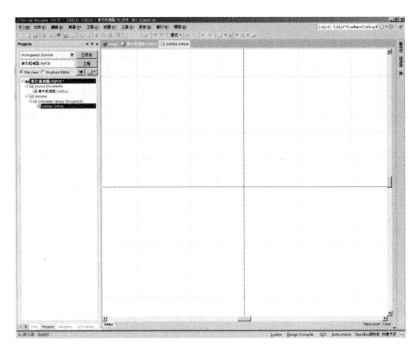

图 4-2　创建原理图元件库文件

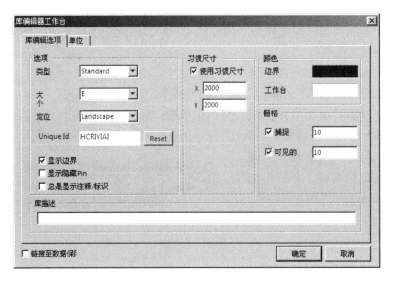

图 4-3　库编辑器工作台对话框

该对话框与原理图编辑环境中的【文档选项】对话框内容相似，其中只多出两个项目，说明如下：

【显示隐藏 Pin】：设置是否显示元件的隐藏引脚。选中该选项，则元件的隐藏引脚将被显示出来，否则，隐藏引脚不显示。隐藏引脚显示出来，并没有改变引脚的隐藏属性。要改变其隐藏属性，只能通过引脚属性对话框来完成。

【库描述】：设置原理图元件库文件的说明。用户应该根据自己创建的库文件，在该文本框中输入必要的说明，可以为系统进行元件库查找提供相应的帮助。

执行菜单命令【工具】|【设置原理图参数】，打开图 4-4 所示的【参数选择】对话框，在该对话框中可以对其他的一些选项进行设置，设置方法与原理图编辑环境完全相同，这里不再赘述。

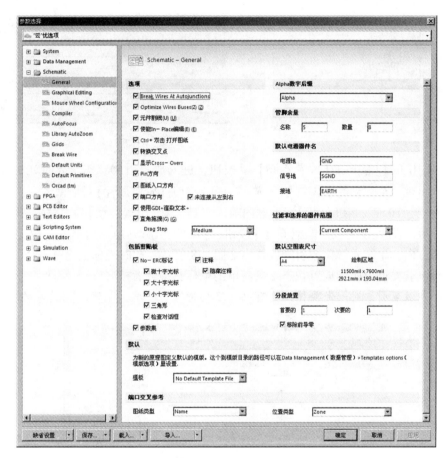

图 4-4 参数选择对话框

（2）新建原理图元件 在【Sch Library】面板中可以看到，在创建了一个新的原理图元件库文件的同时，系统已经自动为该库添加了一个名为【Component_1】的库元件。添加新元件的方法有三种。

方法一：执行菜单命令【放置】|【新器件】。

方法二：在【Sch Library】面板中，单击原理图元件列表框下面的【添加】按钮。

方法三：单击【实用】工具栏中的【实用工具】中的【产生器件】按钮，如图 4-5 所示。

系统将弹出图 4-6 所示的元件名称对话框，在该对话框中输入要绘制的元件名称【C8051F320】，单击【确定】按钮，关闭该对话框。

单击【实用】工具栏中的【实用工具】中的【放置矩形】按钮，此时光标变成十字形状，光标上出现一个浮动的矩形框。单击鼠标左键两次，确定矩形框的对角顶点，在编辑窗口的第四象限内绘制一个矩形。矩形用来作为元件的原理图符号外形，其大小应根据要绘制的库元件引脚数的多少来决定。通常可以将矩形框画得大一些，以便于引脚的放置。引脚放置完毕后，再调整成合适的尺寸。

图 4-5　实用工具栏

图 4-6　元件名称对话框

单击【实用工具】中的【放置管脚】按钮，进入放置引脚状态。此时光标变成十字形，光标上出现一个浮动的引脚符号。按 < Tab > 键打开【管脚属性】对话框，在【显示名字】文本框内输入 "P0.1"，在【标识】文本框内输入 "1"，在【电气类型】列表框中选择 "I/O"，如图 4-7 所示。设置完毕后，单击【确定】按钮，移动该引脚到矩形边框处，按 < Space > 键改变引脚的方向，单击左键完成引脚放置，如图 4-8 所示。此时光标上仍有一个引脚，可继续放置引脚。若要退出引脚放置状态，只需单击鼠标右键或者按 < Esc > 键即可。

注意：在放置引脚时一定要保证具有电气连接特性的一端，即带有【×】号的一端朝外。

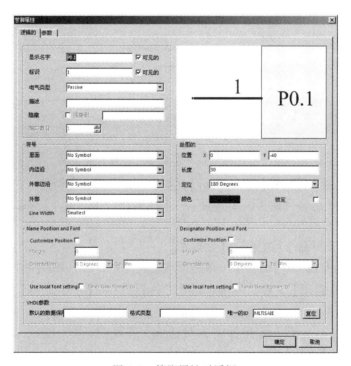

图 4-7　管脚属性对话框

按照同样的步骤，完成其余 31 个引脚的放置，并设置好相应的属性。放置好全部引脚的元件 C8051F320 如图 4-9 所示。

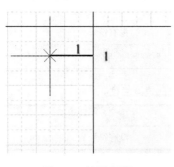

图 4-8　放置引脚

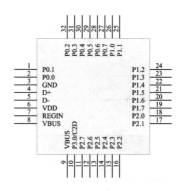

图 4-9　元件 C8051F320

双击已经放置的引脚，也可打开【管脚属性】对话框对引脚的属性进行设置。对话框中各项的含义如下：

【显示名字】：设置元件引脚的名称。

【标识】：设置元件引脚的编号，应该与实际的引脚编号相对应。

【电气类型】：设置元件引脚的电气特性。有【Input】（输入）、【I/O】（输入/输出）、【Output】（输出）、【Open collector】（集电极开路）、【Passive】（被动）、【Hiz】（三态）、【Open Emitter】（发射极开路）和【Power】（电源）8 个选项。引脚电气类型不确定时，通常将引脚电气类型设置为【Passive】（被动），表示不设置电气特性。

【描述】：设置元件引脚的特性描述。

【隐藏】：设置引脚是否为隐藏引脚。选中该选项，则引脚将不会显示出来。此时，应在右侧的【连接到】文本框中输入与该引脚连接的网络名称。

【符号】区域设置引脚的 IEEE 符号。根据引脚的功能及电气特性为该引脚设置不同的 IEEE 符号作为读图时的参考，可放置在原理图符号的内部、内部边沿、外部边沿或外部等不同位置，没有任何电气意义。符号的具体含义见表 4-2 ～ 表 4-5。

表 4-2　引脚的内部符号表（内部栏位）

选　项	说　明
No symbol	空白
Postponed output	延迟输出符号 ⌐
Open collector	集电极开路符号 ◇
Hiz	高阻符号 ▽
High current	大电流符号 ▷
Pulse	脉冲符号 ⊓
Schmitt	施密特电路符号 ⊐
Open collector pull up	集电极开路上拉符号 ⬦
Open collector	集电极开路符号 ◇
Open emitter pull up	发射极开路上拉符号 ⧖
Open emitter	发射极开路符号 ◇
Shift left	左移位符号 ◀
Shift right	右移位符号 ▶
Open output	开路输出符号 ◇

表 4-3　引脚的内部边沿符号表（内部边缘栏位）

选　　项	说　　明
No symbol	没有符号
Clock	时钟脉冲符号 ───▷

表 4-4　引脚的外部边沿符号表（外部边缘栏位）

选　　项	说　　明
No symbol	没有符号
Dot	反相 ──○
Active low input	低态动作输入符号 ──
Active low output	低态动作输出符号 ──

表 4-5　引脚的外部符号表（外部栏位）

选　　项	说　　明
No symbol	没有符号
Right left signal flow	由右到左信号流程符号 ──▷
Analog signal in	模拟信号输入符号 ──⌒
Not logic connection	非逻辑连接符号 ──✕
Digital signal in	数字信号输入符号 ──//
Left Right signal flow	由左到右信号流程符号 ──◁
Bidirectional signal flow	双向信号流程符号 ──◁▷

【VHDL 参数】区域用于设置库元件的 VHDL 参数，一般不用设置。

【绘图的】区域用于设置该引脚的位置、长度、方向和颜色等基本属性。

【位置】：设置元件引脚的 X 轴坐标和 Y 轴坐标。

【长度】：设置元件引脚的长度。

【定位】：设置元件引脚的放置方向。

【颜色】：设置元件引脚的颜色。指向色块，单击鼠标左键，即可指定颜色。

【锁定】：设置元件引脚被锁定。移动该元件引脚时，系统将要求确认。

【Name Position and Font】和【Designator Position and Font】区域分别用来设置元件引脚名称和编号的位置和字体，一般情况下不用设置，采用默认值即可。若要设置，必须选中【Customize Position】和【Use local font setting】选项，如图 4-10 所示，才可以对位置和字体进行设置。

【Margin】：设置元件引脚的名称或编号距离引脚端点（非电气连接点）的距离。

【Orientation】：设置元件引脚的名称或编号的放置方向。放置方向有【0 Degrees】和【90 Degrees】两个方向，这两个方向是参照【Component】（元件主体）或【Pin】（引脚）的方向而决定的。设置效果会在对话框右上角的预览区域显示。

单击【Use local font setting】选项右侧的字体名称，打开【字体】对话框，可以设置字体。

图 4-10　引脚名称和编号的位置和字体设置

元件都有其相关联的属性，如默认的元件编号、PCB 封装仿真模型及各种变量等，因此元件绘制结束后，需要设置元件的默认参数。双击【Sch Library】面板原理图符号名称栏中的库元件名称 C8051F320，系统弹出图 4-11 所示的【Library Component Properties】库元件属性对话框。对话框可以对自己所创建的元件进行特性描述，并且设置其他属性参数。【Library Component Properties】对话框中主要设置项目的含义如下：

图 4-11　库元件属性对话框

【Default Designator】：设置元件默认的编号，即把该元件放置到原理图文件中时，系统最初显示的元件编号。选中右侧的【Visible】选项，则放置该元件时，默认的元件编号会显示在原理图中。

【Default Comment】：设置默认的元件型号。选中右侧的【Visible】选项，则放置该元件时，默认的元件型号会显示在原理图上。

【Description】：设置描述元件功能。

【Type】：设置元件的符号类型，有【Standard】、【Mechanical】、【Graphical】、【Tie Net (in BOM)】、【Tie Net】、【Standard（No BOM）】和【Jumper】7 个选项。一般采用系统默认设置【Standard】。

【Symbol Reference】：设置元件在系统中的标识符。

【Show All Pins On Sheet（Even if Hidden）】：设置在原理图中是否显示全部引脚，选中该选项，在原理图上会显示该元件的全部引脚，否则，隐藏引脚不显示。通常不选中该选项，隐藏的引脚不显示。

【Lock Pins】：设置锁定引脚。选中该选项，所有的引脚锁定在元件符号上，与元件外形成为一个整体，不能在原理图上单独移动引脚，若不选中该选项，则可在原理图中直接对元件引脚进行修改。最好选中该选项，这样对电路原理图的绘制和编辑会有很大好处，以减少不必要的麻烦。

【Parameters】：设置元件的默认参数，单击【添加】按钮，会弹出图 4-12 所示的【参数属性】对话框，可以为元件添加各种参数，如版本、生产日期等，这些参数不具有电气含义。

【Models】：设置元件的默认模型，元件模型是电路原理图与其他电路软件连接的关键，单击【添加】按钮，可以为该库元件添加其他模型，如 PCB 封装模型、仿真模型、PCB 3D 模型及信号完整性模型等。

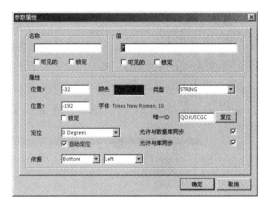

图 4-12　参数属性对话框

【Edit Pins】：对元件引脚整体进行编辑。单击【Edit Pins】按钮，系统将弹出图 4-13 所示的【元件管脚编辑器】对话框，在该对话框中可以对该元件所有引脚进行一次性的编辑设置。

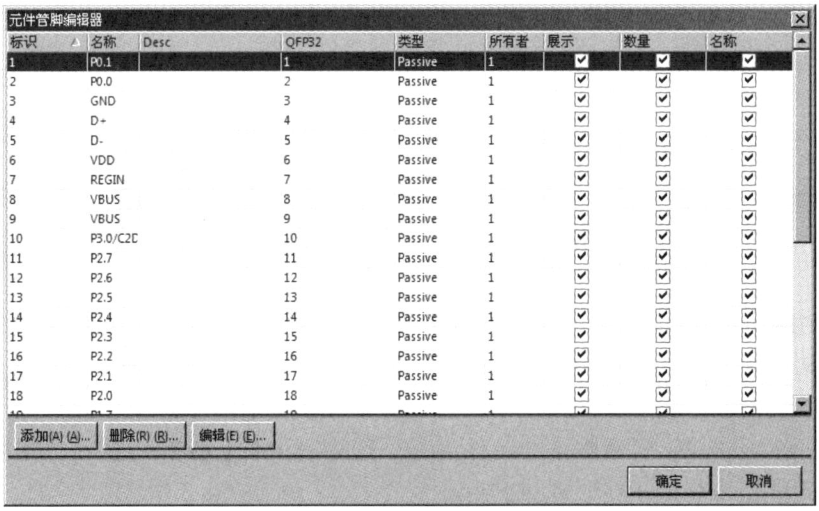

图 4-13　元件管脚编辑器对话框

在【Default Designator】文本框内输入"U?"，在【Default Comment】和【Symbol Reference】文本框内输入"C8051F320"，在【Type】列表框中选择"Standard"，选中【Lock Pins】选项。单击【Models】区域内的【Add】按钮，打开图 4-14 所示的【添加新模型】对话框，选择【Footprint】，单击【确定】按钮，在打开的【PCB 模型】的【名称】文本框中输入"LQFP32"，单击【确定】按钮返回到【Library Component Properties】对话框，确认后，结束元件默认参数的设置。

至此，完整地绘制了库元件 C8051F320 的原理图符号。按照同样的方法在元件库中新建元件 MX25L512 和 USB，如图 4-15 所示。在【Sch Library】面板原理图符号名称栏中单击选中元件 C8051F320，单击【放置】按钮，就可以将该元件放置到正在编辑的原理图中。也可以在绘制电路原理图时，在【库】面板中选中该元件所在的库文件，就可以随时取用该元件了。

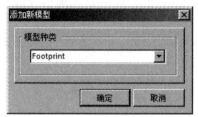

图 4-14　添加新模型对话框

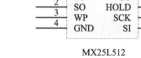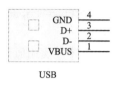

图 4-15　元件 MX25L512 和 USB

将新建的元件放置后，在 Miscellaneous Devices. IntLib 库中分别选取元件 Res1、Cap、Cap Pol3、Header 5X2，按照图 4-16 放置元件，并调整元件位置完成原理图布局。元件放置过程中按 <Tab> 键或元件放置后双击元件，可打开元件属性对话框，对元件的属性进行设置。

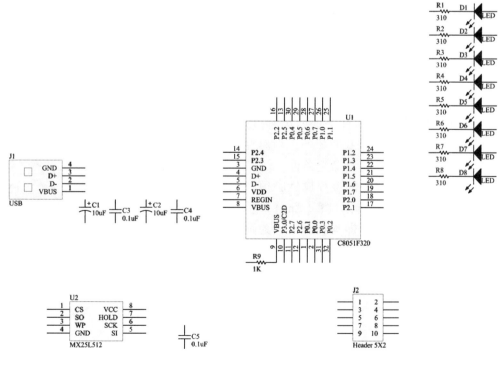

图 4-16　原理图布局

3. 绘制导线和放置网络标号

通过绘制导线和放置网络标号完成元件间的电气连接。

4. 放置电源和接地符号

放置相应的电源和接地符号。

5. 整体编辑

Altium Designer 14 提供了【查找相似目标】对话框来对属性相似的元件或图形进行整体操作，提高绘图效率。使用【查找相似目标】对话框可以设置查找相似对象的条件，同时所有符合条件的对象将以高亮显示的模式显示在原理图编辑窗口上，可以对多个对象同时进行编辑。

打开【查找相似目标】对话框的方法有三种。

方法一：执行菜单命令【编辑】|【查找相似对象】。

方法二：在原理图空白处单击鼠标右键，在弹出的快捷菜单中执行菜单命令【查找相似对象】。

方法三：按快捷键 < Shift > + < F >。

进入查找相似对象状态，在图样上用鼠标左键单击所要搜索的某个元件或图形，打开图 4-17 所示的对话框。在该对话框中列出了该对象的一系列属性。通过对各项属性进行匹配程度的设置，可决定查找的结果。

在每一行属性的最右边都有一个单元格，单击该单元格，将弹出下拉列表框，显示【Same】（相同）、【Different】（不同）、【Any】（任意）三个选项。通过三种选项的设置确定查找对象和当前对象在该项属性上的匹配程度。其中，【Same】选项设定被查找对象的该项属性必须与当前对象相同，才符合筛选条件；【Different】选项设定被查找对象的该项属性必须与当前对象不同，才符合筛选条件；【Any】选项设定查找时忽略该项属性，即本项将不作为筛选条件。

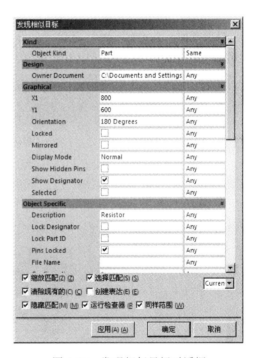

图 4-17　发现相似目标对话框

对话框下部的各选项的含义如下：

【缩放匹配】：设置是否将与条件相匹配的对象以最大比例在绘图窗口显示。

【选择匹配】：设置是否将符合条件的对象选中。必须选中该选项，否则匹配后不能进行下一步编辑操作。

【清除现有的】：设置是否在执行匹配之前将处于选中状态的元件清除选中状态。

【创建表达】：设置是否在【SCH Filter】原理图过滤器面板自动创建一个搜索条件逻辑表

达式。

【隐藏匹配】：设置是否在显示条件相匹配的对象的同时，屏蔽其他对象。

【运行检查器】：设置执行完匹配后是否启动检查器面板。

【Current Document】：设置匹配的范围。匹配范围有两个选项，分别是【Current Document】（当前文档）和【Open Documents】（所有打开文档）。

这里对电阻 R1 ~ R8 的阻值进行整体修改，R1 ~ R8 的 X 轴坐标和描述相同，在设置筛选条件时，将【X1】和【Description】属性设置为【Same】，其余保持默认设置即可，如图 4-18 所示。

选中【选择匹配】选项，单击【确定】按钮，在编辑窗口中将屏蔽所有不符合查找条件的对象，符合条件的查找对象同时被选中，并打开【SCH Inspector】对话框，如图 4-19 所示。在【SCH Inspector】对话框中修改【Part Comment】属性，将电阻阻值直接改为 510，按 < Enter > 键完成电阻阻值的整体编辑，如图 4-20 所示。

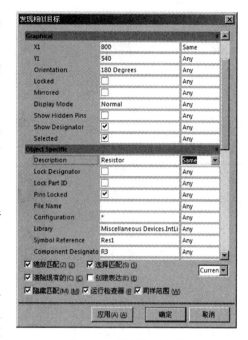

图 4-18　设置筛选条件

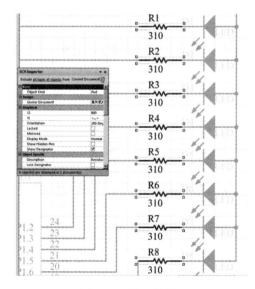

图 4-19　筛选结果

图 4-20　SCH Inspector 对话框

也可以执行菜单命令【察看】|【工作区面板】|【SCH】|【SCH List】，则会打开【SCH List】对话框，如图 4-21 所示。

在表格中的任一单元格上单击鼠标右键，在弹出的快捷菜单中执行【Switch to Edit Mode】菜单命令，将模式由显示转换成编辑模式。在【SCH List】对话框中就可以对所有元件的属性进行单独修改，修改的结果如图 4-22 所示。关闭【SCH List】对话框，可以看到所有

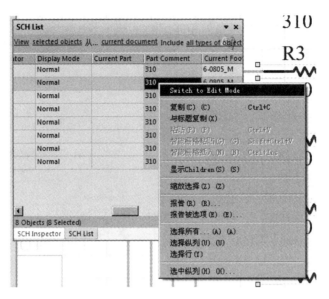

图 4-21　SCH List 对话框

元件的 Part Comment 属性均已修改，如图 4-23 所示。整体修改结束后，单击工作窗口右下角的【清除】按钮，取消屏蔽。

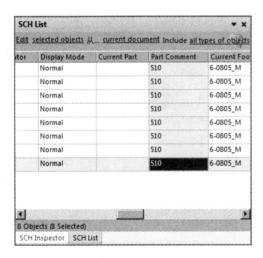

图 4-22　修改 Part Comment 属性

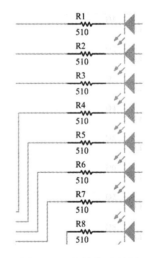

图 4-23　整体修改结果

6. 生成元件报表

（1）生成元件报表　Altium Designer 14 可以很方便地生成元件报表（Bill of Materials），即电路原理图中所有元件的详细信息列表，依据这份报表，用户可以详细地查看工程中元件的各类信息，同时，在制作印制电路板时，也可以作为元件采购的参考。

执行菜单命令【报告】|【Bill of Materials】，弹出图 4-24 所示的【Bill of Materials For Project】对话框，在该对话框中，可以对要创建的元件报表进行设置。

对话框左侧有【聚合的纵队】和【全部纵列】两个区域。

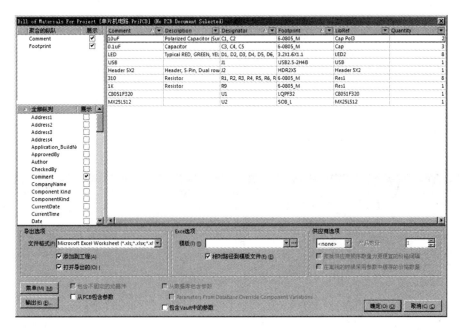

图 4-24　工程元件列表对话框

【聚合的纵队】区域用于设置元件的归类标准，即用来设置元件的信息是否按照某个属性进行分类显示。若不采用分类显示的话则所有的元件信息都是单条列出显示，图 4-25 中的元件信息列表就没有分类，图 4-26 和图 4-27 中的元件信息列表分别按照【Comment】和【Footprint】属性来分类。

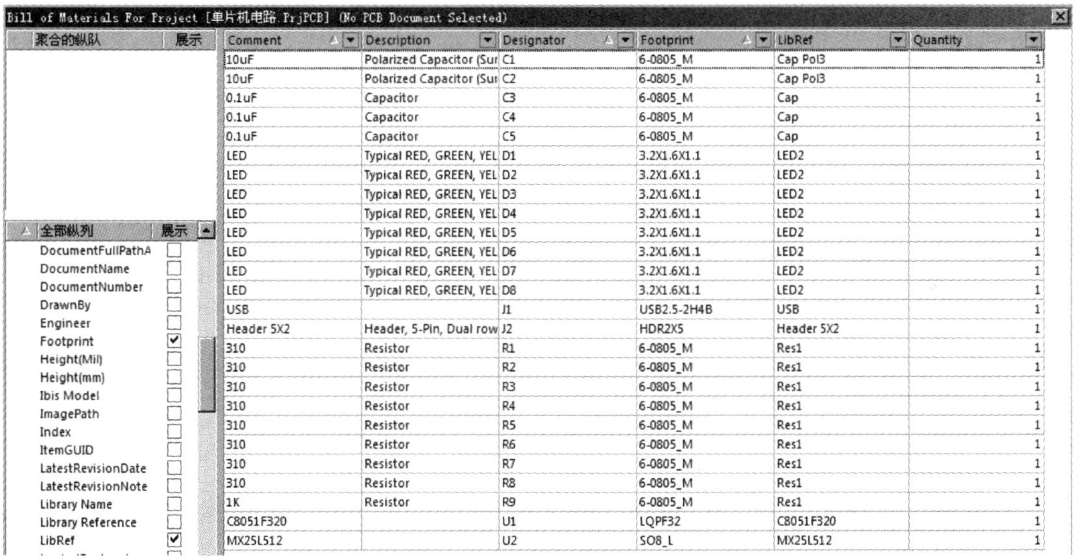

图 4-25　不采用分类显示的元件信息

【全部纵队】区域中列出了元件所有可供列表显示的属性字段，对于需要查看的有用信息，只需选中该字段的【展示】选项，即可在右侧的元件报表中显示出来。系统的默认设置

聚合的纵队	展示	Comment	Description	Designator	Footprint	LibRef	Quantity
Comment	☑	10uF	Polarized Capacitor (Sur	C1, C2	6-0805_M	Cap Pol3	2
		0.1uF	Capacitor	C3, C4, C5	6-0805_M	Cap	3
		LED	Typical RED, GREEN, YEL	D1, D2, D3, D4, D5, D6,	3.2X1.6X1.1	LED2	8
		USB		J1	USB2.5-2H4B	USB	1
		Header 5X2	Header, 5-Pin, Dual row	J2	HDR2X5	Header 5X2	1
		310	Resistor	R1, R2, R3, R4, R5, R6, R	6-0805_M	Res1	8
		1K	Resistor	R9	6-0805_M	Res1	1
		C8051F320		U1	LQPF32	C8051F320	1
		MX25L512		U2	SO8_L	MX25L512	1

图 4-26　按照 Comment 分类显示的元件信息

聚合的纵队	展示	Comment	Description	Designator	Footprint	LibRef	Quantity
Footprint	☑	10uF, 10uF, 0.1uF, 0.1uF	Polarized Capacitor (Sur	C1, C2, C3, C4, C5, R1,	6-0805_M	Cap Pol3, Cap Pol3, Cap	14
		LED	Typical RED, GREEN, YEL	D1, D2, D3, D4, D5, D6,	3.2X1.6X1.1	LED2	8
		USB		J1	USB2.5-2H4B	USB	1
		Header 5X2	Header, 5-Pin, Dual row	J2	HDR2X5	Header 5X2	1
		C8051F320		U1	LQPF32	C8051F320	1
		MX25L512		U2	SO8_L	MX25L512	1

图 4-27　按照 Footprint 分类显示的元件信息

为【Comment】、【Description】、【Designator】、【Footprint】、【LibRef】和【Quantity】6 个字段。

若要将元件信息按照某个属性分类显示，只需在【全部纵队】区域中选中相应的属性，然后拖拽到【聚合的纵队】区域中去。同理，若要取消属性分类，则要将【聚合的纵队】选项区域中的相应属性拖拽到【全部纵队】区域中来。

工程元件列表对话框的右侧为元件信息列表显示区域，列出了原理图中所有元件的详细信息，在此也可以对列表元件进行排序筛选，方便找到自己需要元件的信息。元件信息列表显示区域的上部为属性字段列表，单击某个属性字段可将元件信息按照该属性进行排列。属性字段右方的下拉按钮可对元件信息进行筛选。单击下拉按钮，弹出筛选字段列表框，可以选择【All】显示全部元件选项，也可以选择【Custom】以定制方式显示选项，还可以只选择显示具有某一具体信息的元件。

例如筛选电路图中的所有电阻元件，单击【Description】字段的下拉按钮并选取【Custom】选项，打开图 4-28 所示的筛选对话框，输入"res *"并确认，筛选结果如图 4-29 所示，共有 9 个电阻。

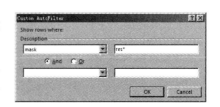

图 4-28　筛选对话框

Comment	Description	Designator	Footprint	LibRef	Quantity
1K	Resistor	R9	6-0805_M	Res1	1
310	Resistor	R1, R2, R3, R4, R5, R6, R7, R8	6-0805_M	Res1	8

图 4-29　筛选结果

【导出选项】区域用于进行导出文件的相关设置。其中，【文件格式】下拉列表框用来设置导出文件的格式，Altium Designer 14 所支持的导出文件格式如图 4-30 所示，系统默认导出 Excel 格式的电子表格，也可以在下拉列表框中选择其他格式。【添加到工程】选项用于设置是否将生成的元件清单加入本工程中。【打开导出的】选项用于设置是否生成报表后，系统自动打开报表。

【Excel 选项】区域用于设置当输出格式为 Excel 格式时，元件报表的显示模板。其中，【模板】下拉列表框用于设定输出 Excel 格式文件所采用的模板，可以单击右边的下拉按钮在列表中选取系统提供的模板文件，也可以单击最右侧的按钮重新选择其他模板。【相对路径到模板文件】选项设定指定模板的路径，若不选中该选项，

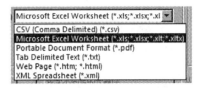

图 4-30　导出文件格式列表

则需要自己设定模板所在的路径。如果模板文件与元件报表在同目录下，选中【相对路径到模板文件】选项，使用相对路径搜索，否则应使用绝对路径搜索。

保持默认设置，单击【菜单】按钮在弹出的菜单项中选取【输出】命令，或是直接单击【输出】按钮即可将元件报表导出，在弹出的对话框中输入保存的文件名并确认，即可生成元件报表。生成元件报表之前还可以对报表进行预览，单击【菜单】按钮，在弹出的菜单项中选取【报告】项，弹出图 4-31 所示的【报表预览】对话框，在此对话框中可以单击【输出】按钮保存报表或是单击【打印】按钮打印报表。

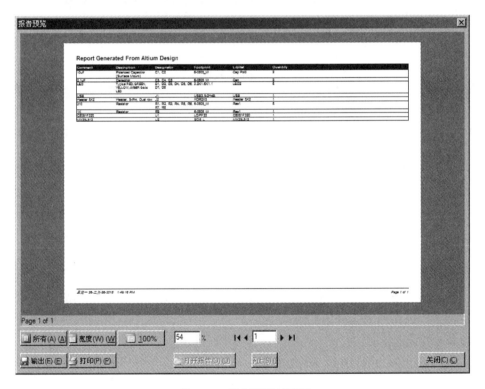

图 4-31　报告预览对话框

（2）生成简易元件清单　生成元件报表的步骤比较复杂，Altium Designer 14 还提供了生成简易元件清单的功能。与前面设置的元件报表不同，简易元件清单不需要进行参数设置，就可以直接生成。执行菜单命令【报告】|【Simple BOM】，系统会自动生成 BOM 和 CSV 两种格式的简易元件清单，如图 4-32 和图 4-33 所示，并在【Project】面板的工程目录的【Generated】文件夹中生成【Text Documents】文件夹，其中就有刚生成的元件清单文件。

```
单片机电路.SchDoc   单片机电路.BOM
Bill of Material for
On 2018-2-26 at 下午01:50:11

 Comment                 Pattern       Quantity  Components
------------------------------------------------------------------------------
 0.1uF                   6-0805_M         3      C3, C4, C5                   Capacitor
 10uF                    6-0805_M         2      C1, C2                       Polarized Capacitor (Surface Mount)
 1K                      6-0805_M         1      R9                           Resistor
 310                     6-0805_M         8      R1, R2, R3, R4, R5, R6, R7   Resistor
                                                 R8
 C8051F320               LQPF32           1      U1
 Header 5X2              HDR2X5           1      J2                           Header, 5-Pin, Dual row
 LED                     3.2X1.6X1.1      8      D1, D2, D3, D4, D5, D6, D7   Typical RED, GREEN, YELLOW, AMBER GaAs LED
                                                 D8
 MX25L512                SO8_L            1      U2
 USB                     USB2.5-2H4B      1      J1
```

图 4-32　BOM 格式的元件清单

```
单片机电路.SchDoc   单片机电路.BOM   单片机电路.CSV
"Bill of Material for "
"On 2018-2-26 at 下午01:50:11"

"Comment","Pattern","Quantity","Components"

"0.1uF","6-0805_M","3","C3, C4, C5","Capacitor"
"10uF","6-0805_M","2","C1, C2","Polarized Capacitor (Surface Mount)"
"1K","6-0805_M","1","R9","Resistor"
"310","6-0805_M","8","R1, R2, R3, R4, R5, R6, R7, R8","Resistor"
"C8051F320","LQPF32","1","U1",""
"Header 5X2","HDR2X5","1","J2","Header, 5-Pin, Dual row"
"LED","3.2X1.6X1.1","8","D1, D2, D3, D4, D5, D6, D7, D8","Typical RED, GREEN, YELLOW, AMBER GaAs LED"
"MX25L512","SO8_L","1","U2",""
"USB","USB2.5-2H4B","1","J1",""
```

图 4-33　CSV 格式的元件清单

4.3　补充提高

1. 复合元件的绘制

复合元件中有多个功能相同的单元，这些单元外形相同，只是引脚的编号不同。如图 4-34 所示。下面以 LM358AN 为例，介绍复合元件的绘制和编辑。

打开原理图库文件【单片机电路.SCHLIB】，执行菜单命令【工具】|【新器件】，新建一个元件，命名为【LM358AN】，如图 4-35 所示。

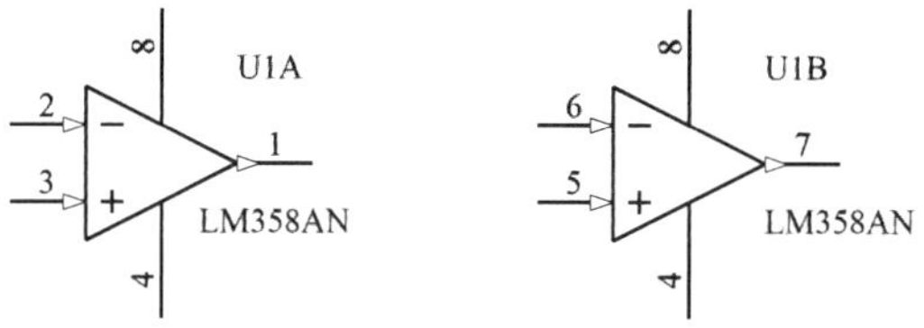

图 4-34　LM358AN 的两个功能单元

执行菜单命令【放置】|【线】，或者单击【实用】工具栏中的【实用工具】中的【放置线】按钮，在编辑窗口中绘制运放的轮廓线，并将颜色改成蓝色，轮廓线顶点的坐标如图 4-36 所示。

单击【实用工具】中的【放置引脚】按钮，进入放置引脚状态。放置 5 个引脚，引脚的相关属性见表 4-6。引脚放置后的结果如图 4-37 所示。

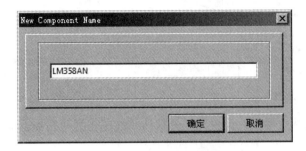

图 4-35 设置元件名称

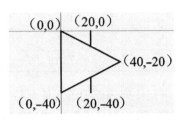

图 4-36 元件外形

表 4-6 功能单元 A 引脚信息

引脚编号	引脚名称	电气类型	引脚编号是否显示	引脚名称是否显示
1	OUTA	Output	显示	不显示
2	INA –	Input	显示	不显示
3	INA +	Input	显示	不显示
4	GND	Power	显示	不显示
8	VCC	Power	显示	不显示

单击工具栏上的 ▦ 按钮，在弹出的菜单中选择【设置跳转栅格】命令，在打开的对话框中将跳转栅格设置为 1。然后按照图 4-38 所示在运放轮廓线内部绘制同相端和反相端的符号。至此，LM358AN 的第一个功能单元绘制结束。

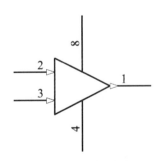

图 4-37 添加引脚

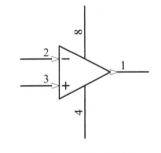

图 4-38 添加符号

执行菜单命令【工具】|【新部件】，就会添加一个功能单元，此时【SCH Library】面板的元件列表框中，元件 LM358AN 前面多了一个【 + 】。单击【 + 】展开，如图 4-39 所示，可以看到元件 LM358AN 包含了两个功能单元 Part A 和 Part B。

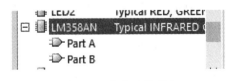

图 4-39 复合元件列表

由于功能单元的外形是一样的，因此，没有必要重新绘制 Part B，只要在 Part A 的编辑窗口中将已经绘制好的元件图形复制，切换到 Part B 的编辑窗口直接粘贴即可。然后按表 4-7 的定义修改引脚的属性。这样一个复合元件的两个功能单元就绘制结束了。

表 4-7 功能单元 B 引脚信息

引脚编号	引脚名称	电气类型	引脚编号是否显示	引脚名称是否显示
5	INB +	Input	显示	不显示
6	INB −	Input	显示	不显示
7	OUTB	Output	显示	不显示

双击元件列表框中的元件名称打开属性对话框，设置元件的默认属性，将默认编号设置为"U?"，默认型号设置为"LM358AN"。

2. 查找与替换操作

(1) 文本查找 可以通过查找元件的编号或型号的方法，在原理图中快速查找某个元件。执行菜单命令【编辑】|【查找文本】，或者按快捷键 < Ctrl > + < F >，打开图 4-40 所示的【发现原文】对话框。对话框中各个选项的功能如下：

【文本被发现】：设置需要查找的文本。

【范围】区域用于设置查找的范围。其中：

【Sheet 范围】：设置所要查找的电路图范围，其中含有 4 个选项，【Current Document】选项设定查找范围是当前文档；【Project Document】选项设定查找范围是整个工程中所有的文档；【Open Document】选项设定查找范围是工程中已经打开的文档；【Document on Path】选项设定查找范围是指定路径中的文档。

【选择】：设置需要查找的文本对象的范围，其中含有 3 个选项，【All Objects】选项设定对所有的文本对象进行查找；【Selected Objects】设定对选中的文本对象进行查找；【Deselected Objects】设定对没有选中的文本对象进行查找。

【标识符】：设置查找的电路图标识符范围，其中含有 3 个选项，【All Identifiers】选项

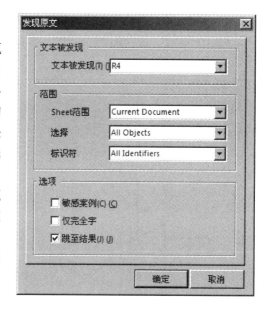

图 4-40 发现原文对话框

设定查找范围是所有标识符，【Net Identifiers Only】选项设定查找范围仅是网络标号；【Designators Only】选项设定查找范围仅是元件编号。

【选项】区域用于匹配查找对象所具有的特殊属性。其中，【敏感案例】选项设定查找时要区分英文字母的大小写；【仅完全字】选项设定只查找具有整个单词匹配的文本，要查找的网络标识包含的内容有网络标号、电源端口、I/O 端口、方块电路 I/O 口；【跳至结果】选项设定查找后跳到结果处。

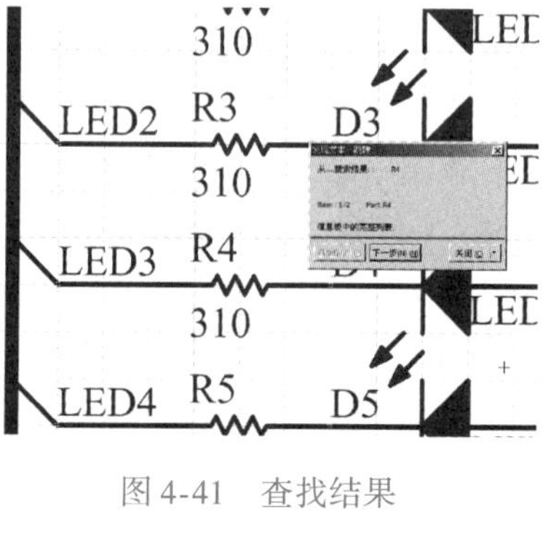

按照图 4-40 所示对话框设置查找内容，单击【确定】按钮开始查找。查找结果如图 4-41 所示。元件 R4

图 4-41 查找结果

找到后在编辑窗口中以最大比例居中显示，同时打开【发现文本…跳转】对话框，提示在原理图中找到两个 R4，第一个是元件 R4，单击【下一步】按钮，跳转到编号 R4，单击【关闭】按钮，打开图 4-42 所示的【Messages】面板，面板中以表格的形式显示查找的结果。

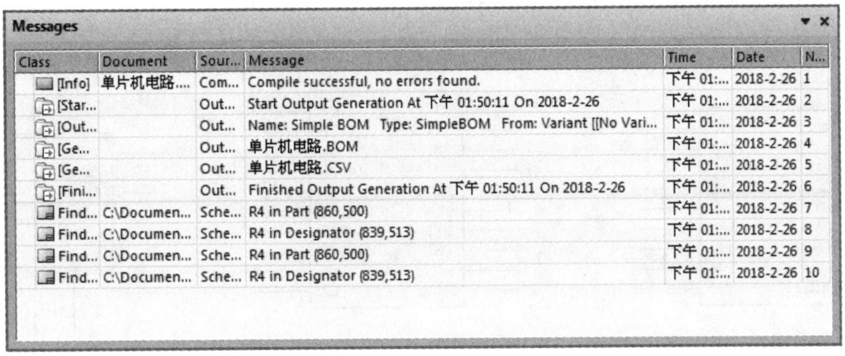

Messages
Class | Document | Sour... | Message | Time | Date | N...
[Info] | 单片机电路.... | Com... | Compile successful, no errors found. | 下午 01:... | 2018-2-26 | 1
[Star... | | Out... | Start Output Generation At 下午 01:50:11 On 2018-2-26 | 下午 01:... | 2018-2-26 | 2
[Out... | | Out... | Name: Simple BOM Type: SimpleBOM From: Variant [[No Vari... | 下午 01:... | 2018-2-26 | 3
[Ge... | | Out... | 单片机电路.BOM | 下午 01:... | 2018-2-26 | 4
[Ge... | | Out... | 单片机电路.CSV | 下午 01:... | 2018-2-26 | 5
[Fini... | | Out... | Finished Output Generation At 下午 01:50:11 On 2018-2-26 | 下午 01:... | 2018-2-26 | 6
Find... | C:\Documen... | Sche... | R4 in Part (860,500) | 下午 01:... | 2018-2-26 | 7
Find... | C:\Documen... | Sche... | R4 in Designator (839,513) | 下午 01:... | 2018-2-26 | 8
Find... | C:\Documen... | Sche... | R4 in Part (860,500) | 下午 01:... | 2018-2-26 | 9
Find... | C:\Documen... | Sche... | R4 in Designator (839,513) | 下午 01:... | 2018-2-26 | 10

图 4-42 Messages 面板显示查找结果

有多个符合查找条件的图形对象，可以在【查找文本】命令执行后，再执行菜单命令【编辑】|【发现下一个】，或者按快捷键 <F3>，将光标跳转到下一个符合条件的图形对象。

（2）文本替换 在需要将多处相同文本修改成另一文本时，可以通过文本替换来完成。执行菜单命令【编辑】|【替换文本】，或者按快捷键 <Ctrl> + <H>，打开图 4-43 所示的【发现并替代原文】对话框。可以看出该对话框与图 4-40 所示的对话框非常相似，对于相同的部分，不再赘述。只有【替代】和【替代提示】两个选项不同。

发现并替代原文
文本:
文本被发现(T)
R4
替代(R) (R)
范围:
Sheet范围
Current Document
选择
All Objects
标识符
All Identifiers
选项:
敏感案例(C) (C)
替代提示
仅完全字
确定
取消

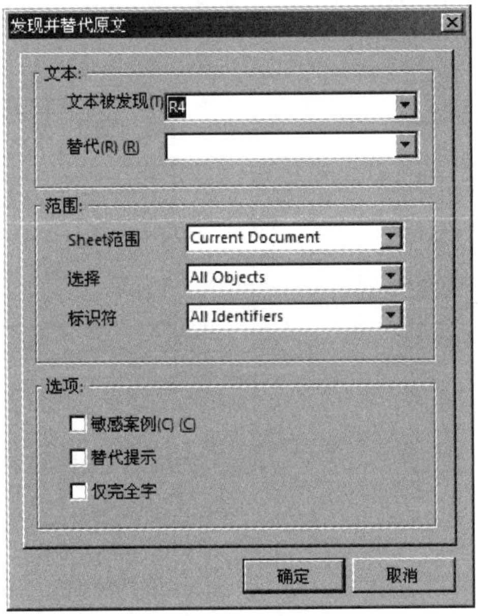

图 4-43 发现并替代原文对话框

【替代】：设置替换原文本的新文本。

【替代提示】：设置是否显示确认替换提示对话框，选中该选项，在进行替换之前，显示确认替换提示对话框；否则，不显示确认替换提示对话框。

4.4 练习

1. 建立元件库，绘制图 4-44 所示的元件。

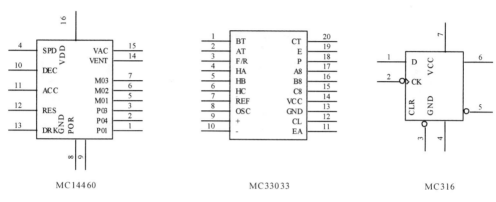

图 4-44   练习 1 元件

2. 绘制图 4-45 所示的电路原理图，其中需要自制元件 AM27C512 – 90DC（28）。

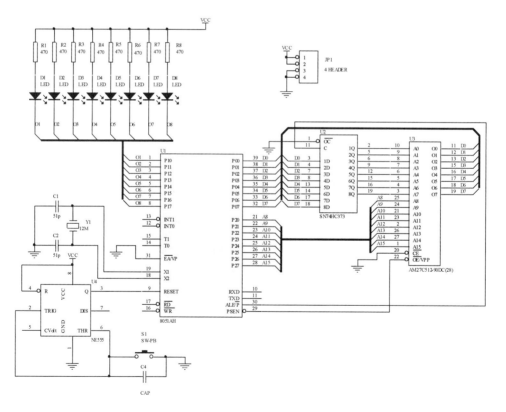

图 4-45   练习 2 电路原理图

项目五
四路继电器控制电路原理图

5.1　设计任务

1. 完成如下所示的四路继电器控制电路的层次式电路图设计

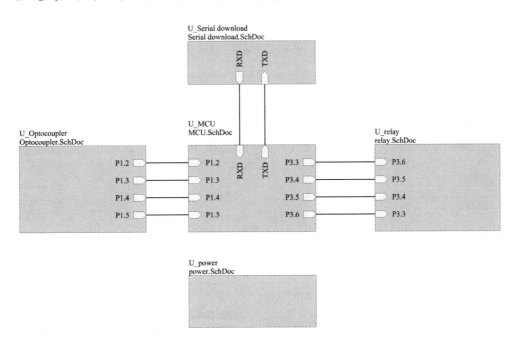

2. 学习内容

1）多张电路图设计。
2）功能线束。
3）原理图打印。
4）智能粘贴。

5.2　设计步骤

1. 多张电路图设计

（1）电路图结构　对于简单的电路而言，可以在一张电路图中轻松完成绘制。当电路较为复杂时，若所有电路都用一张电路图来绘制，则不但绘图困难，读图也比较麻烦。这时就可按电路功能进行模块划分，将整个电路分为几个模块，每个模块都有明确的功能和相对独立的结构，每个模块单独用一张电路图来描述，如此便可使画图、读图以及电路图管理更加简单。Altium Designer 14 提供单张式电路图、平坦式电路图及层次式电路图，说明如下。

1）单张式电路图。顾名思义，单张式电路图就是把整个电路塞入一张图纸，如此一来，就没有图纸之间的连接界面。对于较简单的电路，这种方式比较单纯，但较难管理复杂的电路。

2）平坦式电路图。平坦式电路图属于多张式电路图结构，电路由多张电路图构成，各个电路图之间平行连接，利用离图连接（Off-Sheet Connector）、端口（Port）、网络标号（Net Label）、电源端口（Power Port）作为连接各电路图的信号。而所有电路图都在同一个层次里，没有上下层之分。

将项目四的电路图按照功能划分为 3 个模块，分别用图 5-1 所示的 3 张电路图来表示，分别是"存储器.SchDoc"、"单片机.SchDoc"和"流水灯.SchDoc"。采用平坦式电路图设计的工程面板如图 5-2 所示。可见，3 张电路图都在同一个层次里，没有上下层之分。

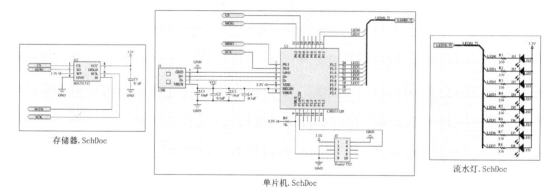

图 5-1　3 张电路图

平坦式电路图设计很方便，但是在阅读电路图时，有如拼图游戏，常造成困难。Altium Designer 14 提供输入/输出端口索引，在输入/输出端口旁边标示其所连接的电路图与位置，以方便读图与理解。

当平坦式电路图绘制完成后，若要在输入/输出端口旁边标示索引，则需先编译该工程，

图 5-2　平坦式电路图设计

指向【Projects】面板里的该工程，单击鼠标右键在下拉菜单中执行第一个菜单命令【Compile PCB Project flat. PrjPcb】，即可编译该工程。

执行菜单命令【报告】|【端口交叉参考】，弹出端口交叉参考子菜单，如图 5-3 所示。其中包含四个菜单命令，说明如下：

【添加到图纸】：在当前所操作的电路图上，给输入/输出端口加上索引。执行该命令后，电路图输入/输出端口旁边，将出现索引，如图 5-4 所示，其中，"单片机"就是所连接的电路图文档名，"［4B］"则表示编号为 4B 的位置。

【添加到工程】：给整个工程中所有电路图的输入/输出端口都加上索引。

【从图纸移除】：删除当前电路图所有输入/输出端口的索引。执行该命令后，输入/输出端口旁边的索引即消失。

【从工程移除】：删除整个工程所有输入/输出端口的索引。

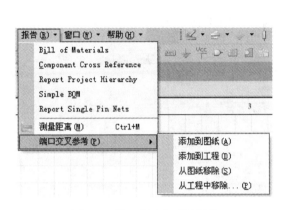

图 5-3　端口交叉参考子菜单

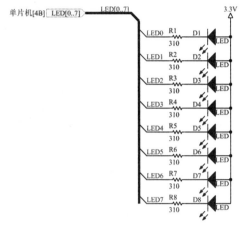

图 5-4　新增端口索引

3）层次式电路图。层次式电路图也是多张式电路图结构，图纸与图纸之间有上下的层次关系，以方块电路图（Sheet Symbol）作为连接底层电路图的界面。电路图之间的信号连接则依靠方块电路图出入口（Sheet Entry）与端口（Port）。

将项目四的电路图采用层次式电路图设计的工程面板如图 5-5 所示。可见，除了表示 3 个模块的电路图以外，还有一个顶层电路图"top. SchDoc"，其内容如图 5-6 所示。

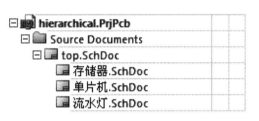

图 5-5　层次式电路图设计

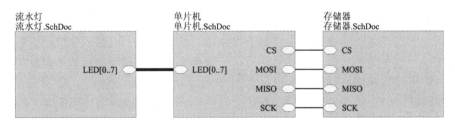

图 5-6　顶层电路图

从图 5-5 和图 5-6 可以看出，层次式电路图里，只有一张顶层电路图，由若干个方块电路图电气连接构成。其他电路图都在顶层电路图之下，每个方块电路图对应一张底层电路图。当然，底层电路图里，也可有其再下一层的电路图。底层电路图就是用来描述某一电路模块具体功能的普通电路原理图，通过输入/输出端口，作为与上层方块电路图进行电气连接的通道口，如图 5-7 所示。

与平坦式电路图相比，层次式电路图结构清晰，可读性更强。所以，对于较复杂的电路

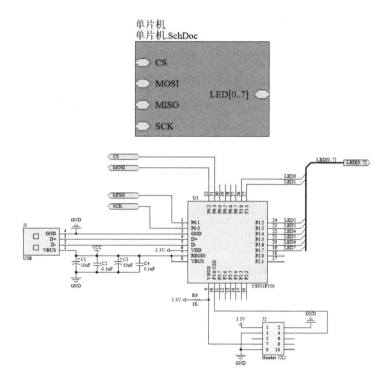

图5-7 方块电路图与对应的底层电路图

而言，采用层次式电路图是较适当的选择。

（2）层次式电路图设计 层次式电路图设计的具体实现方法有两种，一种是自上而下的设计方式，另一种是自下而上的设计方式。

自上而下的设计方式是在绘制电路图之前，要求设计者对此次设计有一个整体的把握。把整个电路设计分成多个模块，确定每个模块的设计内容，然后对每个模块进行详细的设计。这种设计方法被称为自上而下，逐步细化。该设计方式要求设计者在绘制电路图之前就对系统有比较深入的了解，且对电路模块的划分比较清楚。

自下而上的设计方式是设计者先绘制子电路图，然后根据子电路图生成对应的方块电路图，进而生成上层电路图，最后完成整个设计。这种方法比较适用于对整个设计还不是非常熟悉的用户，也是一种适合初学者的设计方法。

2. 自上而下的层次式电路图设计

采用层次式电路图的设计方法，将四路继电器控制电路按照电路功能模块划分为5个电路模块，即电源模块、单片机模块、串行下载模块、输入模块和输出模块。首先绘制层次式电路图中的顶层电路图，然后再分别绘制每一电路模块的具体原理图。

（1）建立工程文件和顶层电路图文件 在【Files】面板中，在【新的】栏中选择【Blank project（PCB）】选项，则在【Projects】面板中出现了新建的工程文件，保存为【四路继电器控制电路 . Prjpcb】。

在项目文件名上单击鼠标右键，在弹出的快捷菜单中选择【给工程添加新的】|【Schematic】命令，在该项目文件中新建一个电路原理图文件，保存为【四路继电器控制电路.SchDoc】，并完成图纸相关参数的设置。

（2）放置方块电路图　方块电路图代表一个实际的电路原理图，进入方块电路图的放置状态有以下4种方法。

方法一：单击原理图绘图工具栏上的【放置图表符】按钮 。

方法二：执行菜单命令【放置】|【图表符】。

方法三：在原理图空白处单击鼠标右键，在弹出的快捷菜单中执行菜单命令【放置】|【图表符】。

方法四：使用快捷键<P>+<S>。

此时光标变成十字形，进入放置方块电路图状态，光标上将出现一个浮动的方块电路图。按<Tab>键打开【方块符号】对话框，在对话框中将【标识】设置为"U_MCU"，【文件名】设置为"MCU.SchDoc"，如图5-8所示。单击【确定】按钮，将方块电路图移动到图纸适当的位置，单击左键两次确定方块电路图的位置和大小，即可放置方块电路图。此时光标上仍有一个方块电路图，可继续放置方块电路图。若要退出方块电路图放置状态，只需单击鼠标右键或者按<Esc>键即可。

双击已经放置的方块电路图，也可打开属性对话框对方块电路图的属性进行设置。方块电路图属性对话框中各项的含义如下：

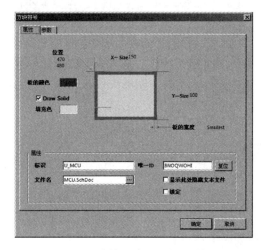

图5-8　方块电路图属性对话框

【板的颜色】：设置方块电路图边框的颜色，指向色块，单击鼠标左键，即可指定颜色。

【填充色】：设置方块电路图的填充色，指向色块，单击鼠标左键，即可指定颜色。

【Draw Solid】：设置是否显示填充色，选中该选项，方块电路图显示填充色，否则不显示。

【位置】：设置方块电路图左上角所在位置的坐标，改变其值，即可改变方块电路图在编辑区里的位置。

【X-Size】和【Y-Size】：设置方块电路图的宽度和高度。

【板的宽度】：设置方块电路图边框线的宽度，有【Smallest】、【Small】、【Medium】和【Large】4种不同的线宽。

【标识】：设置方块电路图的标号。方块电路图的标号与元件的标号一样是唯一的，可以设置为对应电路原理图的文件名，便于理解。

【文件名】：设置方块电路图所对应的电路原理图的文件名，这一属性是方块电路图最重要的属性，读者可以自己在后面的文本框中填入原理图文件名，或是单击【…】按钮，在打开的【Choose Document to Reference】（引用文件选择）对话框中选择对应的电路原理图文件。如图5-9所示，该对话框中列出了当前工程文件中所有可供使用的电路原理图文件。

【唯一ID】：设置方块电路图的ID，该项由系统自动产生，不用修改。

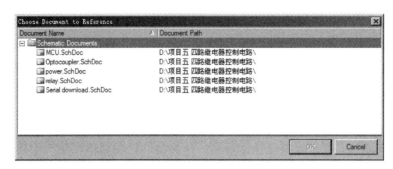

图 5-9　引用文件选择对话框

【显示此处隐藏文本文件】：设置显示隐藏的文字字段。

【锁定】：设置方块电路图被锁定，若选中该项，移动该方块电路图时，系统将要求确认。

（3）放置图纸入口　方块电路图之间的电气连接是通过图纸入口来完成的，图纸入口以方块电路图为载体，是方块电路图的附属组件。方块电路图可视为一个元件，而图纸入口就是该元件的引脚。图纸入口除连接到该电路图上的其他元件引脚外，也连接到其对应的底层电路图中有相同名称的输入/输出端口。

只有在绘制好方块电路图之后才能在方块电路图的上面放置图纸入口。进入图纸入口的放置状态有以下4种方法。

方法一：单击原理图绘图工具栏上的【放置图纸入口】按钮。

方法二：执行菜单命令【放置】|【添加图纸入口】。

方法三：在原理图空白处单击鼠标右键，在弹出的快捷菜单中执行菜单命令【放置】|【添加图纸入口】。

方法四：使用快捷键＜P＞＋＜A＞。

此时光标变成十字形，进入放置图纸入口状态，当光标移动到方块电路图中时，光标上将出现一个浮动的图纸入口，图纸入口会自动粘附到方块电路图的四壁。按＜Tab＞键打开【方块入口】对话框，在【名称】中输入"P1.2"，如图 5-10 所示。单击【确定】按钮，将图纸入口移动到适当的位置，单击左键即可放置图纸入口。此时光标上仍有一个浮动的图纸入口，可继续放置图纸入口。若要退出图纸入口放置状态，只需单击鼠标右键或者按＜Esc＞键即可。

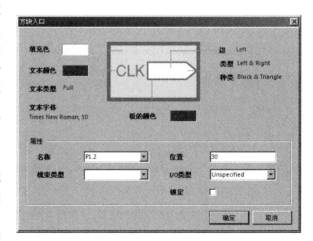

图 5-10　方块入口属性对话框

双击已经放置的图纸入口，也可打开属性对话框对图纸入口的属性进行设置。图纸入口属性对话框中各项的含义如下：

【填充色】：设置图纸入口的填充色，指向色块，单击鼠标左键，即可指定颜色。

【文本颜色】：设置图纸入口名称的颜色，指向色块，单击鼠标左键，即可指定颜色。

【文本类型】：设置总线网络名称的显示方式，其中包括两个选项，【Full】选项设定显示整个字符串，【Prefix】选项设定只显示名称，不显示其范围。如图 5-11 所示，流水灯方块电路图中的图纸入口名称只显示总线网络名称，而单片机方块电路图中的图纸入口名称显示整个字符串，包括其范围。

【文本字体】：设置图纸入口名称的字体。

【板的颜色】：设置图纸入口边框的颜色，指向色块，单击鼠标左键，即可指定颜色。

【边】：设置图纸入口在方块电路图中放置的位置，有【Left】（靠左）、【Right】（靠右）、【Top】（靠上）和【Bottom】（靠下）4 种位置。

【类型】：设置图纸入口处在不同位置时的箭头方向，如图 5-12 所示有 8 种箭头方向。

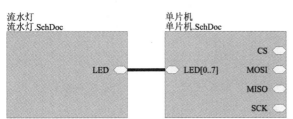

图 5-11　总线网络名称的不同显示方式

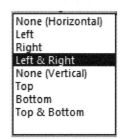

图 5-12　图纸入口的箭头方向

【种类】：设置图纸入口箭头的种类，有【Block&Triangle】（方块加三角形）、【Triangle】（三角形）、【Arrow】（箭头）和【Arrow Tail】（箭尾）4 种箭头种类。

【名称】：设置图纸入口的名称，应与对应底层电路图中的对应的端口名称相同。

【I/O 类型】：设置图纸入口的信号方向，有【Unspecified】（未定义的）、【Output】（输出）、【Input】（输入）和【Bidirectional】（双向）4 种信号方向。**注意**：该项属性设置不当的话，会影响到原理图编译的结果，因此不能确认图纸入口的信号方向时，最好选择【Unspecified】。

【线束类型】：设置图纸入口所连接功能线束连接器的名称。

按照样图 5-13 完成方块电路图和对应的图纸入口的绘制，使用导线将各个方块电路图的图纸入口连接起来。至此，完成顶层电路图的绘制。

（4）绘制子电路图　完成了顶层电路图的绘制以后，要把顶层电路图中的每个方块电路图对应的子电路图绘制出来，其中每一个子电路图中还可以包括方块电路图。

执行菜单命令【设计】|【产生图纸】，光标变成十字形。移动光标到方块电路图 U_MCU 内部空白处单击鼠标左键，系统自动生成并打开一个新的原理图文件，并自动命名为【MCU. SchDoc】，与相应的方块电路图所对应的子电路图的文件名一致，并在原理图中自动生成了 10 个与方块电路图对应的输入/输出端口，如图 5-14 所示。

在工程中新建一个原理图库文件，在库中新建两个元件，分别是 Res Pack4 和 STC8F1K08S2A10，如图 5-15 所示。

然后按照普通原理图绘制的方法，放置各种所需的元件并进行电气连接，完成子电路图 MCU. SchDoc 的绘制，如图 5-16 所示。

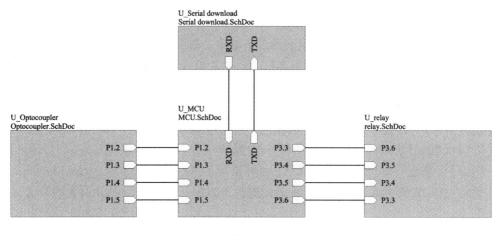

图 5-13　顶层电路图

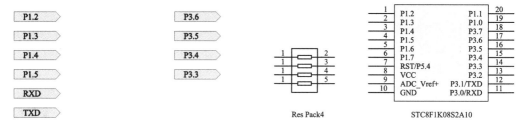

图 5-14　自动生成的输入/输出端口　　　　　图 5-15　元件 Res Pack4 和 STC8F1K08S2A10

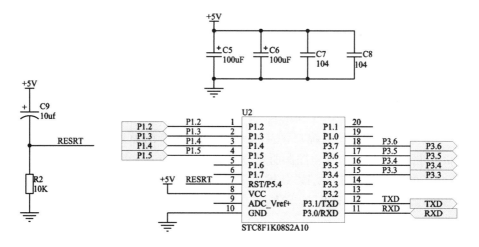

图 5-16　MCU. SchDoc 子电路图

使用同样的方法，绘制其他 4 个子电路图，如图 5-17 ~ 图 5-20 所示。至此，采用自上而下的层次电路图的设计方法，完成整个四路继电器控制电路原理图的绘制。

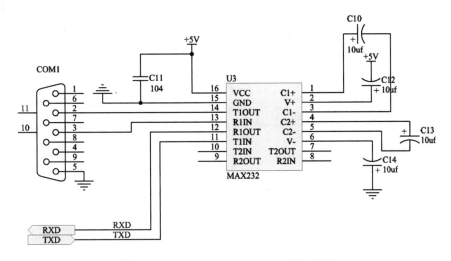

图 5-17　Serial download. SchDoc 子电路图

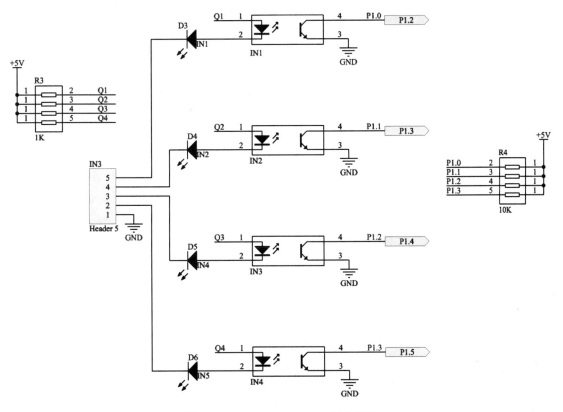

图 5-18　Optocoupler. SchDoc 子电路图

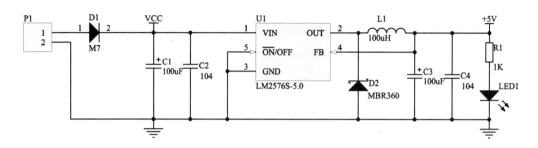

图 5-19   power. SchDoc 子电路图

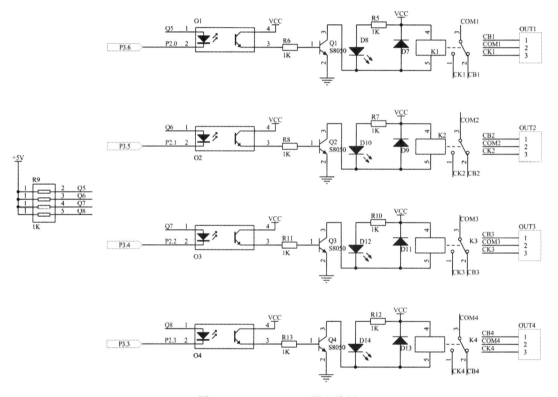

图 5-20   relay. SchDoc 子电路图

3. 自下而上的层次式电路图设计

　　采用层次式电路的设计方法，将四路继电器控制电路按照电路功能模块划分为 5 个电路模块，即电源模块、单片机模块、串行下载模块、输入模块和输出模块。首先分别绘制每个电路模块具体的电路原理图，然后再绘制顶层电路图。

　　（1）建立工程文件和子电路图文件　　在【Files】面板中，在【新的】选项栏中选择【Blank project（PCB）】选项，则在【Projects】面板中出现了新建的工程文件，保存为【四路继电器控制电路. Prjpcb】。

　　在项目文件名上单击鼠标右键，在弹出的快捷菜单中执行菜单命令【给工程添加新的】|【Schematic】，在该项目文件中新建一个电路原理图文件，保存为【MCU. SchDoc】，并完成图

纸相关参数的设置。

（2）绘制子电路图　按照普通原理图绘制的方法，放置各种所需的元件并进行电气连接。

（3）放置端口　子电路图与顶层电路图之间进行电气连接是通过端口完成的。与顶层电路图中图纸入口相对应的就是子电路图中的端口，图纸入口只是方块电路图与外部电路的接口，方块电路图要与其对应的电路原理图产生联系就必须通过端口。

进入端口的放置状态有以下四种方法。

方法一：单击原理图绘图工具栏上的【放置端口】按钮 。

方法二：执行菜单命令【放置】|【端口】。

方法三：在原理图空白处单击鼠标右键，在弹出的快捷菜单中执行菜单命令【放置】|【端口】。

方法四：使用快捷键 <P> + <R>。

此时光标变成十字形，进入放置端口状态，光标上将出现一个浮动的端口。按 <Tab> 键打开【端口属性】对话框，在对话框中将【名称】设置为"P1.2"，如图 5-21 所示。单击【确定】按钮，将端口移动到适当的位置，单击左键两次确定端口的位置和大小即可放置端口。此时光标上仍有一个端口入口，可继续放置端口。若要退出端口放置状态，只需单击鼠标右键或者按 <Esc> 键即可。

双击已经放置的端口，也可打开属性对话框对端口的属性进行设置。端口属性对话框中各项的含义如下：

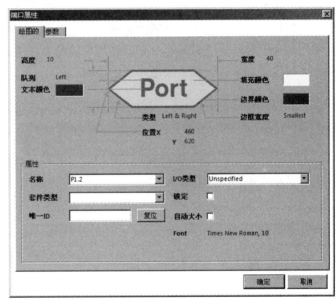

图 5-21　端口属性对话框

【高度】：设置端口的高度。

【宽度】：设置端口的宽度。

【队列】：设置端口里面文字的对齐方式，有【Center】（居中）、【Left】（居左）和【Right】（居右）3 种对齐方式。

【文本颜色】：设置端口名称的颜色，指向色块，单击鼠标左键，即可指定颜色。

【类型】：设置端口箭头的方向，与图纸入口一样，共有 8 种箭头方向。

【位置 X】和【Y】：设置端口的 X 轴坐标和 Y 轴坐标。

【填充颜色】：设置端口的填充色，指向色块，单击鼠标左键，即可指定颜色。

【边界颜色】：设置端口边框的颜色，指向色块，单击鼠标左键，即可指定颜色。

【边框宽度】：设置端口边框线的宽度，有【Smallest】、【Small】、【Medium】和【Large】4

种不同的线宽。

【名称】：设置端口的网络名称，通常端口的名称与图纸入口的名称一致。

【I/O 类型】：设置端口的信号方向，有【Unspecified】（未定义的）、【Output】（输出）、【Input】（输入）和【Bidirectional】（双向）4 种信号方向。

【套件类型】：设置端口的所连接功能线束连接器的名称。

【自动大小】：设置端口的高度根据端口名称字体的大小自动进行调整。

放置相应的端口，完成子电路图 MCU. SchDoc 的绘制。使用同样的方法，完成其他 4 个子电路图的绘制。

（4）绘制顶层电路图　完成了各个子电路图的绘制以后，还要绘制顶层电路图。在工程中新建一个原理图文件，命名为【四路继电器控制电路. SchDoc】。

执行菜单命令【设计】|【HDL 文件或图纸生成图表符】，系统弹出图 5-22 所示的【Choose Document to Place】对话框。在对话框中选中 MCU. SchDoc 文件，单击【OK】按钮关闭对话框。此时光标上将出现一个浮动的方块电路图，如图 5-23 所示。移动光标到相应的位置单击鼠标左键，将方块电路图放置到顶层电路图中，然后修改方块电路图的相关属性。

采用同样的方法生成另外 4 个子电路图对应的方块电路图，并用导线将各个方块电路图的图纸入口连接起来，完成顶层电路图的绘制。

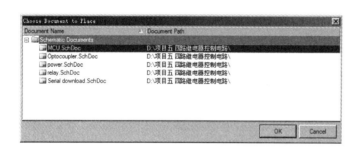

图 5-22　选择文件放置对话框

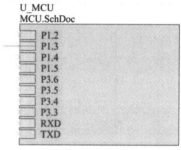

图 5-23　自动生成的方块电路图

至此，采用自下而上的层次式电路图的设计方法，完成整个四路继电器控制电路原理图的绘制。

（5）设置图纸编号　执行菜单命令【工具】|【图纸编号】，打开图 5-24 所示的图纸编号对话框。

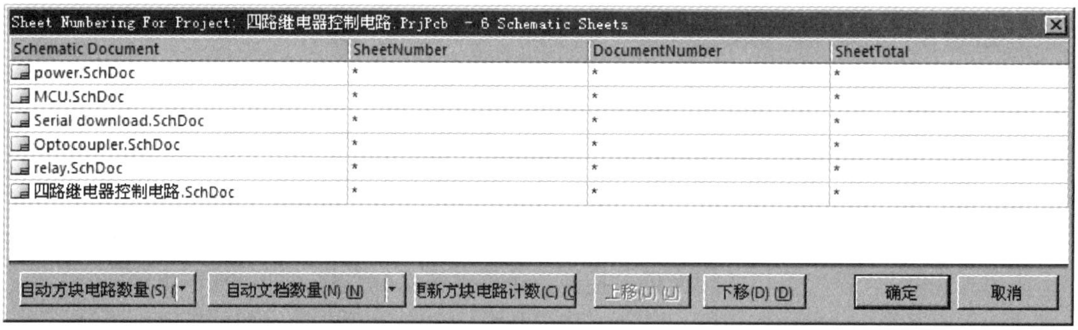

Schematic Document	SheetNumber	DocumentNumber	SheetTotal
power.SchDoc	*	*	*
MCU.SchDoc	*	*	*
Serial download.SchDoc	*	*	*
Optocoupler.SchDoc	*	*	*
relay.SchDoc	*	*	*
四路继电器控制电路.SchDoc	*	*	*

Sheet Numbering For Project: 四路继电器控制电路.PrjPcb - 6 Schematic Sheets

自动方块电路数量(S)　自动文档数量(N) (N)　更新方块电路计数(C)　上移(U) (U)　下移(D) (D)　确定　取消

图 5-24　图纸编号对话框

对话框中以表格的形式显示图纸编号、文档编号和图纸总数。可以直接双击单元格进行设置，还可以通过【自动方块电路数量】、【自动文档数量】和【更新方块电路计数】3 个按钮由系统直接更新图纸编号、文档编号和图纸总数，如图 5-25 所示。

Schematic Document	SheetNumber	DocumentNumber	SheetTotal
power.SchDoc	1	1	6
MCU.SchDoc	2	2	6
Serial download.SchDoc	3	3	6
Optocoupler.SchDoc	4	4	6
relay.SchDoc	5	5	6
四路继电器控制电路.SchDoc	6	6	6

Sheet Numbering For Project: 四路继电器控制电路.PrjPcb - 6 Schematic Sheets

自动方块电路数量(S)   自动文档数量(N) (N)   更新方块电路计数(C) (C)   上移(U) (U)   下移(D) (D)   确定   取消

图 5-25   图纸自动编号

（6）端口与图纸入口之间的同步   无论采用自上而下还是自下而上的方式设计电路原理图，只要是由系统自动生成端口或图纸入口，端口与图纸入口的 I/O 类型总是同步的。但是在电路图编辑过程中，端口与图纸入口通过手工分别进行放置，可能会出现图纸入口与相对应端口 I/O 类型不一样的情况。执行菜单命令【设计】|【同步图纸入口和端口】，弹出图 5-26 所示的端口与图纸入口同步对话框。图中左侧列出了所有不相符的端口与图纸入口，右侧则列出了相符的端口与图纸入口，可选取相应的端口或图纸入口后，单击下面的命令按钮进行编辑。

图 5-26   端口与图纸入口同步对话框

（7）重命名层次式电路图中的子电路图   在设计中可能要对子电路图的名称进行修改。执行菜单命令【设计】|【子图重新命名】，打开图 5-27 所示的【重命名子方块电路】对话框。对话框中各项的含义如下：

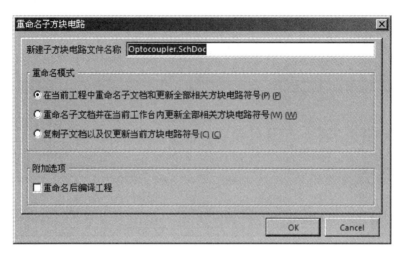

图 5-27　重命名子方块电路对话框

【新建子方块电路文件名称】：设置子电路图的新名称。

【重命名模式】：设置重命名的模式。其中有 3 个选项，分别是【在当前工程中重命名子文档和更新全部相关方块电路符号】、【重命名子文档并在当前工作台内更新全部相关方块电路符号】和【复制子文档以及仅更新当前方块电路符号】。

【重命名后编译工程】：设置子电路图重命名后重新编译工程。

4. 编译

整个电路是由 6 张电路图组成，编译时必须对所有的原理图文件进行编译。执行菜单命令【工程】|【工程参数】，在弹出的工程选项设置对话框中选择【Options】选项卡。其中，【网络标识符范围】选项区域用于多张电路图设计时，设置网络标识符的作用范围。其中有 5 个选项，【Automation（Based on Project contents）】选项设定系统自动在当前工程项目中判别网络标识符的作用范围；【Flat（Only ports global）】选项设定工程各个图纸之间直接使用全局输入/输出端口来建立连接关系；【Hierarchical（Sheet entry < - > port Connections，power ports global）】选项设定通过图纸入口和原理图子图中的端口以及电源符号来建立连接关系；【Strict Hierarchical（Sheet entry < - > port Connections，power ports local）】选项设定只能通过图纸入口和原理图子图中的端口来建立连接关系；【Global（NetLabels and Ports global）】选项设定工程中各个图纸之间用全局的网络标号和输入/输出端口来建立连接关系。根据具体设计选择网络标识符范围，一般采用默认选项【Automation（Based on Project contents）】即可。

执行菜单命令【工程】|【Compile PCB Project 四路继电器控制电路 . PrjPcb】，编译工程，编译成功后【工程】面板中的文件会以层次式结构显示。

5. 层次式电路图之间的切换

层次式电路图结构清晰明了，相比于简单的平坦式电路图来说更容易从整体上把握系统的功能。在按住 < Ctrl > 键的同时双击方块电路图，就可以打开方块电路图所关联的电路原理图文件。其实还有更简单的预览方块电路图所对应的原理图的方法，那就是将光标停留在方块电路图上一小段时间，系统会自动弹出方块电路图所对应的子电路预览原理图，如图 5-28 所示。

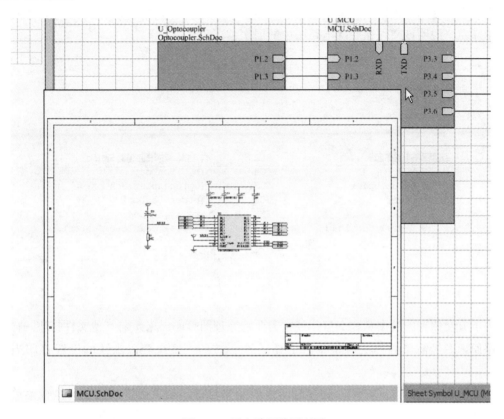

图 5-28 子电路预览原理图

但在编辑层次式电路图时，常常需要在上层电路图和子电路图中来回切换、查看，以便了解完整的电路结构。实现在多张电路图之间切换的方法有两种。

方法一：单击主工具栏上的【上／下层次】按钮 ⬆⬇。

方法二：执行菜单命令【工具】|【上／下层次】。

此时光标变成十字形。如果是从上层图纸切换到下层图纸，则只需移动光标到上层图纸中，在需要查看的方块电路图上单击鼠标左键，则系统会自动打开相应的电路原理图；如果是下层图纸返回到上层图纸，则只需移动光标到下层图纸中的某个端口上单击鼠标左键，则可返回到上一层图纸，同时只有端口对应的图纸入口高亮显示。

上下层切换也可利用【Projects】面板，用户可直接单击项目窗口中的层次结构中所要编辑的文件名即可。

6. 生成层次结构报表

一般设计的层次式电路图，层次较少，结构也比较简单。但是对于多层次的层次式电路图，其结构关系是相当复杂的，用户不容易看懂。因此，系统提供了一种层次结构报表作为用户查看复杂层次原理图的辅助工具。借助层次结构报表，用户可以清晰地了解层次式电路图的层次结构关系，进一步明确层次式电路图的设计内容。

执行菜单命令【报告】|【Report project hierarchy】，系统会在工程目录中生成层次结构报表文件【四路继电器控制电路．REP】，双击打开层次结构报表，如图5-29所示。在生成的层次结构报表中，使用缩进格式明确地列出了本项目中的各个原理图之间的层次关系，原理图文件名越靠左，说明该文件在层次电路图中的层次越高。

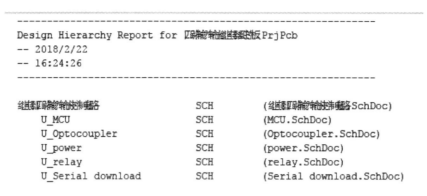

图 5-29　层次结构报表

7. 原理图打印输出

为了方便原理图的浏览和交流，经常需要将原理图打印出来。与其他文件打印一样，打印电路原理图最简单的方法就是单击工具栏的🖶按钮，系统会以默认的设置打印当前原理图。

若要按照自己的方式打印，则在打印之前需要对打印的页面进行设置。执行菜单命令【文件】|【页面设置】，将弹出图5-30所示的原理图打印属性设置对话框。

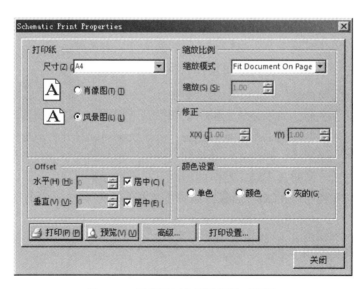

图 5-30　原理图打印属性设置对话框

对话框中各选项的含义如下：

【打印纸】区域用于设置打印纸张大小与打印方向。

【尺寸】：设置纸张的大小。

【肖像图】：设置图纸竖向打印。

【风景图】：设置图纸横向打印。

【Offset】区域用于设置页边距。

【水平】和【垂直】：设置图纸水平方向和竖直方向的页边距，也可选中后面的【居中】选项，使图纸居中打印。

【缩放比例】区域用于设置打印比例。

【缩放模式】：设置打印比例的模式，其中有两个选项，【Fit Document On Page】选项设定把整张电路图缩放打印在一张纸上；【Scaled Print】选项设定自定义打印比例，这时需在下面的【缩放】文本框中输入打印的比例。

【修正】区域用于设置修正打印比例。

【X】和【Y】：设置横向和纵向的打印误差补偿。

【颜色设置】：设置打印色彩模式，有【Mono】（单色打印）、【Color】（彩色打印）和【Gray】（灰度打印）3 个选项。

单击【高级】按钮进入原理图打印高级设置对话框，如图 5-31 所示，在对话框中可以设置在打印出的原理图中是否显示【No – ERC 图形标志】、【参数设置】等非电气图形。

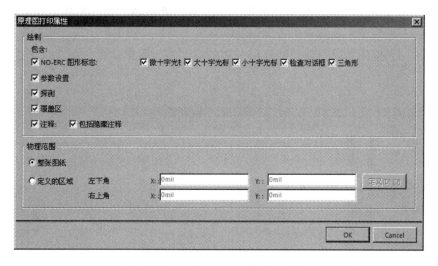

图 5-31　原理图打印高级设置对话框

打印之前还要对打印机的相关选项进行设置，执行菜单命令【文件】|【打印】或是单击原理图打印属性设置对话框中的【打印设置】按钮进入打印机配置对话框，如图 5-32 所示。各主要参数设置项的含义如下：

【打印机】区域用于设置打印机选项，这里列出了所有本机可用的打印机及其具体的信息，可以选用相应的打印机并设置属性。

【打印区域】区域用于设置打印文档的范围，其中有 3 个选项，【所有页】选项设定打印所有的电路图；【当前页】选项设定打印当前电路图；【页】选项设定打印范围，在后面的文本框中设定打印图纸的范围。

【打印什么】区域用于设置打印的对象。其中有 4 个选项，【Print All Valid Document】选项设定打印工程中所有原理图；【Print Active Document】选项设定打印当前原理图；【Print Selection】选项设定打印当前原理图中的选取部分；【Print Screen Region】选项设定打印当前编辑区显示的区域。

【页数】区域用于设置打印的原理图的份数。

【打印机选项】区域用于设置打印机的应用方式，其中有两个选项，【Print as a single printer job】选项设定由所连接的一台打印机打印；【Print as multiple printer jobs】选项设定由所连接的多台打印机同时打印。

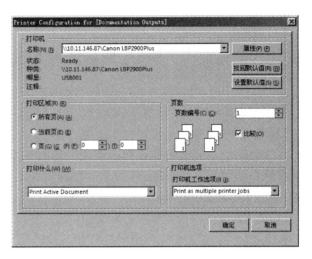

图 5-32 打印机配置对话框

以上的选项设置完成之后就可以打印电路图了，不过在打印之前最好预览一下打印的效果，执行菜单命令【文件】|【打印预览】或是直接在主工具栏中单击 按钮，打开打印预览对话框，如图 5-33 所示。在预览对话框里分为左边的缩略图列表及右边的预览区，若有多张图纸，则可在缩略图列表选取所要预览的电路图，则该电路图将出现在预览区。

若是原理图预览的效果与理想的效果一样的话，执行菜单命令【文件】|【打印】，就可以打印了。

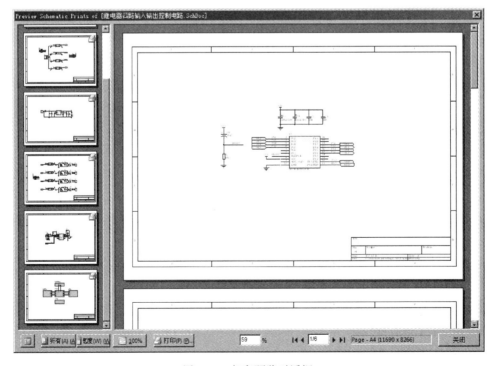

图 5-33 打印预览对话框

5.3　补充提高

1. 功能线束

功能线束（Harness）是 Altium Designer 14 中新增的一项功能，就是把一些信号线绑成一束，以方便管理及执行某个特定功能。有点像总线，但比总线的用法更灵活。在功能线束里，不仅可将单独信号线绑进来，也可把总线绑进来，还可以绑入其他功能线束（嵌套功能线束）组合成特定功能，如 RS232 线束、VGA 线束、PC 线束、USB 线束等。如此一来，对于信号的管理就方便多了，且可重复使用，就一个元件一样，电路设计也变得简单了。

将项目四的原理图按照功能进行模块划分，以层次图来设计。如图 5-34 所示，单片机方块电路图和存储器方块电路图通过 SPI 总线的 4 根线实现连接。采用功能线束可以简化电路的绘制，如图 5-35 所示。使用功能线束使得层次图的连接更简练，逻辑性更强。

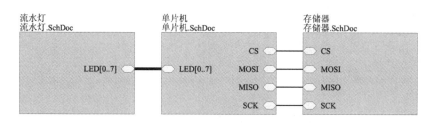

图 5-34　未使用功能线束的方块电路图

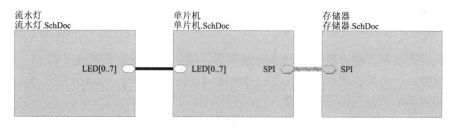

图 5-35　使用功能线束的方块电路图

功能线束系统由信号线束（Signal Harness）、功能线束连接器（Harness Connector）、功能线束入口（Harness Entry）及功能线束定义文档（Harness Definition File）构成。其中，信号线束是功能线束连接器与输入/输出端口、方块电路图进出口的连接线。功能线束连接器是将信号线、总线或其他功能线束绑在一起的接头，当然，这可能是虚拟的连接器。功能线束入口是一般信号线、总线或其他功能线束进出功能线束连接器的端点。功能线束定义文档是定义此功能线束的文档，这个文档将自动产生。

（1）功能线束连接器　功能线束连接器可以说是整个功能线束系统的灵魂。进入功能线束连接器的绘制有以下四种方法。

方法一：单击主工具栏中的【放置线束连接器】按钮 。

方法二：执行菜单命令【放置】|【线束】|【线束连接器】。

　　方法三：在原理图空白处单击鼠标右键，在弹出的快捷菜单中执行菜单命令【放置】|
【线束】|【线束连接器】。

　　方法四：使用快捷键＜P＞+＜H＞+＜C＞。

　　此时光标变成十字形，进入绘制功能线束连接器状态，光标上将出现一个浮动的连
接器，按下＜Tab＞键，打开【套件连接器】对话框。在对话框中，将【线束类型】设置为
SPI，如图5-36所示。单击【确定】按钮，完成线束连接器属性的设置。将光标移至编辑区
域合适的地方，单击鼠标左键两次，分别确定连接器的位置和大小，一个连接器绘制结束。
此时仍处于绘制状态，可继续绘制连接器。若要退出绘制连接器状态，只需单击鼠标右键或
者按＜Esc＞键即可。

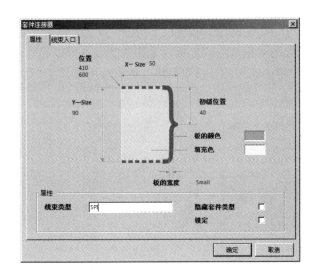

图5-36　套件连接器对话框　　　　　　　　　　图5-37　选中功能线束连接器

　　若要调整连接器，单击鼠标左键选中连接器，则该连接器将出现8个控点，如图5-37
所示，拖拽控点，可调整连接器的大小。光标移至连接器上方时会变成十字箭头形状，此时
可以移动连接器，调整连接器的位置。

　　双击已经放置的连接器，打开图5-36所示的【套件连接器】对话框。对话框中的各项属
性含义如下：

　　【位置】：设置功能线束连接器所在位置的坐标。

　　【X - Size】和【Y - Size】：设置功能线束连接器的宽度和高度。

　　【初级位置】：设置线束连接器的线束连接点位置。

　　【板的颜色】：设置功能线束连接器的框线颜色。指向色块，单击鼠标左键，即可指定
颜色。

　　【填充色】：设置连接器内部填充色的颜色。指向色块，单击鼠标左键，即可指定颜色。

　　【板的宽度】：设置功能线束连接器的框线粗细。

　　【线束类型】：设置功能线束连接器的形式。其实就是其名称，所以定义形式时，最好
能从字面上看出其功能。

　　【隐藏套件类型】：设置不显示该功能线束连接器的名称。

　　【锁定】：设置功能线束连接器被锁定。选中此项，若要移动此功能线束连接器，软件

将要求确认。

另外，在对话框里还有【线束入口】选项卡，其中列出已设置的功能线束入口。对于新增的功能线束连接器而言，该页是空白的。

（2）功能线束入口　功能线束入口是一般信号线、总线或其他功能线束与功能线束连接器相连接的端点。放置功能线束入口有以下四种方法。

方法一：单击主工具栏中的 按钮。

方法二：执行菜单命令【放置】|【线束】|【线束入口】。

方法三：在原理图空白处单击鼠标右键，在弹出的快捷菜单中执行菜单命令【放置】|【线束】|【线束入口】。

方法四：使用快捷键＜P＞＋＜H＞＋＜E＞。

此时光标变成十字形，进入放置功能线束入口状态，光标上将出现一个浮动的线束入口，将光标移至要放置线束入口的功能线束连接器处，按下＜Tab＞键，打开图5-38所示的【套件入口】对话框。在对话框中将【名称】设置为"CS"，【线束类型】设置为"SPI"，如图5-38所示。单击【确定】按钮，完成线束入口属性的设置。移动光标到适当的位置单击鼠标左键，一个线束入口放置结束。此时仍处于放置状态，可继续放置线束入口。若要退出放置线束入口状态，只需单击鼠标右键或者按＜Esc＞键即可。

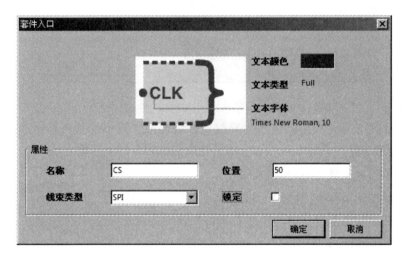

图5-38　套件入口对话框

对话框中的各项属性含义如下：

【文本颜色】：设置功能线束入口的颜色。指向色块，单击鼠标左键，即可指定颜色。

【文本类型】：设置总线网络名称的显示方式，其中包括两个选项，【Full】选项设定显示整个字串，【Prefix】选项设定只显示名称、不显示其范围。

【文本字体】：设置线束入口名称的字体。

【名称】：设置功能线束入口的名称，即网络名称。

【位置】：设置功能线束入口的位置。

【线束类型】：设置功能线束入口所属的功能线束连接器类型，即名称。

【锁定】：设置功能线束入口被锁定。选中此项，若要移动此功能线束入口，软件将要求确认。

功能线束入口也可以在功能线束连接器里操作，双击要编辑功能线束入口的功能线束连接器，打开其属性对话框，再切换到【线束入口】，如图5-39所示，在表格中可以输入线束入口的名称和类型，若不够，可单击【添加】按钮，新增功能线束入口。若要删除某个功能线束入口，则在表格里选取后，单击【删除】按钮即可。

图 5-39　线束入口选项卡

（3）信号线束　信号线束的绘制与导线、总线类似，只不过其所连接的是功能线束连接器、输入/输出端口、图纸入口。进入信号线束的绘制有以下四种方法。

方法一：单击主工具栏中的 按钮。

方法二：执行菜单命令【放置】|【线束】|【信号线束】。

方法三：在原理图空白处单击鼠标右键，在弹出的快捷菜单中执行菜单命令【放置】|【线束】|【信号线束】。

方法四：使用快捷键 <P> + <H> + <E>。

此时光标变成十字形，进入绘制信号线束状态，绘制方法与导线一样，不再赘述。

若要编辑信号线束的属性，则指向该信号线束，双击鼠标左键，开启其属性对话框，如图5-40所示，属性设置与导线类似，不再赘述。

（4）软件默认的功能线束　软件提供不少已定义的功能线束，可让我们直接取用。当要取用软件默认的功能线束时，执行菜单命令【放置】|【线束】|【预定义的线束连接器】，打开图5-41所示的对话框。

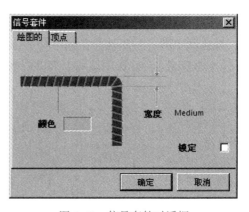

图 5-40　信号套件对话框

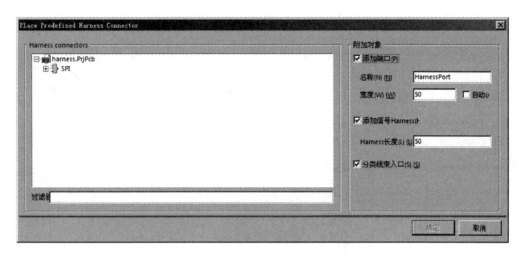

图 5-41 放置预定义的功能线束连接器

在对话框左边区块里，列出所有已定义的功能线束连接器，指向软件所提供的功能线束连接器左边的"＋"，按鼠标左键即可展开其中的功能线束连接器。右边区块所提供的设定项目，说明如下：

【添加端口】：设置所选用的功能线束，包括所连接的输入/输出端口。若选中该选项，则可在【名称】文本框里设定输入/输出端口的名称，软件默认为"Harness Port"，也就是说，输入/输出端口的名称与功能线束连接器的名称（形式）相同。【宽度】文本框里设定输入/输出端口的宽度。通常选取右边的【自动】选项，让软件自动调整宽度。

【添加信号】：设置所选用的信号线束，包括所连接的信号线束。若选中该选项，则可在【Harness 长度】文本框里设定所连接的信号线束长度。

【分类线束入口】：设置对功能线束进出点排序。

左边区块里，选中相应的功能线束，单击【确定】按钮关闭对话框，再将光标移至所要放置功能线束连接器的位置，单击鼠标左键即可完成设置，如图 5-42 所示。

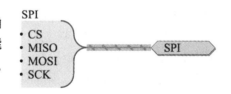

图 5-42 SPI 功能线束

2. 智能粘贴

在绘图过程中，正确地使用智能粘贴可以减少很多工作量。智能粘贴分为选择性粘贴与阵列式粘贴两种。不过，在进行智能粘贴的操作之前，必须先将所要粘贴的对象剪切或复制到剪贴板，然后执行菜单命令【编辑】|【灵巧粘贴】，或按 < Ctrl > + < Shift > + < V > 键，打开图 5-43 所示的【智能粘贴】对话框。

对话框中的【选择粘贴对象】区域指定所要粘贴的对象，依对象的来源分为上下两个表格。上面的表格里列出在编辑窗口中剪切或复制对象的类型与数目，而每项左边的复选框，可决定在进行阵列式粘贴时，是否包括该对象。下面的表格里列出在其他 Windows 软件里剪切或复制对象的类型与数目。同样，每项左边的复选框可决定在进行阵列式粘贴时，是否包括该对象。

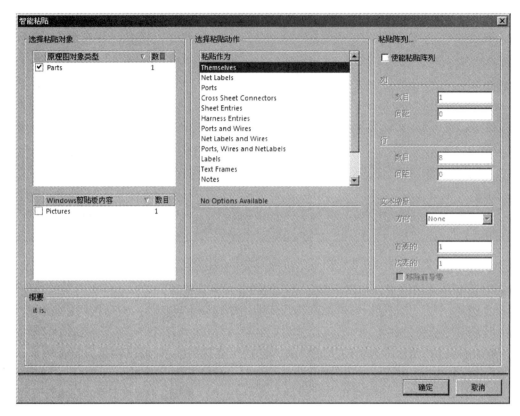

图 5-43　智能粘贴对话框

（1）阵列式粘贴（Paste Array）

【粘贴阵列】区域用于设置阵列式粘贴的相关选项。若要阵列式粘贴，必须选中【使能粘贴阵列】选项。选中该选项后，才可以进行下面的设定。

【列】区域用于设置进行阵列式粘贴时，Y 轴方向的参数。其中【数目】文本框指定在垂直方向上粘贴的数量；【间距】文本框指定阵列式粘贴的垂直间距，若从下到上排列，则间距为正值，若从上到下排列，则间距为负值。

【行】区域用于设置进行阵列式粘贴时，X 轴方向的参数。其中【数目】文本框指定在水平方向上粘贴的数量；【间距】文本框指定阵列式粘贴的水平间距，若从左到右排列，则间距为正值，若从右到左排列，则间距为负值。

【文本增量】区域是针对含有数字的网络名称、元件编号、引脚编号等，其自动增量的相关设定。其中各项含义说明如下：

【方向】：设置文字增量的方式，其中有 3 个选项，【None】选项设定不要文字增量；【Horizontal First】选项设定以水平方向的文字增量优先；【Vertical First】选项设定以垂直方向的文字增量优先。

【首要的】：设置主要增量项目的增量多少，主要增量项目如网络名称上的数字、元件编号等。在元件编辑环境里，则为引脚编号。

【次要的】：设置次要增量项目的增量多少，而次要增量项目只在元件编辑环境里才有效，也就是引脚名称上的数字。

【移除前导零】：设置若增量项目的数字部分最左边为0，则自动删除这个0。

项目四原理图中的8个LED支路就可以采用阵列式粘贴快速绘制。在阵列式粘贴之前，先绘制好第一个LED支路。随即选取整个支路并剪切，然后执行菜单命令【编辑】|【灵巧粘贴】，或按＜Ctrl＞＋＜Shift＞＋＜V＞键，打开【智能粘贴】对话框。按照图5-44进行设置，垂直方向复制8个支路，每个支路间距－30，从上往下排列，文本增量为1。设置结束后，单击【确定】按钮关闭对话框。此时光标附着一个矩形框，将光标移至适当的位置，单击鼠标左键，即可粘贴8个LED支路，如图5-45所示。

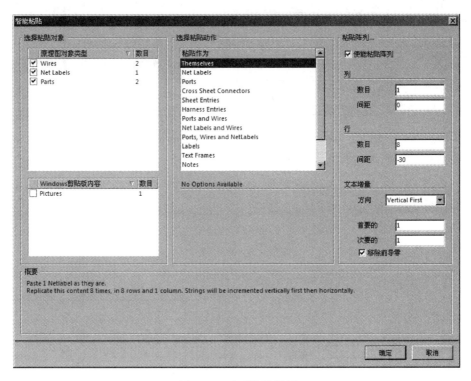

图5-44 阵列粘贴设置

（2）选择性粘贴 选择性粘贴是一种多功能的复制，这种复制并不只是一般的一对一复制，或是一对多的阵列式粘贴。另外，这种复制在操作过程中，可以将复制对象转换成其他形式的对象进行粘贴。只需在【智能粘贴】对话框中的【选择粘贴动作】区域中设定粘贴的动作即可。例如，原本是网络名称，经过选择性粘贴后，可变为输入/输出端口、方块电路图出入口等。

5.4 练习

首先绘制图5-46～图5-48所示的3张子电路图，然后按照层次式电路图和平坦式电路图的设计方式，分别绘制顶层电路图。

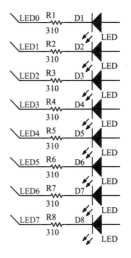

图5-45 阵列式粘贴结果

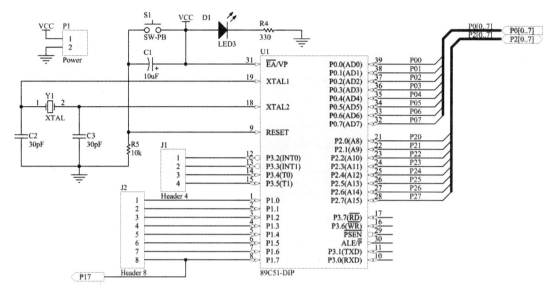

图 5-46   子电路 1 原理图

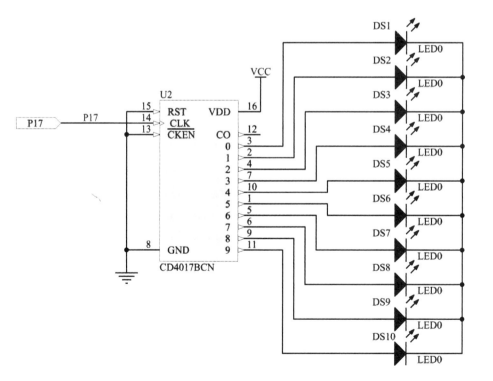

图 5-47   子电路 2 原理图

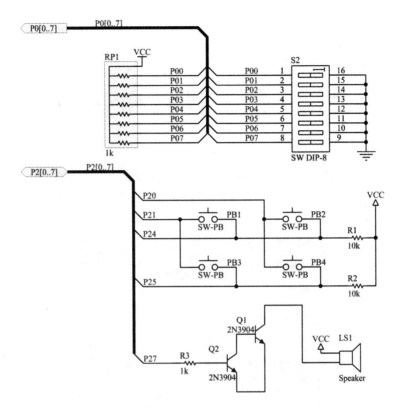

图 5-48 子电路 3 原理图

项目六

无稳态振荡电路印制板图

6.1 设计任务

1. 完成如下所示的无稳态振荡电路的印制板图设计

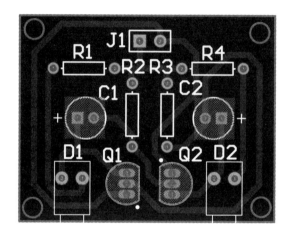

2. PCB 图绘制要求

根据项目一原理图绘制无稳态振荡电路的 PCB 图。元件属性见表 6-1。PCB 的尺寸为 1245mil×975 mil，单面板，顶层放置元件，底层布线，线宽为 30mil。电路板四周合适位置放置四个直径为 90mil 的安装孔。

表 6-1　元件属性

LibRef（元件名称）	Designator（编号）	Comment（标称值）	Footprint（封装）
Cap Pol1	C1，C2	47μF	CAPPR2－5X11
LED1	D1，D2	LED1	LED－1
Header 2	J1	Header 2	HDR1X2
2N3904	Q1，Q2	2N3904	TO－92A
Res1	R1，R4	1kΩ	AXIAL－0.3
Res1	R2，R3	5.1kΩ	AXIAL－0.3

3. 学习内容

1）新建 PCB 文件。

2）规划电路板外形尺寸。

3）加载 PCB 元件库。

4）加载网络表。

5）元件布局与调整。

6）手工绘制走线。

7）放置安装孔。

6.2 设计步骤

1. 新建 PCB 文件

打开项目一工程文件，在工程文件中新建 PCB 文件。新建 PCB 文件有三种方法。

方法一：执行菜单命令【文件】|【新建】|【PCB】。

方法二：在【Files】文件面板的【新的】栏中单击选择【PCB File】。

方法三：在【Project】工程面板中，在工程文件名上单击鼠标右键，在弹出的快捷菜单中执行菜单命令【给工程添加新的】|【PCB】，如图 6-1 所示。

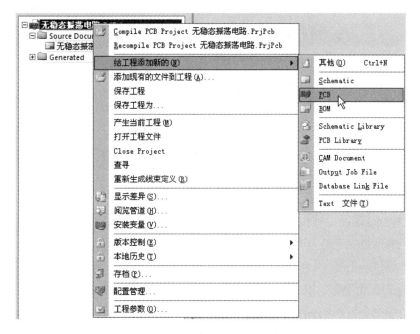

图 6-1 新建 PCB 文件菜单

新建 PCB 文件后，在设计窗口中将会出现一个名为"PCB1. PcbDoc"的空白印制电路板图，系统自动将其添加到当前打开的工程中，该印制电路板图出现在工程的【Source Document】文件夹中，如图 6-2 所示。

执行菜单命令【文件】|【保存】，或在【Project】工程面板中，在新建的原理图文件上单击鼠标右键，在弹出的快捷菜单中选择【保存】菜单命令，在弹出的文件保存对话框中设置 PCB 文件名和保存路径，即可保存新建立的 PCB 文件。

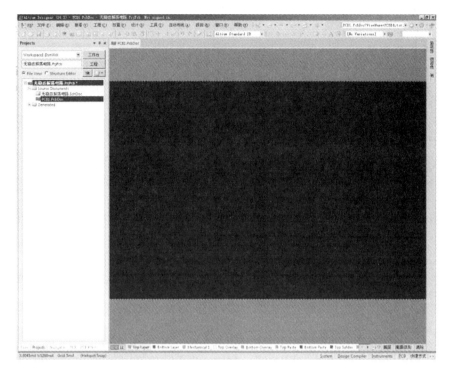

图 6-2   PCB 图编辑窗口

2. 手工规划电路板外形尺寸

设计电路板时，首先要绘制电路板框，确定电路板的外形。基本上，在任何板层上所绘制的板框，都可以切割板型。不过，为了后续电路板设计与制造，一般还是在特定板层上绘制板框外形，主要在禁止布线层（Keep-Out Layer）或机械层（Mechanical Layer）上绘制。

在编辑窗口下方，首先将工作层面切换到禁止布线层（Keep-Out Layer）。用鼠标左键单击【Keep-Out Layer】标签，即可将禁止布线层切换成当前工作层面。

手工规划电路板外形尺寸有三种方法。

方法一：执行菜单命令【编辑】|【原点】|【设置】，或在【应用工具】工具栏 中选择 按钮，光标变成十字形，在窗口适当位置单击鼠标左键，设置相对坐标原点。

然后执行菜单命令【放置】|【走线】，或在【应用工具】工具栏 中选择 按钮，光标变成十字形状，进入绘制走线状态，按快捷键 < J > 、 < L > 在打开的【Jump To Location [mil]】对话框中设置跳转目标位置的坐标，如图 6-3 所示，按回车键确认，此时工作光标跳转到原点位置，再次按回车键确认走线的起点，按快捷键 < J > 、 < L > 打开【Jump To Location [mil]】对话框设置跳转位置坐标（1245mil，0mil）后，按回车键确认，工作光标跳转到指定位置，再次按回车键确认走线的终点，一段走线绘制结束。接着进行下一段走线的绘制，按回车键确认走线的起点，按快捷键 < J > 、 < L > 打开【Jump To Location [mil]】对话框设置跳转位置坐标（1245mil，975mil）后，按回车键确认，工作光标跳转到指定位置，再次按回车键确认走线的终点，第二段走线绘制结束。以此类推，绘制另外两条走线，就可以

构成一个封闭的区域。完成后如图 6-4 所示。

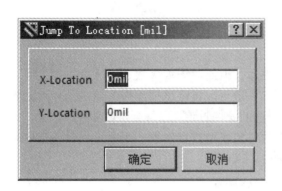

图 6-3　跳转位置设置对话框

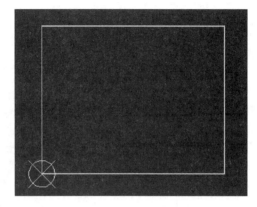

图 6-4　电路板板框外形

方法二：执行菜单命令【放置】|【走线】，进入绘制线阶段，分别绘制 4 根直线构成一个封闭区域，如图 6-5 所示。然后按照方法一将封闭区域的左下角设置为坐标原点，再分别双击 4 根直线，在打开的【轨迹［mil］】对话框中，按照电路板的尺寸设置起点和终点的坐标，如图 6-6 所示。完成后如图 6-4 所示。

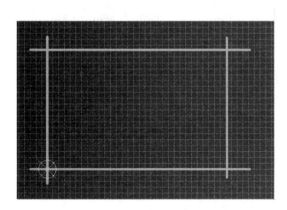

图 6-5　电路板初始外形

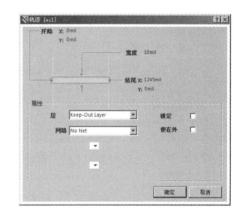

图 6-6　走线属性对话框

方法一或方法二完成电路板外形设计后，选中电路板外形，执行菜单命令【设计】|【板子形状】|【按照选择形状定义】，原来默认或已经存在的板形会变成由新边界定义的外形，如图 6-7 所示，此时板形边框是灰色，只需单击编辑窗口右下角的【清除】按钮即可恢复。

方法三：用户可以直接导入第三方工具提供的板框外形结构文件，如 AutoCAD（＊.dxf，＊.dwg）。Altium Designer 14 支持从 AutoCAD 2.5～14 的所有版本文件。

要导入一个 dxf 文件，执行菜单命令【文件】|

图 6-7　重新定义的板框外形

【导入】，从【Import File】对话框中选择 AutoCAD（ *.dxf， *.dwg ）文件类型过滤器。

一旦选中了一个有效的文件，会显示【Import from AutoCAD 】对话框，可以在其中指定导入数据的比例、位置和板层映射。

3. 加载元件封装库

由于 Altium Designer 14 采用的是集成的元件库，因此对于大多数设计来说，在进行原理图设计的同时便装载了元件的 PCB 封装模型，一般可以省略该项操作。但是同一种元件可以有多种封装形式，电路板设计时需要选择合适的元件封装，以符合实际元件的尺寸。因此在绘制原理图时，就需要在原理图中对元件的封装模型进行设置。下面以项目一中电容 C1 为例，将默认的封装 RB7.6 - 15 改成 CAPPR2 - 5X11。

在原理图中，双击元件 C1，打开 C1 的属性对话框，如图 6-8 所示。选中 "Footprint" 模型，单击【Edit】按钮修改封装，或者单击【Add】按钮添加封装。

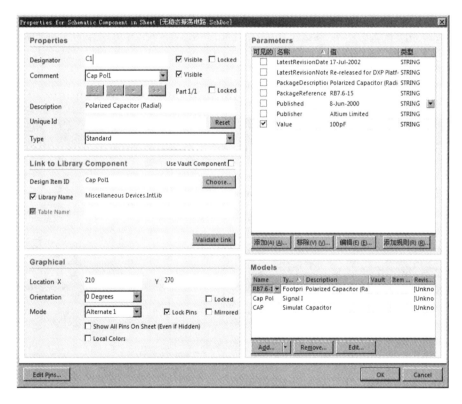

图 6-8　原理图元件属性对话框

（1）编辑封装　单击【Edit】按钮打开图 6-9 所示的【PCB 模型】对话框。【封装模型】区域列出当前封装的名称和描述。【选择封装】区域显示当前封装的 2D 外形，也可单击左下角的按钮选择 3D 外形。

【PCB 元件库】区域用于设置封装搜索的范围。有 4 个选项，其中，【任意】选项设定搜索所有可用的库来查找匹配的封装模型；【库名字】选项设定只搜索右侧文本框中指定名称的有效库来寻找匹配的封装模型，指定名称的库必须存在于可用的库列表中，或在当前参考文件夹中；【库路径】选项设定只搜索右侧文本框中指定位置的库来寻找匹配的封装模型，可以使用绝对路径，或相对于由【Library Path】选项（【Preferences】对话框的【System-Default Locations】页面）指定的文件夹的相对路径；【Use footprint from component library Miscellaneous Devices. IntLib】选项设定直接从放置该元件的集成库中查找匹配的封装模型，集成库必须在有效的位置并且可用。

　　除非明确知道元件封装所在的位置，否则一般情况下选择【任意】选项，此时【浏览】按钮变为可用。单击【浏览】按钮，打开图6-10所示【浏览库】对话框，单击【发现】按钮，打开【搜索库】对话框，设置值为"CAPPR2－5X11"，如图6-11所示，单击【查找】按钮进行搜索。

图6-9　PCB模型对话框　　　　　　　　　　　图6-10　浏览库对话框

图6-11　搜索库对话框

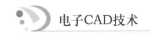

搜索的结果如图 6-12 所示，单击【确定】按钮，弹出图 6-13 所示的【Confirm】对话框，一般单击【是（Y）】按钮，将封装所在的元件库装载。

图 6-12　搜索结果

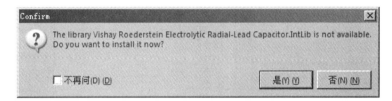

图 6-13　确认对话框

从图 6-14 可见，电容的封装已经修改成 CAPPR2－5X11，单击【确定】按钮返回。

图 6-14　封装修改结果

（2）添加封装　单击【Add】按钮，打开图 6-15 所示的【添加新模型】对话框，在列表框中选中【Footprint】，或者单击【Add】按钮右侧的 ▼ 按钮，弹出图 6-16 所示的菜单，在菜单中选中【Footprint】命令，均可打开图 6-17 所示的【PCB 模型】对话框。在对话框中添加封装与编辑封装的操作步骤一样，不再赘述。

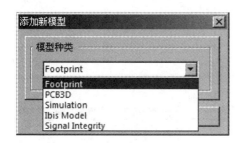

图 6-15　添加新模型对话框

图 6-16　添加新模型菜单

在原理图中设置元件封装时，将元件封装所在的元件库同时装载的话，在 PCB 编辑器中就不需要单独装载元件库了，否则，还需要单独装载该封装所在的元件库，元件封装库的添加与原理图中元件库的添加步骤相同，这里不再赘述。

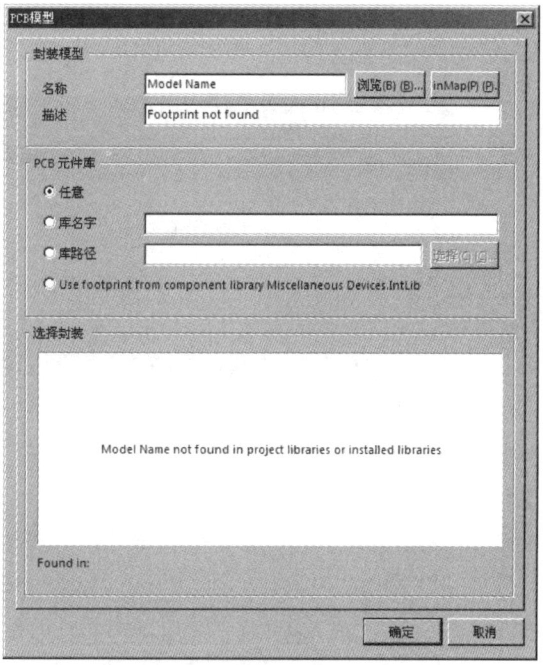

4. 加载网络表

原理图与电路板规划的工作都完成以后，就需要将原理图的设计信息传递到 PCB 编辑器中，以进行电路板的设计。在早期的 Protel 版本中，电路原理图和电路板之间是通过网络表来传送电路的信息。虽然 Altium Designer 14 实现了真正的双向同步设计，网络与元件封装的装入不需要通过网络表来传递，不过，不同厂家的电路设计软件还是通过网络表来实现电路信息传送的。

图 6-17　PCB 模型对话框

在加载网络表之前，必须在原理图中正确设置元件的封装，按照表 6-1 设置原理图中元件的封装后，执行菜单命令【设计】|【文件的网络表】|【Protel】，生成网络表。

在 Altium Designer 14 中，加载网络表的步骤如下：

执行菜单命令【工程】|【显示差异】，或在【Project】面板中，在 PCB 文件上单击鼠标右键，在弹出的快捷菜单中执行【显示差异】菜单命令，打开图 6-18 所示的【选择文档比较】对话框。

在对话框中选取左下角的【高级模式】选项，这两个列表框中分别选择 PCB 文件和网络表文件，如图 6-19 所示。单击【确定】按钮，进入图 6-20 所示的对话框。

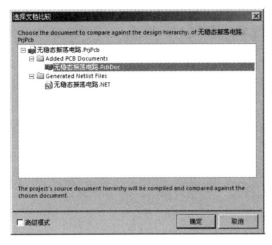

图 6-18　选择文档比较对话框　　　　　　　　图 6-19　文档比较高级模式对话框

图 6-20　差异比较结果对话框

在对话框的任意一行单击鼠标右键，在弹出的快捷菜单中执行【Update All in > > PCB Document［无稳态振荡电路 . PcbDoc］】命令，如图 6-21 所示，将网络表的信息更新到 PCB 文件中，更新结果如图 6-22 所示。

单击【创建工程变更列表】按钮，打开【工程更改顺序】对话框，如图 6-23 所示。

单击【生效更改】按钮，系统将扫描所有的更改操作项，检查能否在 PCB 上执行所有的更新操作。检查的结果在【检测】栏位列出，若可顺利进行更改，则显示绿色的，说明该更改操作项是合乎规则的；若无法顺利进行更改，则显示红色的，说明该更改操作项是

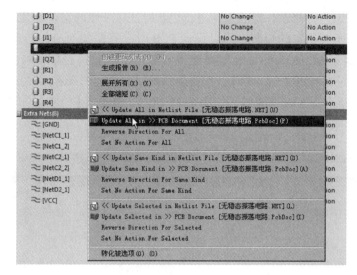

图 6-21　快捷菜单命令

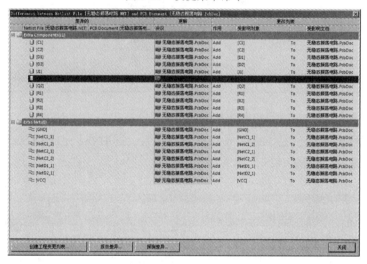

图 6-22　更新结果

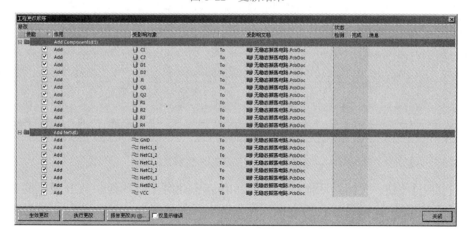

图 6-23　工程更改顺序对话框

不可执行的，需返回进行修改，然后重新进行更新验证。一般的错误都是因为元件的封装定义不正确，系统找不到指定的封装；或者设计 PCB 时没有添加对应的集成库或元件封装库造成的。如图 6-24 所示，C1 和 C2 不能添加到 PCB 中，【消息】栏位中列出更改错误的信息【Footprint Not Found CAPPR2 - 5×11】。按照提示返回到原理图查看元件封装，重新设置 C1 和 C2 的封装，重新重复上述步骤后，如图 6-25 所示，可见，【检测】栏位全部显示绿色的 ，说明所有的更改项没有错误，合乎规则。

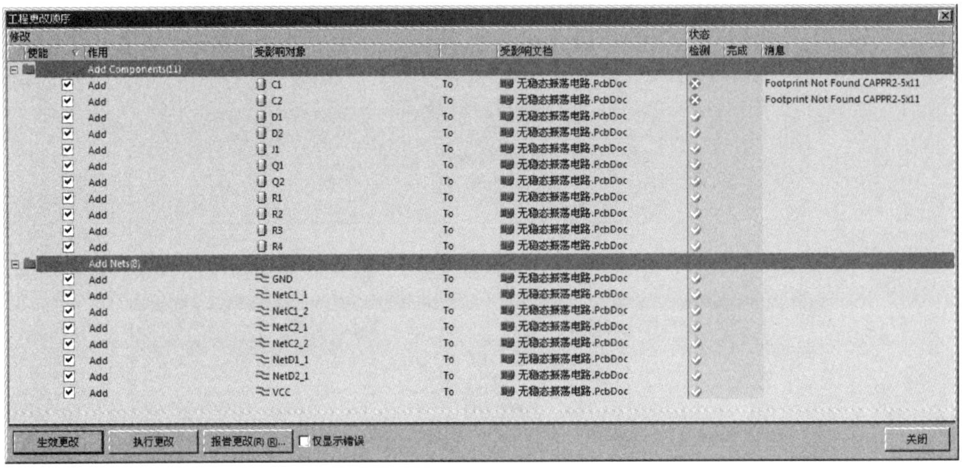

图 6-24　生效更改检测结果

单击【执行更改】按钮，系统将完成网络表的导入，同时在【完成】栏位中每一项都显示 标记提示导入成功，如图 6-25 所示。

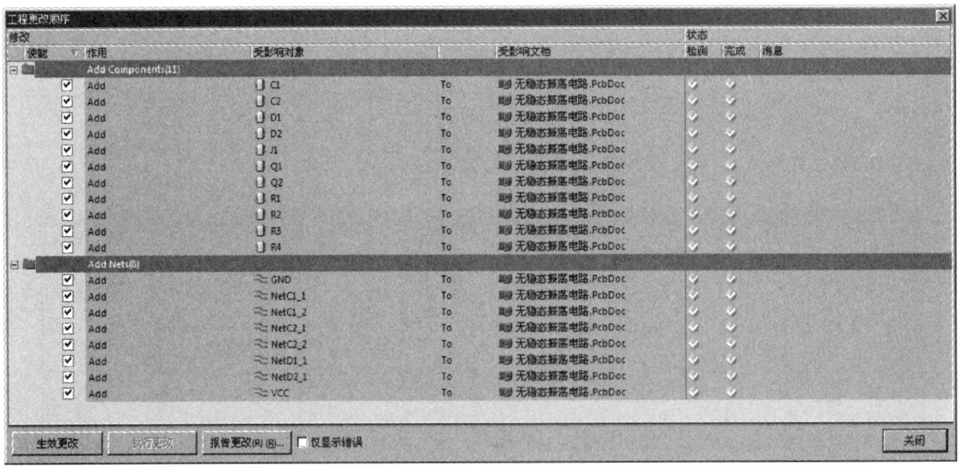

图 6-25　网络表导入完成

单击【关闭】按钮，关闭对话框。如图 6-26 所示，此时可以看到在 PCB 板框的右侧出现一个名为【无稳态振荡电路】红色的方框，导入所有元件的封装，各元件封装的焊盘之间有飞线表示连接关系，电气连接特性与原理图相同。

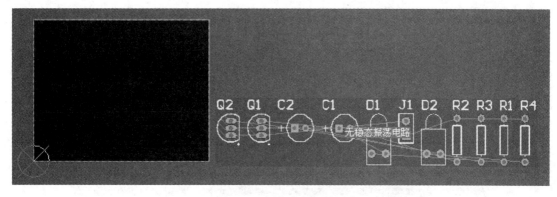

图 6-26 网络表导入结果

5. 元件布局调整

按住红色方框可以整体移动所有的元件。一般可以将该红色方框删除,不影响后面的操作。单击选中红色方框后,按 < Delete > 键删除。

执行菜单命令【编辑】|【移动】|【移动】,或在元件上按住鼠标左键移动元件。在移动元件的过程中,通过 < Space > 键改变元件的方向来布局。元件的编号也可以单独移动,操作方法和移动元件一样。布局的结果如图 6-27 所示。

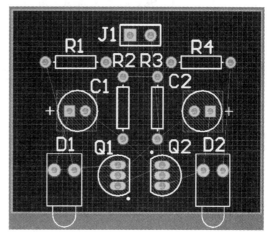

图 6-27 布局结果

6. 手工布线

(1) 交互式布线 元件布局结束后,需要通过铜膜走线将相应的焊盘连接起来。在绘制铜膜走线前,必须先将层面切换到底层(Bottom Layer)。交互式布线是针对有网络的焊盘。进入交互式布线的绘制状态有以下四种方法。

方法一:单击 PCB 图绘图工具栏上的按钮 ≈,如图 6-28 所示。

方法二:执行菜单命令【放置】|【交互式布线】。

方法三:在 PCB 图空白处单击鼠标右键,在弹出的快捷菜单中执行【交互式布线】命令。

方法四:使用快捷键 < P > + < T >。

进入交互式布线绘制状态后,光标变成十字形,将光标移到所要连接的焊盘或走线,此时出现一个八边形方框,表明光标捕捉到电气连接点,单击鼠标左键,确定走线起点,然后移动光标引出一段铜膜走线,按 < Tab > 键打开图 6-29 所示的交互式布线属性对话框。在对话框中单击【编辑宽度规则】按钮,在打开的

图 6-28 交互式布线连接按钮

线宽设置对话框中，按照图 6-30 所示将线宽设置为 30mil，确定后返回，在对话框中将【Width from user preferred value】的值设置为 30mil，单击【确定】按钮返回，可见走线的宽度变宽。在适当的位置单击鼠标左键，确定走线的端点，到达另外一个焊盘时，单击鼠标左键完成该段走线的绘制。这时，仍处于该网络的走线状态，可以将该焊盘作为新的起点，继续走线。若不想以该焊盘作为起点，单击鼠标右键或者按 <Esc> 键，即可结束该网络的布线。此时还处于交互式布线状态，可另外寻找新的网络起点，继续进行交互式布线，或再单击鼠标右键或者按 <Esc> 键，结束交互式布线状态。在交互式布线过程中，按住 <Ctrl> 键的同时单击鼠标左键，可以快速完成该段铜膜走线的绘制。

图 6-29　交互式布线属性对话框

图 6-30　线宽设置对话框

在已经放置的走线上双击鼠标左键，会打开图 6-31 所示的【轨迹】对话框。【轨迹】对话框中的各项属性含义如下：

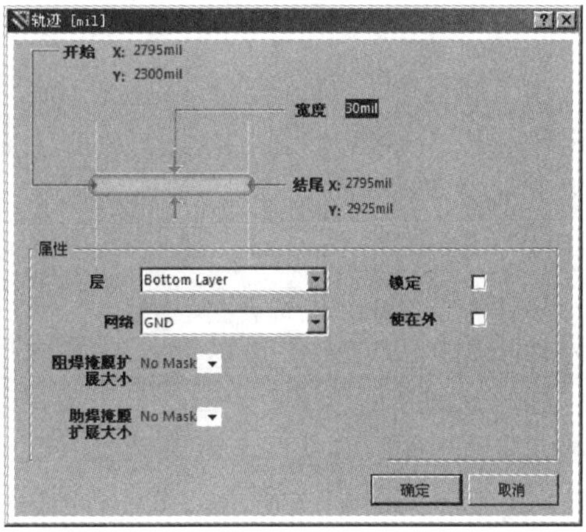

【开始 X】和【Y】：设置走线起点的 X 轴坐标和 Y 轴坐标。

【结尾 X】和【Y】：设置走线终点的 X 轴坐标和 Y 轴坐标。

【宽度】：设置走线的宽度。

【层】：设置走线所在的层面，可以在下拉列表框中选择。

【网络】：设置走线所属的网络，可以在下拉列表框中选择。

【锁定】：设置走线被锁定，使之无法被移

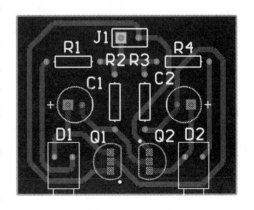

图 6-31　轨迹对话框

动。走线锁定后，移动该段走线时，会出现一个锁，表示该段走线位置被锁定，不能移动。

【使在外】：设置走线定义为禁止布线区。选取此项后走线的四周将出现粉红色边框，表示该走线上不能放置元件。

【阻焊掩膜扩展大小】：设置走线阻焊层的延展量，所谓阻焊层的延展量是指铜膜走线与阻焊剂之间的间距。有 3 个选项，其中【没有延展】选项设定没有延展量；【来自规则的延展量】选项设定采用设计规则所规定的延展量；【指定延展量】选项设定直接采用下面栏位所设定的延展量。

【助焊掩膜扩展大小】：设置焊点锡膏层的延展量，所谓锡膏层的延展量是指在焊点上涂上锡膏时的内缩量。对于走线而言，该属性不需设置，采用默认值即可。

（2）走线转角模式设置　布线的过程中，若需要拐弯，就要对转角模式进行设置。在布线过程按 < Shift > + < Space > 键可以改变走线模式，在 90°直角转角、45°转角、任意弧线转角、任意角度和 90°圆弧转角五种模式间循环切换。在以圆弧转角时，可以按 < Shift > + < < > 键缩短圆弧的半径，或者按 < Shift > + < > > 键增加圆弧的半径。

（3）走线调整与删除　在布线过程中，按 < Backspace > 键可取消前一段固定的走线，变成框线。

对走线的走向不满意时，可以调整走线。先用鼠标单击需要调整的走线，选取该走线，该走线分别在两端点和中间各出现一个控点。紧接着指向非控点的地方，按住鼠标左键不放，即可平移该段走线，若按住控点移动，则会改变走线端点的位置，调整到适当位置后，松开左键就可完成走线的调整。

若想删除某段走线，选取该段走线后，直接按 < Del > 键即可删除。

按照绘制走线的方法，在元件布局的基础上底层布线后的电路如图 6-32 所示。

图 6-32　布线结果

7. 放置安装孔

在印制板制作时，经常要用到螺钉来固定印制板或散热片等，必须在 PCB 上设置螺钉孔或者定位孔。将层面切换到禁止布线层（Keep-Out Layer），执行菜单命令【放置】|【圆环】，光标变成十字形，移动光标到适当的位置，单击鼠标左键确定圆心，然后拖动光标拉出一个圆环，单击鼠标左键完成圆环的放置。双击该圆环打开圆弧属性对话框，如图 6-33 所示，在对话框中设置圆环的半径和圆心的坐标。按照此方法在电路板四周适当的位置放置 4 个直径为 90mil 的安装孔。

图 6-33　圆弧属性对话框

8. 存盘退出

执行菜单命令【文件】|【保存】或单击主工具栏的 按钮，保存刚编辑好的 PCB 文件。

6.3　补充提高

1. PCB 的结构

一般所谓的 PCB 有单面板、双面板、多层板等。

单面板（Single-Sided Boards）是一种单面敷铜板，PCB 上元件集中在其中的一面，走线则集中在另一面上。因为走线只出现在其中的一面，所以就称这种 PCB 板为单面板（Single-Sided Boards）。在单面板上通常只有底层（Bottom Layer）敷上铜膜，元件引脚的焊接在这一面上，完成电气特性的连接，所以又称为焊接面。顶层（Top Layer）是空的，元件安装在这一面，所以又称为元件面。因为单面板在设计线路上有许多严格的限制（因为只有一面，所以布线间不能交叉而必须绕走独自的路径），布通率往往很低，所以只有早期的电路及一些比较简单的电路才使用这类的板子。

双面板是顶层（Top Layer）和底层（Bottom Layer）双面都敷有铜膜的电路板，双面都可以布线焊接，中间为一层绝缘层，是最常见、最通用的电路板。两面的电气连接主要通过焊盘（Pad）或过孔（Via）进行连接。因为两面都可以走线，大大降低了布线的难度，因此被广泛采用。

多层板就是在双面板的顶层和底层之间加上别的导电层，让多层线路叠加在一片线路板中。多层板制作时是一层一层压合的，所以层数越多，无论设计或制作过程都将更复杂，设计时间与成本都将大大提高。

简单的 4 层板是在顶层（Top Layer）和底层（Bottom Layer）的基础上增加了电源层和地线层，这一方面极大程度地解决了电磁干扰问题，提高了系统的可靠性，另一方面可以提高布通率，缩小 PCB 的面积。6 层板通常是在 4 层板的基础上增加了两个信号层 Mid-Layer1 和 Mid-Layer2。8 层板则通常包括 1 个电源层、2 个地线层和 5 个信号层（Top Layer、Bottom Layer、Mid-Layer1、Mid-Layer2 和 Mid-Layer3）。多层板的中间层（Mid-Layer）和内电层（Internal Plane）是不相同的两个概念，中间层（Mid-Layer）是用于布线的中间板层，该层均布的是信号走线，而内电层（Internal Plane）主要用于做电源层或者地线层，由大块的铜膜构成。

多层板层数的设置是很灵活的，设计者可以根据实际情况进行合理的设置。各种层的设置应尽量满足以下要求：

1）元件层的下面为地线层，它提供器件屏蔽层以及为顶层布线提供参考平面。

2）所有的信号层应尽可能与地平面相邻。

3）尽量避免两信号层直接相邻。

4）主电源应尽可能地与其对应地相邻。

5）兼顾层压结构对称。

2. 电路板层设置

在对电路板进行设计前可以对电路板的层数及属性进行详细的设置。这里所说层主要是指信号层（Signal Layers）、电源层、地线层（Internal Plane Layers）和绝缘层（Insulation Layers）。

执行菜单命令【设计】|【层叠管理】，打开图 6-34 所示的层堆栈管理对话框。在该对话框中可以增加层、删除层、移动层所处的位置及对各层的属性进行设置。

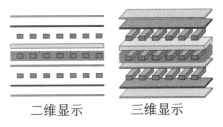

图 6-34 层堆栈管理对话框

对话框的中心显示了当前 PCB 图的板层结构。左侧是板层示意图，右侧表格是板层的属性对话框。默认设置为双层板，即只包括顶层（Top Layer）和底层（Bottom Layer）两层。选中【3D】选项，对话框中的板层示意图变化如图 6-35 所示。

单击【Add Layer】按钮在弹出的菜单中选择【Add Layer】命令添加信号层，选择【Add Internal Plane】命令添加内电层。在左侧示意图或右侧的表格中单击

二维显示　　　三维显示

图 6-35 板层二维显示和三维显示

鼠标左键选定某一层为参考层,执行添加新层的操作时,新添加的层将出现在参考层的下面。PCB 设计中最多可添加 32 个信号层、26 个电源层和地线层。各层显示与否可在【视图配置】对话框中进行设置,选中各层中的【显示】选项即可。

添加层后,单击【Move Up】按钮或【Move Down】按钮可以改变该层与其他层的相对位置。双击某一层的名称可以直接修改该层的属性,对该层的名称及厚度进行设置。选中某一层后,单击【Delete Layer】按钮即可删除该层。

单击【Presets】按钮,弹出的下拉菜单项中提供了常用不同层数的电路板层数设置,可以直接选择快速进行板层设置。在该对话框的任意空白处单击鼠标右键即可弹出一个快捷菜单。此菜单项中的大部分菜单项也可以通过对话框下方的按钮进行操作。

单击【Advanced ＞＞】按钮,对话框发生变化,增加了电路板堆叠特性的设置,如图 6-36所示。

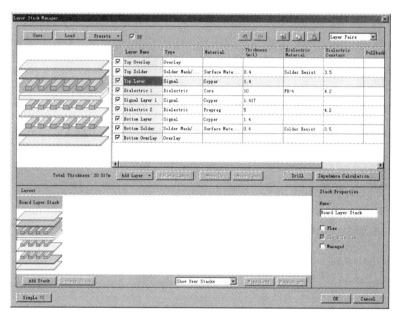

图 6-36　电路板堆叠特性的设置

电路板的层叠结构中不仅包括拥有电气特性的信号层,还包括无电气特性的绝缘层。两种典型的绝缘层主要是指填充层(Core)和塑料层(Prepreg)。层的堆叠类型主要是指绝缘层在电路板中的排列顺序,默认的 3 种堆叠类型包括 Layer Pairs(Core 层和 Prepreg 层自上而下间隔排列)、Internal Layer Pairs(Prepreg 层和 Core 层自上而下间隔排列)和 Build－Up(顶层和底层为 Core 层,中间全部为 Prepreg 层)。改变层的堆叠类型将会改变 Core 和 Prepreg 在层栈中的分布,只有在信号完整性分析需要用到盲孔或深埋过孔的时候才需要进行层的堆叠类型的设置。

3. 电路板的工作层面

Altium Designer 14 里提供了 6 种类型的工作层面。

(1) 信号层(Signal Layers)　即铜膜层,用于完成电气连接。Altium Designer 14 允许

电路板设计 32 个信号层，分别为 Top Layer、Mid Layer 1、Mid Layer2…Mid Layer30 和 Bottom Layer，各层以不同的颜色显示。

（2）中间层（Internal Planes） 也称内部电源与地线层，也属于铜膜层，用于建立电源和地线网络。系统允许电路板设计 16 个中间层，分别为 Internal Layer1、Internal Layer2…Internal Layer16，各层以不同的颜色显示。

（3）机械层（Mechanical Layers） 用于描述电路板机械结构、标注及加工等生产和组装信息所使用的层面，不能完成电气连接特性，但其名称可以由用户自定义。系统允许 PCB 设计包含 16 个机械层，分别为 Mechanical Layer 1、Mechanical Layer2…Mechanical Layer16，各层以不同的颜色显示。

（4）掩膜层（Mask Layers） 用于保护铜膜走线，也可以防止焊接错误。系统允许 PCB 设计包含 4 个掩膜层，即 Top Paste（顶层锡膏防护层）、Bottom Paste（底层锡膏防护层）、Top Solder（顶层阻焊层）和 Bottom Solder（底层阻焊层），分别以不同的颜色显示。

在 PCB 布上铜膜走线后，还要在顶层和底层上印制一层阻焊层（Solder Mask），它是一种特殊的化学物质，通常为绿色。该层不粘焊锡，防止在焊接时相邻焊接点的多余焊锡短路。阻焊层将铜膜走线覆盖住，防止铜膜在空气中氧化，但是在焊点处留出位置，并不覆盖焊点。

对于表面贴装的电路板，根据表面贴装的工艺，Altium Designer 14 提供了锡膏防护层（Paste Mask）。锡膏防护层为非布线层，该层用来制作钢网，而钢网上的孔就对应着电路板上的表面贴装元件（SMD）的焊盘。在表面贴装元件（SMD）焊接时，先将钢网盖在电路板上（与实际焊盘对应），然后将锡膏涂上，用刮片将多余的锡膏刮去，移除钢网，这样 SMD 的焊盘就加上了锡膏，之后将 SMD 贴附到锡膏上去（手工或贴片机），最后通过回流焊机完成 SMD 的焊接。

（5）丝印层（Silkscreen Layers） 也称图例（Legend），通常该层用于放置元件标号、文字与符号，以标示出各元件在电路板上的位置。系统提供有两层丝印层，即 Top Overlay（顶层丝印层）和 Bottom Overlay（底层丝印层）。

（6）其他层（Other Layers）

1）Drill Guides（钻孔）和 Drill Drawing（钻孔图）：用于描述钻孔图和钻孔位置。

2）Keep-Out Layer（禁止布线层）：用于定义布线区域，基本规则是元件不能放置于该层上或进行布线。只有在这里设置了闭合的布线范围，才能启动元件自动布局和自动布线功能。

3）Multi-Layer（多层）：该层用于放置穿越多层的 PCB 元件，也用于显示穿越多层的机械加工指示信息。

4. 电路板层显示与颜色设置

PCB 编辑器采用不同的颜色显示各个电路板层，以便于区分。用户可以根据个人习惯进行设置，并且可以决定是否在编辑器内显示该层。PCB 层面颜色的设置，是在【视图配置】对话框中设置。打开【视图配置】对话框有以下 4 种方法。

方法一：执行菜单命令【设计】|【板层颜色】。

方法二：在工作窗口单击鼠标右键，在弹出的快捷菜单中执行【选项】|【板层颜色】命令。

方法三：按快捷键＜L＞。

方法四：单击工作窗口层标签栏左侧的 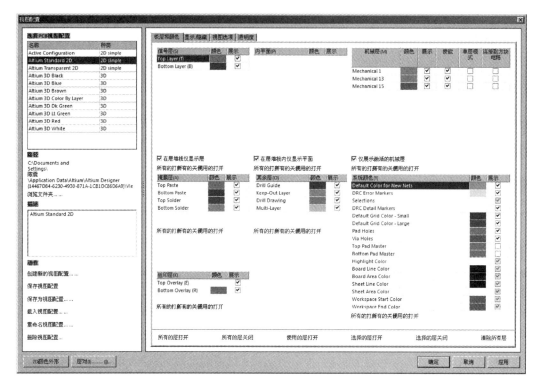 LS 颜色方块。

系统打开【视图配置】对话框，如图6-37所示。该对话框的【板层和颜色】选项卡包括电路板层颜色设置和系统默认设置颜色的显示两部分。

图6-37　视图配置对话框

【板层和颜色】选项卡中有【在层堆栈仅显示层】、【在层堆栈内仅显示平面】和【仅展示激活的机械层】3个选项，它们分别对应其上方的信号层、内平面和机械层。这3个选项决定了在【视图配置】对话框中是显示全部的层面，还是只显示图层堆栈管理器中设置的有效层面。一般为使对话框简洁明了，选中这3个选项只显示有效层面，对未用层面可以忽略其颜色设置。

在各个设置区域中，【颜色】栏位用于设置对应电路板层的显示颜色。【展示】选项用于决定此层是否在PCB编辑器内显示。如果要修改某层的颜色，单击其对应的【颜色】栏中的颜色方块，即可在打开的【2D系统颜色】对话框中进行修改。修改方法与原理图中一致，不再赘述。

单击【所有的层打开】按钮，则所有层的【展示】选项都处于选中状态。相反，如果单击【所有的层关闭】按钮，则所有层的【展示】选项都处于未选中的状态。单击【使用的层打开】按钮，则当前工作窗口中所有使用层的【展示】选项处于选中状态。在该对话框中选中某一层，然后单击【选择的层打开】按钮，即可选中该层的【展示】选项；如果单击【选择的层关闭】按钮，即可取消对该层【展示】选项的选中。如果单击【清除所有层】按钮，即可清除对话框中所有层的选中状态。

【系统颜色】区域用于设置系统显示的颜色，与层的显示与颜色设置一样，可以在后面各系统图形的颜色以及是否显示。

其实 PCB 层面显示的设置还有一个更为方便的方式，单击主界面层标签栏左边的【LS】按钮，弹出图 6-38 所示的板层显示设置菜单；执行【All Layers】命令可以显示当前所有的层；执行【Signal Layers】命令仅显示信号层；执行【Plane Layers】命令仅显示内电层；执行【NonSignal Layers】命令仅显示非信号层；执行【Mechanical Layers】命令仅显示机械层。

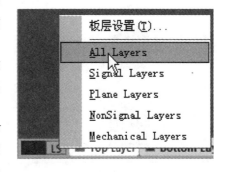

图 6-38　板层显示设置菜单

5. 电路板组成

无论多么复杂的电路板，都是由元件、铜膜走线、过孔、焊盘等电气图形组成的，下面详细介绍一下元件、焊盘、过孔与铜膜走线这几个电路板最基本的组成元素。

（1）元件（Component）　没有元件的电路板是不能实现任何电气功能的，所以元件是电路板最重要的组成元素。PCB 编辑器中的元件主要是指元件的封装，元件只能放置在电路板的顶层或是底层。

元件的封装是印制电路板设计中很重要的概念。元件的封装就是实际元件焊接到印刷电路板时的焊接位置与焊接形状，包括了元件实际的外形尺寸、所占空间位置、各引脚之间的间距等。元件封装是一个空间的概念，同一种元件可以有不同的封装，同一种封装可以用于不同的元件。因此，在制作电路板时必须知道元件的名称，同时也要知道该元件的封装形式。

1）元件封装的分类。普通元件的封装有针脚式封装和表面粘贴式封装两大类。

针脚式封装的元件必须把相应的元件引脚插入焊盘的孔中，才能进行焊接。因此所选用的焊盘必须为穿透式焊盘，焊盘板层的属性要设置成【Multi-Layer】，如图 6-39 和图 6-40 所示。

图 6-39　针脚式封装

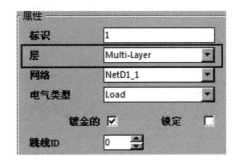

图 6-40　针脚式封装元件焊盘属性设置

表面粘贴式封装（SMT）元件的引脚焊盘没有穿孔，既可以用于电路板顶层，也可用于底层。焊盘的板层属性必须为单一层面【Top Layer】或【Bottom Layer】，如图 6-41 和图 6-42 所示。

图 6-41   表面粘贴式封装

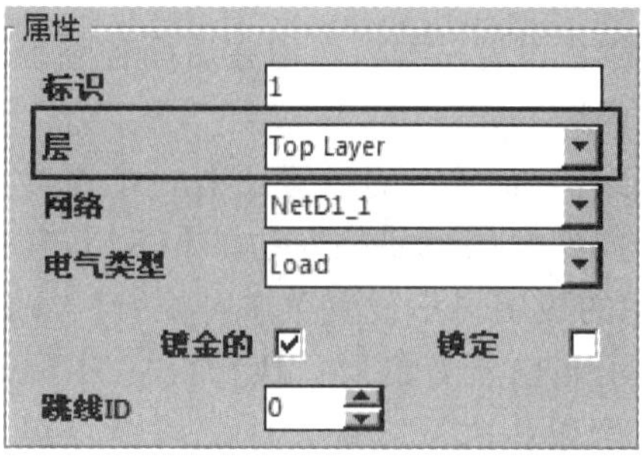

图 6-42   表面粘贴式封装焊盘属性设置

2）放置元件。放置元件的方法有三种。

方法一：执行菜单命令【放置】|【器件】。

方法二：单击布线工具栏中的 按钮。

方法三：使用快捷键 <P> + <C>。

打开【放置元件】对话框，如图 6-43 所示。

【元件详情】区域的常用设置及功能如下：

【封装】：设置封装元件的名称。可以直接输
入元件封装的名称，也可以单击右侧按钮，打开
【浏览库】对话框，如图 6-44 所示，在对话框中选
择元件封装，操作过程与原理图中一样，不再
赘述。

图 6-43   放置元件对话框

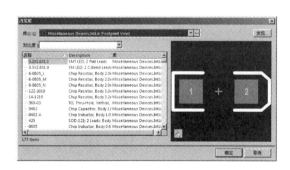

图 6-44   浏览库对话框

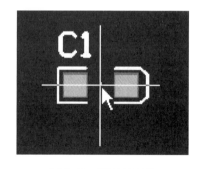

图 6-45   浮动的元件

【注释】：设置封装元件的标称值。

元件封装属性设置完成后，单击【确定】按钮，光标变成十字形，同时，光标上出现一
个浮动的元件封装，如图 6-45 所示。此时可以按 <Space> 键旋转元件的方向。移动光标到
适合的位置，单击鼠标左键，元件即可放置到电路板上。此时，光标上仍有一个浮动的元件
封装，元件编号自动加 1，系统仍处于元件放置状态，可以继续放置该元件。若想退出元件
放置状态，单击鼠标右键或按 <Esc> 键即可退出。

在元件封装处于浮动状态时按 <Tab> 键，或者在已经放置的元件封装上双击鼠标左键，
打开元件属性对话框，如图 6-46 所示。在对话框中，可以对元件封装的属性进行设置。各
项属性的含义说明如下：

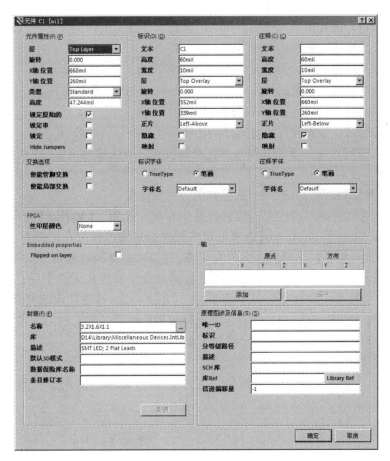

图 6-46　元件属性对话框

【元件属性】区域用于设置元件封装的一般属性。

【层】：设置元件放置的层面，只有【Top Layer】和【Bottom Layer】可选。

【旋转】：设置元件摆放的角度，可以是任意的正负值。正值为逆时针旋转，负值为顺时针旋转。

【X 轴位置】和【Y 轴位置】：设置元件摆放位置的 X 轴坐标和 Y 轴坐标。

【类型】：设置元件的类型，有 7 个选项，其中【Standard】设定元件类型是装配到电路板上的标准电气元件，总是与元件清单（BOM）同步；【Mechanical】设定元件类型是非电气元件，例如散热片或安装支架，如果同时存在于原理图和 PCB 文档中，则总会与 BOM 同步；【Graphical】设定元件类型是非电气元件，用于公司 Logo 和标题块等，不会同步或包含在 BOM 中。【Net Tie（In Bom）】设定元件类型是短路用的跳线，在布线时将两个或多个网络连接到一起，并在相同位置提供短路功能，总是同步或包含在 BOM 中；【Net Tie】设定元件类型是短路用的跳线，总是与 BOM 同步，但不包含在 BOM 中，放置此类型的元件时，使用【Design Rule Checker】对话框的【Verify Shorting Copper】选项（在 PCB 中运行 DRC 时）来验证短路与否；【Standard（No BOM）】设定元件类型是装配到电路板的标准电气元件，总是与 BOM 同步，但不包含在 BOM 中；【Jumper】设定元件类型是跳线。

【高度】：设置元件的高度，用于 3D 显示。

【锁定原始的】：设置锁定元件内部所有的图形，不能对图件的外形进行编辑。

【锁定串】：设置锁定元件内的字符串，不可移动。

【锁定】：设置锁定元件，固定元件在 PCB 中的位置，将不可移动。

【交换选项】区域用于设置元件的互换，主要是针对 FPGA 设计的。

【使能管脚交换】：设置允许元件管脚（引脚）交换。

【使能局部交换】：设置允许复合元件的功能单元交换。

【标识】和【注释】区域用于元件编号和注释的设置，该区域的设置与【元件属性】区域的内容相似，只是多出以下几项属性。

【高度】和【宽度】：设置元件编号或注释的长度和宽度。

【正片】：设置元件编号或注释的位置，其中有 9 个选项，【Manual】选项设定采用手工排列元件编号或注释；【Left-Above】选项设定将元件编号或注释放在元件左上方；【Left-Below】选项设定将元件编号或注释放在元件左下方；【Center-Above】选项设定将元件编号或注释放在元件中间上方；【Center】选项设定将元件编号或注释放在元件中间；【Center-Below】选项设定将元件编号或注释放在元件中间下方；【Right-Above】选项设定将元件编号或注释放在元件右上方；【Right-Center】选项设定将元件编号或注释放在元件右边中间；【Right-Below】选项设定将元件编号或注释放在元件右下方。

【隐藏】：设置隐藏元件编号或注释。

【映射】：设置元件编号或注释镜像（左右翻转）显示。镜像显示的效果如图 6-47 所示。

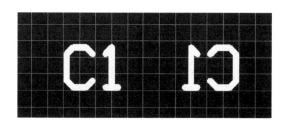

图 6-47　编号的镜像显示

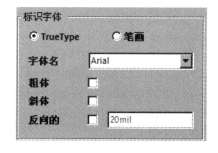

图 6-48　True Type 选项

【标识字体】和【注释字体】区域用于设置元件编号或注释的字体，可以选择【True Type】和【笔画】字体。若选中【True Type】选项，如图 6-48 所示，可以设置【字体名】、【粗体】、【斜体】和【反向的】。其中【反向的】选项是指反相字，显示效果如图 6-49 所示。若选中【笔画】选项，如图 6-50 所示，可以设置【Default】、【Sans Serif】和【Serif】3 种字体。

【封装】区域列出了元件的封装信息。

【名称】用于设置元件的封装名称，可以单击右侧的按钮打开图 6-44 所示的对话框。重新选择元件封装。

【库】：元件封装所在的元件库，不可修改。

【描述】：元件封装的描述，不可修改。

【默认 3D 模式】：元件封装默认的 3D 模型，不可修改。

图 6-49　反相字显示

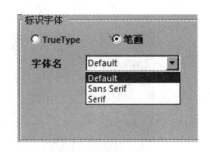

图 6-50　笔画选项

【原理图涉及信息】区域列出了与 PCB 文档对应的电路原理图的信息，因为这里是手工放置元件，所以图纸信息为空。

（2）焊盘（Pad）　焊盘（Pad）是元件封装组成的一部分，焊盘用于将元件引脚焊接固定在电路板上完成电气连接，没有焊盘的元件是不能实现其电气功能的。焊盘在电路板制作时都预先布上锡，并不被防焊层所覆盖。同时，Altium Designer 14 提供了单独的焊盘放置功能。

放置焊盘有以下三种方法。

方法一：执行菜单命令【放置】|【焊盘】。

方法二：单击布线工具栏中的 ◎ 按钮。

方法三：使用快捷键 <P> + <P>。

此时光标变成十字形，进入放置焊盘状态，光标上将出现一个浮动的焊盘。光标移至合适的位置后，单击鼠标左键即可放置焊盘。

在焊盘处于浮动状态时按 <Tab> 键，或者在已经放置的焊盘上双击鼠标左键，打开【焊盘】对话框，如图 6-51 所示。在对话框中，可以对焊盘的属性进行设置。对话框的上部为焊盘预览框，这里显示的是当前设置下焊盘的形状大小。预览框的下部有一排层标签，可以单击标签切换到相应的层。对话框各项属性的含义说明如下：

【位置】区域用于设置焊盘中心的 X 轴坐标和 Y 轴坐标值，以及焊盘摆放的角度。

【孔洞信息】区域用于设置焊孔的形状和大小。

【通孔尺寸】：设置焊孔的直径或者边长。焊孔的形状可以设置为【圆形】、【正方形】和【槽】。当设置为方孔时还需设置方孔所旋转的角度，设置为槽孔时

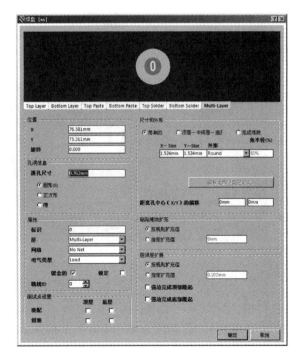

图 6-51　焊盘对话框

需设置插槽的长度，插槽的长度必须大于孔径。图 6-52 所示为各种形状的焊孔。

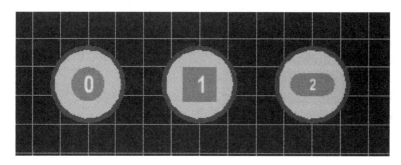

图 6-52　焊孔的形状

【属性】区域设置焊盘的电气属性。

【标识】：设置焊盘的编号，通常指元件引脚编号。

【层】：设置焊盘所在的板层，其中，【Multi－Layer】选项设定焊盘是针脚式焊盘，【Top Layer】和【Bottom Layer】选项设定焊盘是表面粘贴式焊盘。

【网络】：设置焊盘所属的网络标号。

【电气类型】：设置焊盘的电气类型，有 3 个选项，其中【Load】选项设定焊盘是信号的中间点；【Source】选项设定焊盘是信号的起点；【Tcrminal】选项设定焊盘是信号的终点。

【镀金的】：设置焊盘是否电镀。

【锁定】：设置焊盘被锁定。

【测试点设置】区域设置焊盘是否为顶层或底层的装配、组装测试点。

【尺寸和外形】区域用于设置焊盘的大小与形状，焊盘有三种设置方式：

【简单的】：在该设置方式下仅能设置焊盘的大小（【X-Size】和【Y-Size】）以及焊盘的形状（【外形】），如图 6-53 所示，系统支持【圆形】、【方形】、【八角形】和【圆角矩形】四种焊盘形状。

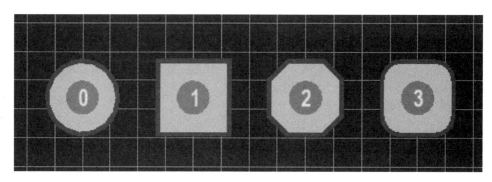

图 6-53　焊盘的形状

【顶层-中间层-底层】：该设置方式是针对多层板设计的，可以分别设置焊盘在顶层、中间层和底层的大小和形状。

【完成堆栈】：选取该设置方式将会激活【编辑全部焊盘层定义】按钮，单击该按钮弹出图 6-54 所示的【焊盘层编辑器】对话框，在对话框中可以编辑焊盘在各层的形状以及尺寸。

由于当前是双层电路板设计，所以编辑器里面只显示了顶层和底层的焊盘属性，若取消选取【只显示层栈中的层】，则编辑器将显示所有的层。

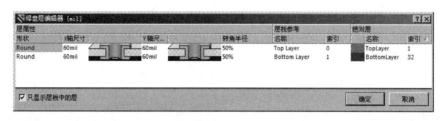

图 6-54　焊盘层编辑器对话框

【粘贴掩饰扩充】区域用于设置助焊膜的扩展模式，助焊膜延伸量是指助焊膜距离焊盘外边的距离。该属性是针对表面粘贴式焊盘而设的。其中，【按规则扩充值】选项设定根据规则设置助焊膜的延伸量；【指定扩充值】选项设定自行设置助焊膜的延伸量，并在右侧的文本框中填入设定值。

【阻焊层扩展】区域用于设置阻焊膜的扩展模式。其中，【指定扩充值】选项设定根据规则设置阻焊膜的扩展值；【指定扩充值】选项设定自行设置阻焊膜的扩展值，并在右侧的文本框中填入设定值。

【强迫完成顶部隆起】：设置在顶层强制生成突起，即顶层阻焊膜直接覆盖焊盘。

【强迫完成底部隆起】：设置在底层强制生成突起，即底层阻焊膜直接覆盖焊盘。

（3）过孔（Via）　过孔也称金属化孔。在双面板和多层板中，通过过孔连通各层之间的铜膜走线。过孔内侧一般都由焊锡连通。如图 6-55 所示，过孔分为 3 种：从顶层直接通到底层的过孔称为通孔（Thruhole Vias）；只从顶层或底层通到某一中间层面，并没有穿透所有层的过孔称为盲孔（Blind Vias）；只在内部两个中间层之间相互连接，没有穿透底层或顶层的过孔称为埋孔（Buried Vias）。

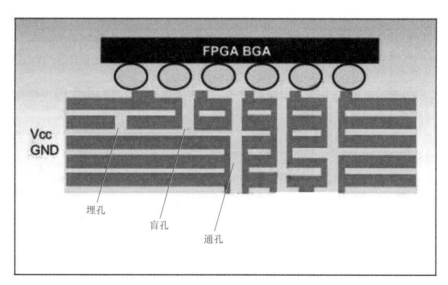

图 6-55　过孔示意图

通常过孔是布线时，切换布线板层而自动产生，以保持该走线的连接。所以过孔属于走线的一部分，不属于走线的过孔，称为自由过孔（Free Via）。

放置过孔有以下三种方法。

方法一：执行菜单命令【放置】|【过孔】。

方法二：单击布线工具栏中的  按钮。

方法三：使用快捷键 < P > + < V >。

此时光标变成十字形，进入放置过孔状态，光标上将出现一个浮动的过孔。光标移至合适的位置后，单击鼠标左键即可放置过孔。

在过孔处于浮动状态时按 < Tab > 键，或者在已经放置的过孔上双击鼠标左键，打开【过孔】对话框，如图 6-56 所示。在对话框中，可以对过孔的属性进行设置。各项属性的含义说明如下：

【直径】区域用于设置过孔的形状，与焊盘的设置一致，不再赘述。

【孔尺寸】和【直径】：设置过孔的两个尺寸，即钻孔直径和钻孔加上焊盘后的总的直径，如图 6-56 所示。

【属性】区域用于设置过孔的一般属性。

【位置 X】和【Y】：设置过孔中心的 X 轴坐标和 Y 轴坐标。

图 6-56　过孔对话框

【始层】：设置过孔起始的层面。

【末层】：设置过孔结束的层面。

【网络】：设置过孔所属的网络标号。

【测试点设置】区域用于设置制造和装配用的测试点。

【制造】：设置过孔是否为制造用的测试点。选中【顶层】选项，设定为顶层制造用的测试点；选中【底层】选项，设定为底层制造用的测试点。

【装配】：设置过孔是否为装配用的测试点。选中【顶层】选项，设定为顶层装配用的测试点；选中【底层】选项，设定为底层装配用的测试点。

【锁定】：设置焊盘被锁定，选中该选项，移动该过孔时，系统要求确认。

【阻焊掩膜层扩充】区域与焊盘的设置一致，不再赘述。

（4）铜膜走线　电路板制作时用铜膜制成铜膜走线（Track），用于连接焊盘、过孔和走线。铜膜走线是物理上实际相连的走线，有别于 PCB 布线过程中的飞线。飞线只是表示两点在电气上的相连关系，但没有实际连接。

（5）各类图形对象的显示方式　在设计中为了更加清楚地观察元件的布局或走线，往往也需要隐藏某一类的图形对象。打开【视图设置】对话框，并切换到【显示/隐藏】选项卡，如图 6-57 所示，可以设置各类图形对象的显示方式。

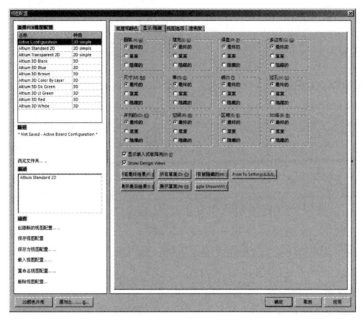

图 6-57　显示/隐藏选项卡

如图 6-57 所示，PCB 设计环境中的图形对象分为 12 种。其中【圆弧】是指 PCB 文件中的所有圆弧状走线；【填充】是指 PCB 文件中的所有填充区域；【焊盘】是指 PCB 文件中所有元件的焊盘；【多边形】是指 PCB 文件中的覆铜区域；【尺寸】是指 PCB 文件中的尺寸标示；【串】是指 PCB 文件中的所有字符串；【线】是指 PCB 文件中的所有铜膜走线；【过孔】是指 PCB 文件中的所有导孔；【并列的】是指 PCB 文件中的所有坐标标示；【空间】是指 PCB 文件中的所有空间类图形对象；【区域】是指 PCB 文件中的所有区域类图形对象；【3D 体】是指 PCB 文件中的所有 3D 图形。每种对象的显示有 3 个选项，其中【最终的】选项设定以正常模式显示，多为实心显示；【草案】选项设定以草图模式显示，多为空心显示；【隐藏的】选项设定不显示。

6. PCB 布局原则

（1）PCB 布局思路　在 PCB 设计中，布局是一个重要的环节。布局的好坏将直接影响布线的效果，因此可以认为合理的布局是 PCB 设计成功的第一步。

在 PCB 布局过程中，首先，考虑的是 PCB 尺寸大小。其次，放置有结构定位要求的器件，如板边的接插件。然后，根据电路的信号流向及电源流向，对各电路模块进行预布局。最后，根据每个电路模块的设计原则进行全部元件的布局工作。

（2）特殊元件的布局原则　在确定特殊元件的位置时要遵守以下原则：

1）尽可能缩短调频元件之间的连线长度。设法减少它们的分布参数和相互间的电磁干扰。易受干扰的元件不能相互挨得太近，输入元件和输出元件应尽量远离。

2）某些元件或走线之间可能有较高的电位差，应加大它们之间的距离，以免放电导致意外短路。带强电的元件应尽量布置在人体不易接触的地方。

3）重量超过 15g 的元件，应当用支架加以固定，然后焊接。那些又大又重、发热量大的元件不宜装在 PCB 上，而应装在整机的机箱底板上且应考虑散热问题，热敏元件应远离发热元件。

4）对于电位器、可调电感线圈、可变电容器和微动开关等可调元件的布局应考虑整机的结构要求。

5）应留出 PCB 的定位孔和固定支架所占用的位置。

（3）模块化布局原则　实现同一功能的相关电路称为一个电路模块，根据电路模块对电路的全部元件进行布局时，要符合以下原则：

1）按照电路中各功能单元的位置，布局要便于信号流通并使信号尽可能保持一致方向。

2）以每个功能单元的核心元件为中心，围绕它们来进行布局。元件应均匀、整齐、紧凑地排列在 PCB 上，尽量减少和缩短各个元件之间的引线连接。

3）对于调频电路，要考虑元件之间的分布参数。一般电路应尽可能使元件平行排列。这样不仅美观，而且焊接容易，易于批量生产。

4）位于 PCB 边缘的元件，如果生产时考虑加工艺边，则元件离 PCB 边缘一般不小于2mm；如果没有工艺边，则元件离 PCB 边缘尽量大于 5mm。PCB 面积尺寸大于 200mm × 150mm 时，应考虑 PCB 的机械强度。

（4）布局检查　元件布局后要进行以下严格的检查：

1）PCB 尺寸标记是否与加工图纸尺寸相符，能否符合 PCB 制造工艺要求。

2）元件在二维、三维空间上有无冲突。

3）元件布局是否疏密有间、排列整齐，是否全部放置完毕。

4）需要经常更换的元件能否方便地更换，插件板插入设备是否方便。

5）热敏元件与发热元件之间是否有适当的距离。

6）调整可调元件是否方便。

7）在需要散热的地方，是否安装了散热器，空气流动是否通畅。

8）信号流向是否通畅且互连最短。

9）插头、插座等与机械设计是否矛盾。

10）线路的干扰问题是否有所考虑。

（5）布局间距

1）SOJ、QFN、PLCC 封装元件的转接插座与其他元件的间距是否大于等于 3mm。

2）BGA 与其他元件的间距是否大于等于 3mm（最好是 5mm）。

3）PLCC、QFP、SOP 各自之间和相互之间的间距是否大于等于 2.5mm。

4）PLCC、QFN、SOJ 与 Chip、SOT 之间的间距是否大于等于 2mm。

5）QFP、SOP 与 Chip、SOT 之间的间距是否大于等于 1mm。

6）Chip、SOT 各自之间和相互之间的间距是否大于等于 0.3mm。

7. PCB 布线原则

在 PCB 设计中，布线是完成产品设计的重要步骤，可以说前面的准备工作都是为它而做的。在整个 PCB 中，以布线的设计过程限定最高、技巧最细、工作量最大。PCB 布线有单面布线、双面布线及多层布线，布线的方式也有两种：自动布线和交互式布线，在自动布线之前，可以用交互式布线预先对要求比较严格的线进行布线，输入端与输出端的边线应避免相邻平行，以免产生反射干扰。必要时应加地线隔离，两相邻层的布线要互相垂直，平行容易产生寄生耦合。距 PCB 边缘 1mm 的区域内以及安装孔周围 1mm 内，禁止布线。电源线尽可能宽，不应低于 18mil，信号线宽不应低于 12mil，CPU 出入线不应低于 10mil（或8mil），线间距不低于 10mil。电源线与地线应尽可能呈放射状，信号线不能出现回环布线。

（1）电源线、地线的处理　即使整个 PCB 的布线完成得都很好，但如果电源线、地线考虑不周，因此引起的干扰会使产品的性能下降，有时甚至影响产品的成功率。所以对电源线、地线的布线要认真对待，把电源线、地线产生的噪声干扰降到最低限度，以保证产品的质量。

从事电子产品设计的工程人员大都明白地线与电源线之间的噪声产生的原因，现只对降低或抑制噪声做以下表述：

1）在电源线、地线之间加上去耦电容。单单一个电源层并不能降低噪声，因为如果不考虑电流分配，所有系统都可以产生噪声并引起问题，因此额外的滤波是需要的。通常在电源输入的地方放置一个 $1 \sim 10\mu F$ 的旁路电容，在每一个元件的电源脚和地线脚之间放置一个 $0.01 \sim 0.1\mu F$ 的电容。旁路电容起着滤波器的作用，放置在板上电源和地之间的大电容（$10\mu F$）是为了滤除板上产生的低频噪声（如 50Hz/60Hz 的工频噪声）。板上工作的元件产生的噪声通常在 100MHz 或更高的频率范围内产生谐振，所以放置在每一个元件的电源脚和地线脚之间的旁路电容一般较小（约 $0.1\mu F$）。最好是将电容放在板子的另一面，直接在组件的正下方，如果是表面贴片的电容则更好。

2）尽量加宽电源线、地线宽度，最好是地线比电源线宽，它们的关系是地线 > 电源线 > 信号线，通常信号线宽为低速板 $10 \sim 12mil$，一般高速板 $5 \sim 6.5mil$，高速高密度板 $4 \sim 5mil$，局部最细宽度可达 3mil（如 0.5mm Pitch 的 BGA 器件）。

3）用大面积铜层作为地线用，在印制板上把没被用上的地方都与地相连接作为地线用。或是做成多层板，电源和地线各占用一层。

（2）数模混合电路的共地处理　现在有许多 PCB 不再是单一功能电路（数字或模拟电路），而是由数字电路和模拟电路混合构成的。因此在布线时就需要考虑它们之间的相互干扰问题，特别是地线上的噪声干扰。数字地与模拟地与保护地要分开，并且要保持 2.5mm 间距，数字地与模拟地保持 1mm 间距。

数字电路的频率高，模拟电路的敏感度强。对信号线来说，高频的信号线应尽可能远离敏感的模拟电路器件。对地线来说，整个 PCB 对外界只有一个节点，所以必须在 PCB 内部处理模数共地的问题。而在板内部，数字地和模拟地实际上是分开的，它们之间互不相连，只是在 PCB 与外界连接的接口处（如插头等），数字地与模拟地有一点短接。请注意，只有一个连接点。也有在 PCB 上不共地的，这由系统设计决定。

依据数字地与模拟地分开的原则，低频电路的地应尽量采用单点并联接地，实际布线有困难时可部分串联后再并联接地。高频电路宜采用多点串联接地，地线应短而粗，高频组件周围尽量用栅格状大面积铜膜，保证接地线路构成死循环。

（3）载流设计　电路板上通常有很多电源转换芯片，它们给各单元模块的正常工作提供了源源不断的电源供给，这部分网络通常需要通过较大电流，按照 IPC-2221 标准，通常1oz（约 $35\mu m$）的铜厚，温升 10℃的条件下，在理想的状态下，12mil 可以通过 1A 的电流。应结合加工误差和裕量考虑，可以按表层 20mil 可通过 1A 的电流，内层减半的原则来设计。

（4）热焊盘设计　在大面积的接地中，常用元件的引脚与其连接，对连接引脚的处理需要进行综合考虑，就电气性能而言，元件引脚的焊盘与铜面全连接为好，但对元件的焊接装配就存在一些不良隐患，比如焊接需要大功率加热器，容易造成虚焊点。所以兼顾电气性能与工艺需要，做成十字花焊盘，称为热隔离（Heat Shield），俗称热焊盘（Thermal）。这样，可使在焊接时因截面过分散热而产生虚焊点的可能性大大减少。

（5）格栅化布线法　在许多CAD系统中，布线是依据网格系统决定的，网格即我们常说的栅格。网格过密，通路虽然有所增加，但步进太小，图场的数据量过大，这必然对设备的存储空间有更高的要求，同时也对计算机类电子产品的运算速度有极大的影响。而有些通路是无效的，如被元件引脚的焊盘占用的通路或被安装孔、定位孔所占用的通路等。网格过疏，通路太少，对布通率的影响极大。所以要有一个疏密合理的网格系统支持布线的进行。

标准元件两引脚之间的距离为0.1in（2.54mm），所以网格系统的基础一般就定为0.1in（2.54mm）或小于0.1in的整倍数，如0.05in、0.025in、0.02in等。在设计高速板时，通常使用线宽的倍数来作为网格，如5mil的走线，我们可以使用25mil、5mil、10mi的网格。

（6）布线检查　布线设计完成后，需认真检查布线设计是否符合设计者所制定的规则，同时也需确认所制定的规则是否符合印制板生产工艺的需求，一般检查以下几个方面：

1）线与线、线与元件焊盘、线与贯通孔、元件焊盘与贯通孔、贯通孔与贯通孔之间的距离是否合理，是否满足生产要求。

2）电源线和地线的宽度是否合适，电源线与地线之间是否紧耦合（低的波阻抗），在PCB中是否还有能让地线加宽的地方。

3）对于关键的信号线是否采取了最佳措施，如长度最短、加保护线、输入线及输出线被明显分开。

4）模拟电路和数字电路部分是否有各自独立的地线。

5）后加在PCB中的图形（如图标、注标）是否会造成信号短路。

6）对一些不理想的线型进行修改。

7）在PCB上是否加有工艺线，阻焊是否符合生产工艺的要求，阻焊尺寸是否合适，字符标志是否压在元件焊盘上，以免影响电装质量。

8）多层板中的电源地层的外框边缘是否缩小，如电源地层的铜膜露出板外容易造成短路。

6.4　练习

1. 为图1-44所示的电路原理图设计PCB图，要求：尺寸尽可能小，线宽60mil，单面板，手工布线。其中变压器的封装为TRANS，电容C1的封装为CAPR5-4X5，电容C2的封装为RAD-0.3，二极管的封装为SMC，端子的封装为HDR1X2。

2. 为图1-45所示的电路原理图设计PCB图，要求：尺寸尽可能小，电源线宽60mil，地线线宽80mil，信号线宽30mil，单面板，手工布线。其中电容的封装为RAD-0.3，端子的封装为HDR1X2，晶体管的封装为TO-92A，电阻的封装为AXIAL-0.3。

项目七

开关电源电路印制板图

7.1 设计任务

1. 完成如下所示的 NE555N 构成的开关电源电路的印制板图设计

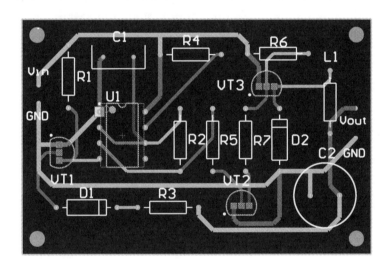

2. PCB 图绘制要求

根据项目二原理图绘制开关电源电路的 PCB 图。元件属性见表 7-1。PCB 的尺寸为 2300mil × 1500mil，双面板，顶层放置元件，顶层和底层布线，电源线和地线宽为 30mil，其余线宽 20mil。电路板四周合适位置放置四个直径为 100mil 的安装孔。

表 7-1 元件属性

LibRef（元件名称）	Designator（编号）	Comment（标称值）	Footprint（封装）
Cap	C1	Cap	RAD - 0.2
Cap Pol2	C2	Cap Pol2	RB5 - 10.5
D Zener	D1	D Zener	DIODE - 0.4
Diode	D2	Diode	DIODE - 0.4
Inductor	L1	Inductor	AXIAL - 0.4
Res2	R1，R2	10kΩ	AXIAL - 0.4
Res2	R3，R5	4.7kΩ	AXIAL - 0.4
Res2	R4	1kΩ	AXIAL - 0.4

（续）

LibRef（元件名称）	Designator（编号）	Comment（标称值）	Footprint（封装）
Res2	R6	270Ω	AXIAL - 0.4
Res2	R7	120Ω	AXIAL - 0.4
NE555N	U1	NE555N	DIP - 8
2N3904	VT1，VT2	2N3904	TO - 92A
2N3906	VT3	2N3906	TO - 92A

3. 学习内容

1）同步器更新 PCB 文件。

2）设置布线规则。

3）自动布线。

4）添加焊盘和文字标注。

5）PCB 图使用环境设置。

7.2 设计步骤

1. 新建 PCB 文件

打开项目二工程文件，在工程文件中新建 PCB 文件，命名为 "NE555 开关电源电路 . PcbDoc"。

2. 手工规划电路板外形尺寸

在禁止布线层（Keep-Out Layer）中绘制电路板的外形，尺寸为 2300mil × 1500mil。绘制完成后，选中电路板外形，执行菜单命令【设计】|【板子形状】|【按照选择形状定义】，电路板变成由新边界定义的外形。

3. 加载元件库

按照表 7-1 在原理图中正确设置元件的封装，并将元件所在的库添加到当前库中，保证原理图指定的元件封装都能够在当前库中找到。

4. 同步器更新 PCB 文件

Altium Designer 14 实现了真正的双向同步设计，网络表信息的装载不需要生成网络表，可以直接在原理图编辑器中更新 PCB 文件来实现，也可以通过在 PCB 编辑器内导入原理图的变化来完成。

在原理图中，执行菜单命令【设计】|【Update NE555 开关电源电路 . PcbDoc】，打开【工程更改顺序】对话框，如图 7-1 所示。

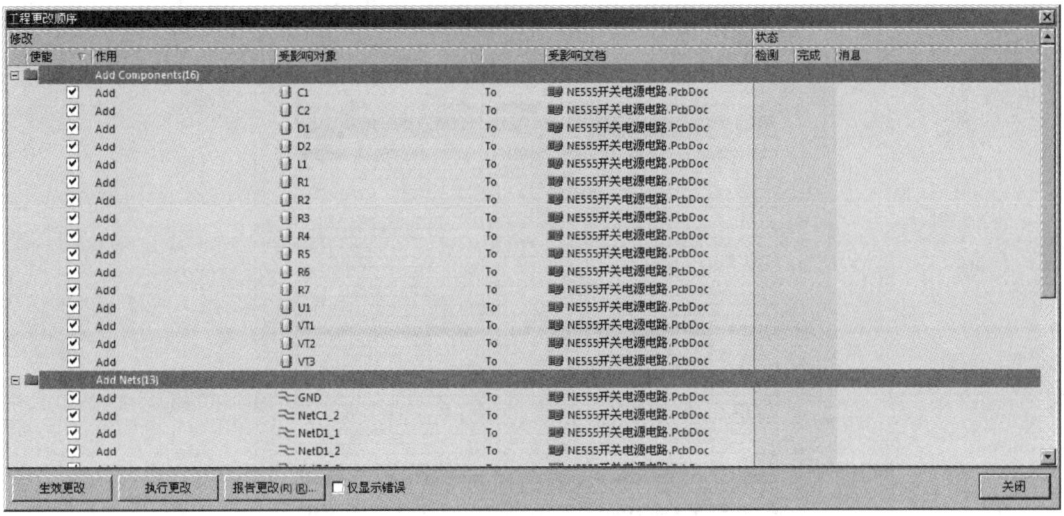

图 7-1　工程更改顺序对话框

　　单击【生效更改】按钮，系统检查所有的更改是否都有效。若有错误，返回原理图修改；若没有错误，单击【执行更改】按钮，系统将完成元件和网络的导入，如图 7-2 所示。

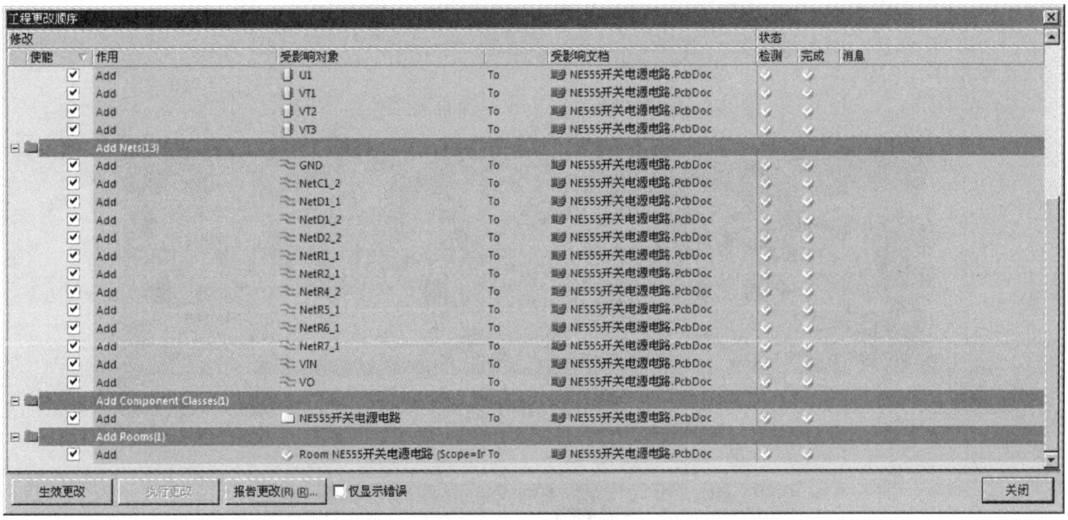

图 7-2　导入原理图信息

　　若需输出变化报告，单击【报告更改】按钮，打开图 7-3 所示的【报告预览】对话框，在对话框中可以打印输出该报告。

　　关闭【工程更改顺序】对话框，即可看到加载的网络表与元件在 PCB 图中，如图 7-4 所示。

5. 元件布局

　　Altium Designer 14 中提供了自动布局功能，但是自动布局的效果并不能令人满意，因此还是采用手动方式进行布局。通过移动和旋转元件，完成布局后的 PCB 图如图 7-5 所示。

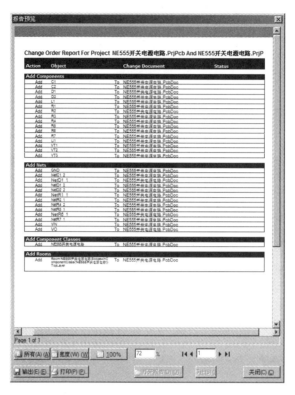

图 7-3　报告预览对话框

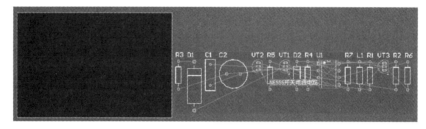

图 7-4　导入结果

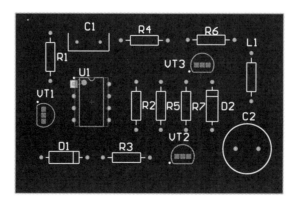

图 7-5　完成布局后的 PCB 图

除了移动和旋转以外，手动布局的过程中还有很多非常简单的基本操作，下面分别进行介绍。

（1）元件以任意角度旋转 执行菜单命令【DXP】|【参数选择】或【工具】|【优先选项】，打开系统参数设置对话框。在子目录【PCB Editor】的【General】选项卡中，调整 < Space > 键的旋转步进量，实现任意角度旋转，如图 7-6 所示。也可以直接在元件的属性对话框中修改元件的放置角度，如图 7-7 所示。

图 7-6 < Space > 键的旋转步进量设置   图 7-7 元件属性对话框

（2）改变元件放置层面 元件在移动状态下按 < L > 键，可以改变元件放置的层面。也可以直接在元件的属性对话框中修改元件所在的层面，如图 7-7 所示。

（3）对齐元件 对齐元件之前，必须先将需对齐的元件选中。执行菜单命令【编辑】|【对齐】或按 < A > 键，弹出的菜单如图 7-8 所示。执行相应的菜单命令，可以在水平和垂直方向上实现不同的对齐方式。菜单命令左侧对应的工具栏按钮在图 7-9 所示【排列工具】工具栏中可以找到。

执行菜单命令【对齐】，将打开【排列对象】对话框，如图 7-10 所示。在对话框中可同时在水平和垂直方向进行对齐排列操作。

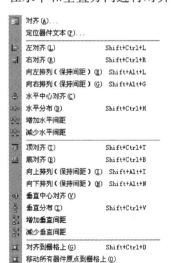
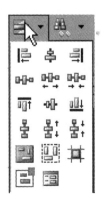
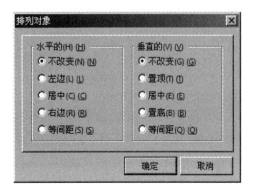

图 7-8 对齐菜单   图 7-9 排列工具工具栏   图 7-10 排列对象对话框

（4）元件自动排列　选中相应的元件，执行菜单命令【工具】|【器件布局】|【在矩形区域排列】或单击【排列工具】工具栏中的按钮，光标变成十字形，按住鼠标左键在 PCB 图上拖出一个合适矩形区域，选中的元件会自动排列到该矩形区域内。执行菜单命令【工具】|【器件布局】|【排列板子外的器件】或单击【排列工具】工具栏中的按钮，则选中的元件会自动排列到 PCB 外部。

（5）元件说明文字的调整　对元件说明文字进行调整，除了通过手工移动外，还可以通过菜单命令实现。选中相应的元件，执行菜单命令【编辑】|【对齐】|【定位器件文本】，打开图 7-11 所示的【器件文本位置】对话框。在该对话框中，可以对元件说明文字（编号和注释）的位置进行设置。该命令是对选中元件说明文字的整体编辑，每一项都有 9 种不同的摆放位置。选择合适的摆放位置后，单击【确定】按钮，即可完成元件说明文字的调整。

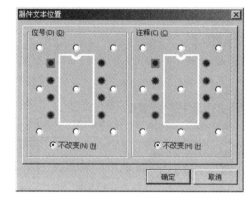

图 7-11　器件文本位置对话框

6. 设置布线规则

Altium Designer 14 PCB 编辑器在电路板的设计过程中执行任何一个操作，如放置导线、自动布线或交互布线、元件移动等，都是按照设计规则的约束进行的。因此设计规则是否合理将直接影响电路板布线的质量和成功率。

Altium Designer 14 PCB 编辑器设计规则覆盖了电气、布线、制造、放置、信号完整性要求等，但其中大部分都可以采用系统默认的设置。

布线的规则包括布线层面、布线的优先级、导线的宽度、拐角模式、过孔孔径类型和尺寸等。一旦这些参数设定后，自动布线器就会根据这些参数进行相应的布线。所以，布线规则的设置决定着自动布线的好坏，用户必须认真设置。

在 PCB 的编辑环境中，执行菜单命令【设计】|【规则】，将打开【PCB 设计规则及约束编辑器】对话框，如图 7-12 所示。在该对话框中，PCB 编辑器将设计规则分为 10 大类，左侧以树状形式显示设计规则的类别，右侧显示对应规则的设置属性。

在左侧树形结构中，单击【Routing】前面的"＋"号，展开布线规则，可以看到有 8 项子规则，如图 7-12 所示。单击子规则前面的"＋"号，展开子规则当前所包含的规则，单击规则或者子规则名称，右侧窗口会以表格的形式列出当前规则或子规则所包含的具体规则。在左侧树形结构中单击具体规则的名称或者在右侧窗口中双击规则，都可以打开规则的设置界面。在左侧树形结构中单击规则名称【Width】，右侧窗口显示规则的设置界面，如图 7-13 所示。

布线宽度规则主要用于设置 PCB 布线时，铜膜导线允许的宽度，有【最大宽度】、【最小宽度】和【首选尺寸】之分。最大宽度和最小宽度确定了导线的宽度范围，而首选尺寸则是导线放置时系统默认采用的宽度值，它们的设置都是在【约束】区域内完成，如图 7-13 所示，将最大宽度、最小宽度和首选尺寸都设置成 20mil。

如图 7-14 所示，在子规则【Width】上单击鼠标右键，在弹出的快捷菜单中执行【新规

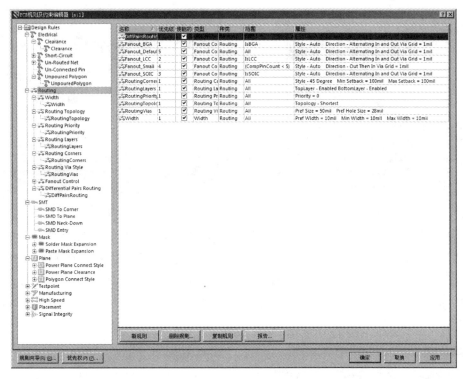

图 7-12 PCB 设计规则及约束编辑器对话框

图 7-13 布线宽度规则设置界面

则】菜单命令，或者选中子规则【Width】后，单击右侧窗口下方的【新规则】按钮，新增一个布线宽度规则【Width_1】。打开规则【Width_1】的设置界面，在【Where The First Object Matches】区域内选取【高级的（查询）】，单击右侧的【查询构建器】按钮，打开【Building Query from Board】查询构建器对话框，如图 7-15 所示。

图 7-14　规则快捷菜单

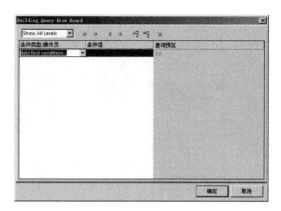

图 7-15　查询构建器对话框

单击【条件类型/操作员】下方单元格右侧的按钮，在弹出的列表框中选中【Belongs to Net】，然后单击右侧的单元格，在弹出的列表框中选取【GND】，如图 7-16 所示。然后单击【Add another condition】，同样选中【Belongs to Net】，在右侧的单元格中选取【VIN】，同样的方法再选取【VO】，如图 7-17 所示。单击【AND】，改成【OR】，如图 7-18 所示。单击【确定】按钮返回。

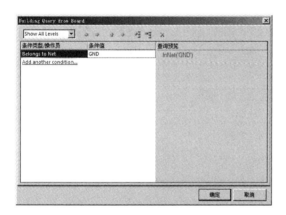

图 7-16　设置一个查找范围

图 7-17　设置其他查找范围

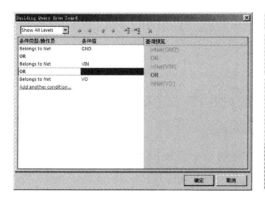

图 7-18　设置查找范围的关系

图 7-19　设置线宽

在设置界面中将最大宽度、最小宽度和首选尺寸都设置成 30mil, 如图 7-19 所示。单击窗口左下角的【优先权】按钮, 打开图 7-20 所示【编辑规则优先权】对话框, 在对话框中选中规则【Width_1】, 单击左下角的【增加优先权】按钮, 将规则【Width_1】的优先级设置为 1, 即优先级别最高。单击【关闭】按钮返回。

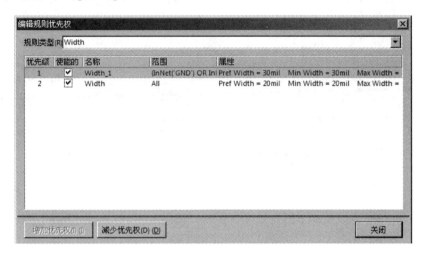

图 7-20 编辑规则优先权对话框

这样当前 PCB 文件就定义了 2 个布线宽度规则, 电源线和地线的线度为 30mil, 而其余网络的线宽 20mil, 如图 7-21 所示。

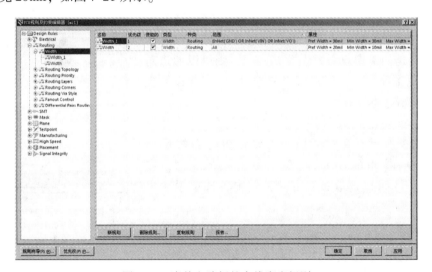

图 7-21 当前电路板的布线宽度规则

7. 自动布线

(1) 设置 PCB 自动布线策略 执行菜单命令【自动布线】|【设置】, 打开图 7-22 所示【Situs 布线策略】对话框。在该对话框中可以设置自动布线策略。布线策略是指印制电路板自动布线时所采取的策略, 如探索式布线、迷宫式布线、推挤式拓扑布线等。其中, 自动布线的布通率依赖于良好的布局。

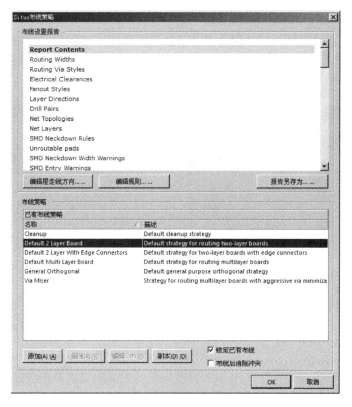

图 7-22 Situs 布线策略对话框

通常，采用对话框中的默认设置即可自动实现 PCB 的自动布线，但是如果用户需要设置某些项，则可以通过对话框中的各操作项实现，用户可以分别设置【布线设置报告】和【布线策略】选项组。

单击【编辑层走线方向】按钮，打开【层说明】对话框，如图 7-23 所示。在对话框中可以设置各布线层面的布线方向，在【当前设定】栏位中单击鼠标左键，在弹出的列表框中可以选取布线方向，其中各选项说明见表 7-2。

图 7-23 层说明对话框

表 7-2 布线方向选项

走线方向	说　　明	走线方向	说　　明
Not Used	不可布线	4 O'Clock	四点钟方向走线
Horizontal	以水平走线为主	5 O'Clock	五点钟方向走线
Vertical	以垂直走线为主	45 Up	向上45°走线
Any	可任意角度走线	45 Down	向下45°走线
1 O'Clock	一点钟方向走线	Fan Out	扇出式走线
2 O'Clock	两点钟方向走线	Automatic	自动模式
3 O'Clock	三点钟方向走线		

图 7-22 中【布线策略】区域用于设置布线策略，在下面表格里，列出 6 项默认的布线策略。其中，【Cleanup】布线策略是软件默认的布线策略，其实就是"拉直、拉直、再拉直"的整理布线，以减少不必要的转弯；【Default2 Layer Board】布线策略是软件默认的双层板布线策略，其中包括 SMD 焊点扇出到电源板层、记忆式布线、按板层布线、方向布线、主要布线、推挤式布线、整理布线等动作；【Default2 Layer With Edge Connectors】布线策略也是软件默认的双层板布线策略，主要是针对有边缘连接器（金手指）的电路板布线，其中包括 SMD 焊点扇出到电源板层、记忆式布线、SMD 焊点扇出到信号板层、按板层布线、方向布线、主要布线、推挤式布线、整理布线等动作；【Default Multi Layer Board】布线策略是软件默认的多层板布线策略，其中包括 SMD 焊点扇出到电源板层、记忆式布线、SMD 焊点扇出到信号板层、按板层布线、方向布线、多层板的主要布线、推挤式布线、整理布线等动作；【General Orthogonal】布线策略是软件默认的一般用途布线策略，其中包括 SMD 焊点扇出电源板层、记忆式布线、主要布线、推挤式布线、转角处理、转角再处理布线等动作；【Via Miser】布线策略为软件默认的精简过孔式布线策略，其中包括 SMD 焊点扇出到电源板层、记忆式布线、SMD 焊点扇出到信号板层、按板层布线、方向布线、主要布线、推挤式布线、整理布线等动作。

对默认的布线策略不允许进行编辑和删除。单击【添加】按钮，可以添加新的布线策略。如果用户已经手动布了一部分走线，且不想让自动布线处理这部分布线，则可以选中【锁定已有布线】选项。

（2）自动布线　布线规则和布线策略设置完成后，即可进行自动布线。执行菜单命令【自动布线】|【全部】，即可打开图 7-24a 所示的【Situs 布线策略】对话框，选择系统默认的【Default2 Layer Board】双层板布线策略，单击【Route All】按钮，开始自动布线。系统弹出【Message】面板，显示自动布线的状态信息，如图 7-24b 所示。

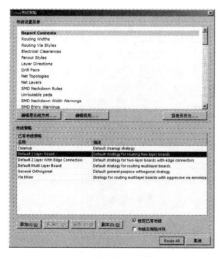

a) Situs布线策略对话框　　　　　　　　b) 自动布线的状态信息

图 7-24　自动布线

自动布线的结果如图 7-25 所示。可见，PCB 上仍有部分网络走线不合理，需要手动进行调整。

8. 添加焊盘和文字标注

PCB 没有电源输入和输出接口，需要手工添加焊盘作为输入和输出接口。执行菜单命令【放置】|【焊盘】，或者单击主工具栏上的 ⊙ 按钮，此时光标变成十字形，光标上将出现一个浮动的焊盘，按 < Tab > 键打开焊盘属性对话框，将焊盘的尺寸和网络属性按照图 7-26 进行设置。

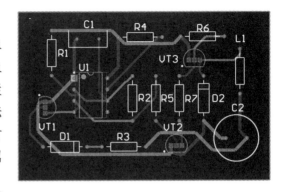

图 7-25　自动布线结果

设置结束后单击【确定】按钮，返回到 PCB 编辑窗口，移动光标到适当的位置单击鼠标左键，即可放置焊盘。可连续放置其余 3 个焊盘。放置结束后，双击焊盘改变焊盘的网络属性，分别添加到 VO 和 GND 网络。可见，焊盘通过飞线和相应的网络实现连接。随后通过手工布线将焊盘和相关的网络实现连接。

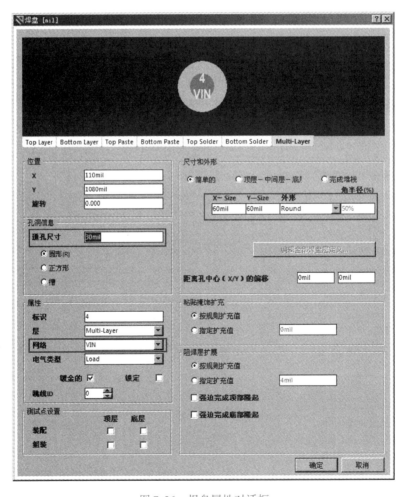

图 7-26　焊盘属性对话框

将层面切换到顶层丝印层（Top Overlay），执行菜单命令【放置】|【字符串】，或者单击主工具栏上的 按钮，分别放置字符串 Vin、Vout 和 GND 对 4 个焊盘进行标注，如图 7-27 所示。

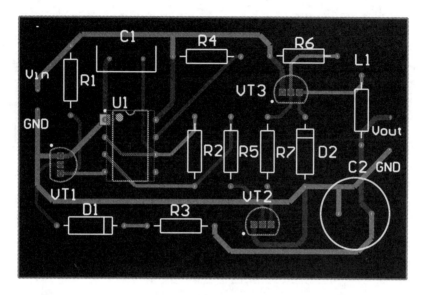

图 7-27　添加焊盘和文字标注

9. 放置安装孔

除了在禁止布线层（Keep-Out Layer）放置安装孔以外，还可以通过放置焊盘或过孔的方法来放置安装孔。执行菜单命令【放置】|【过孔】，或者单击主工具栏上的 按钮，此时光标变成十字形，光标上将出现一个浮动的过孔，按 < Tab > 键打开过孔属性对话框，如图 7-28 所示，将焊盘的直径设置为 150mil，孔尺寸设置为 100mil。单击【确定】按钮，移动光标到电路板四周适当的位置放置 4 个孔径为 100mil 的安装孔。

10. 存盘退出

执行菜单命令【文件】|【保存】或单击主工具栏的 按钮，保存刚编辑好的 PCB 文件。

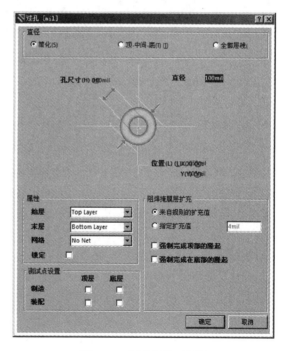

图 7-28　过孔属性对话框

7.3 补充提高

1. PCB 图使用环境设置

执行菜单命令【设计】|【板参数选项】，或在窗口的空白处单击鼠标右键，在弹出的快捷菜单中执行【设计】|【板参数选项】菜单命令，打开图 7-29 所示的【板选项】对话框。

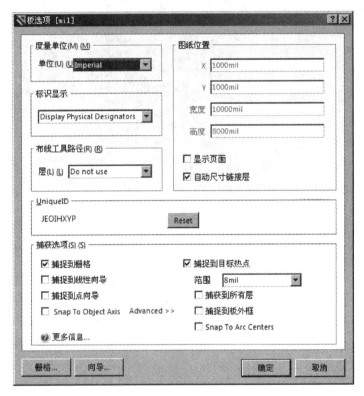

图 7-29　板选项对话框

【度量单位】区域用于设置 PCB 的度量单位，可以选择【Imperial】（英制）或【Metric】（公制）单位。

【标识显示】区域用于设置元件编号的显示方式，主要用于多通道电路设计。其中有 2 个选项，【Display Physical Designators】选项设定显示实体的元件编号；【Display Logical Designators】选项设定显示逻辑的元件编号。

【布线工具路径】区域用于设置在 3D 显示模式中显示的机械层面，列表框中默认【Do not use】选项设定在 3D 模式中不显示任何机械层面，其余的选项是在【视图配置】对话框中允许显示的机械层面。

【Unique ID】区域用于设置 PCB 的 ID，不需调整。

【图纸位置】区域用于设置 PCB 图纸的参数。

【显示页面】：设置是否显示图纸，选中该选项，则显示图纸，否则不显示图纸。

【自动尺寸链接层】：设置自定义图纸尺寸，选中该选项，上面4个选项用于设置图纸尺寸，其中【X】和【Y】选项设定图纸的左下角距离 PCB 编辑窗口左下角（绝对原点）水平方向和垂直方向的距离；【宽度】和【高度】选项设定图纸的宽度和高度。

【捕获选项】区域用于设置捕捉栅格和电气栅格。

【捕捉到栅格】：设置使能捕捉栅格。

【捕捉到线性向导】：设置使能捕获光标移动到手动放置的线向导上。

【捕捉到点向导】：设置使能捕获光标移动到手动放置的点向导上。

捕获向导是为某特定目的而手动放置的特殊对象，以使得光标捕获到某条基准线或某个点上，用于辅助对象/元件的放置。当然，也可以为布局或对齐提供视觉上的参考。

捕获向导可以是线向导或是点向导。线向导是直线，可以水平、垂直或 ±45°放置。点向导是在定义的栅格内手动标识的热点，可以更好地控制对象布局。捕获向导通过【放置】|【工作向导】子菜单来放置。

【Snap To Object Axis】：设置使能捕获到对象轴线，即动态对齐向导。选中该选项，在移动图形对象时会自动显示向导线。向导线的出现是基于光标相对于对象热点的位置而决定的。当用户在编辑窗口中移动对象时，基于已经放置对象的捕获点与光标在某一轴向上的接近程度，系统会自动生成向导。向导会拉动光标使其与对象捕获点在水平或垂直方向上对齐，如图 7-30 所示。

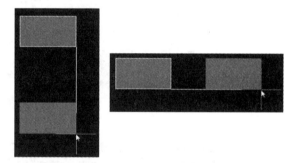

图 7-30　动态对齐向导

单击右侧的【Advanced】，如图 7-31 所示，对话框多出【高级选项–捕捉对象轴】区域，用于设置哪些不同类型的对象可以作为捕获源使用。

【近处的对象】：激活那些离用户的光标较近的设计对象作为捕获点的源对象。只要在【附近的范围】指定的距离范围内，对象的热点会拉动光标至系统生成的动态对齐向导上。

【远处的对象】：激活那些离用户的光标较远（超过指定的距离）的设计对象作为捕获点的源对象。只要在【附近的范围】指定的距离范围外，对象的热点将会拉动光标至系统生成的动态对齐向导上。

【捕捉到目标热点】：设置使能电气栅格，选中该选项，使能电气栅格，并使能下面4个选项，搜索范围在【范围】列表框中设置，【捕获到所有层】选项设定可以在所有层面搜索电气节点；【捕捉到板外框】选项设定可以捕捉到板的轮廓（这个选项对于标注 PCB 很有用）；【Snap To Arc Centers】选项设定可以捕捉到圆弧的中心点。否则，关闭搜索电气节点。

单击【栅格】按钮，或者执行菜单命令【工具】|【栅格管理器】，打开图 7-32 所示的【栅格管理器】对话框。可见，在电路板上有一个默认的捕捉栅格，名为【Global Board Snap Grid】。这是用于对象放置和移动的栅格，适用于电路板上任何没有被自定义栅格覆盖的区域。

除了默认的捕捉栅格外，还可以使用【栅格管理器】对话框定义任意数量的基于直角坐标系或极坐标系的局部栅格。通过局部栅格可以更加精确地放置设计对象，尤其是元件。使

图 7-31　高级选项–捕捉对象轴区域

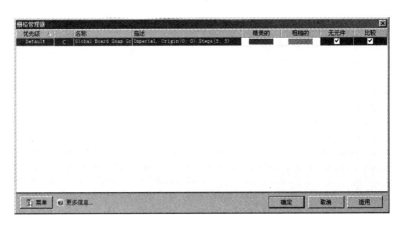

图 7-32　栅格管理器对话框

用专用的栅格编辑器可以完全自由地定制每个栅格类型，例如定义该栅格位于空间的位置、栅格的步进值、栅格的范围以及两个不同精细程度的视觉显示等。另外，自定义栅格可以选择用于元件或非元件对象，如图 7-33 所示，不选【无元件】和【比较】选项，设定栅格不显示；选中【无元件】选项，不选【比较】选项，设定栅格只有在移动元件时不显示；不选【无元件】选项，选中【比较】选项，设定栅格只有在移动元件时才显示；选中【无元件】和【比较】选项，设定栅格一直显示。

（1）卡迪尔栅格　单击【菜单】按钮，弹出图 7-34 所示的菜单，执行【添加卡迪尔栅格】菜单命令，或者直接按 < R > 键，即可创建一个新的卡迪尔类型的栅格。一个新的栅格会显示在列表中，如图 7-34 所示，初始的默认名称是【New Cartesian Grid】。

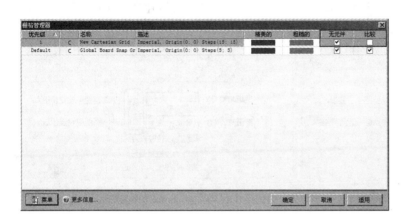

图 7-33　新增卡迪尔栅格　　　　　　　图 7-34　栅格设置菜单

双击列表中的栅格，或者单击右键，在弹出的快捷菜单中执行【属性】菜单命令，将打开【Cartesian Grid Editor】对话框，在对话框中定义栅格的属性，如图 7-35 所示。

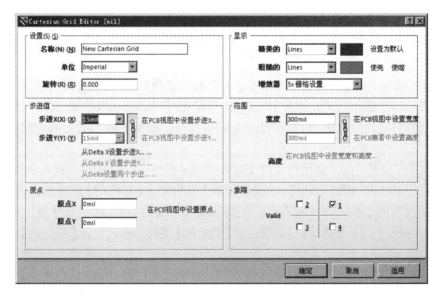

图 7-35　卡迪尔栅格属性对话框

【设置】区域用于设置栅格的一般属性。

【名称】：用于设置栅格的名称。

【单位】：用于设置栅格的度量单位，可以选择【Imperial】（英制）或【Metric】（公制）单位。

【旋转】：用于设置栅格旋转的角度。

【步进值】区域用于设置捕捉栅格的尺寸。

【步进 X】和【步进 Y】：设置栅格在 X 轴方向和 Y 轴方向的步进值，可以直接输入，或从下拉列表的常用尺寸中选择。

默认情况下，两个字段是关联的，由它们旁边一个连续的锁链图标按钮来标识，如图 7-36a 所示。在这种情况下，指定到【步进 X】字段的值都会复制到【步进 Y】字段。要想断开这个链接来单独输入步进值，单击该图标按钮即可。图标显示为断裂的锁链，【步进 Y】字段可以输入单独的值，如图 7-36b 所示。

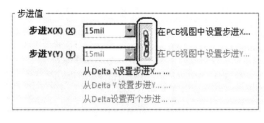

a) 连续的锁链图标

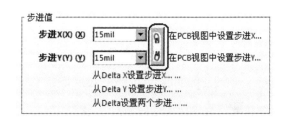

b) 断开的锁链图标

图 7-36　步进值设置

也可以单击【在 PCB 视图中设置步进 X】或【在 PCB 视图中设置步进 Y】，直接在 PCB 编辑窗口中定义 X 或 Y 的步进值。只需在编辑窗口中单击鼠标左键 2 次，指定两个用于计算的位置，对应的步进值会自动计算。

【原点 X】和【原点 Y】：设置栅格中心的 X 坐标和 Y 坐标，可以直接输入坐标值，也可以单击右侧的【在 PCB 视图中设置原点】，然后在编辑窗口中相应位置单击鼠标左键，对应的坐标值会填入相应的字段。

【显示】区域用于设置可视栅格的尺寸。有 2 种可视栅格，分别是【精美的】和【粗糙的】。2 种可视栅格有 3 种显示方式，其中【Lines】选项设定可视栅格是线状的；【Dot】选项设定可视栅格是点状的；【Do not Draw】选项设定不显示栅格。栅格的颜色通过右侧的颜色块进行设置。

【精美的】可视栅格尺寸使用定义的步进值来显示栅格。【粗糙的】可视栅格尺寸是由【增效器】指定的，有 3 个选项，其中【2×栅格设置】选项设定【粗糙的】可视栅格尺寸是【精美的】可视栅格尺寸的 2 倍；【5×栅格设置】选项设定【粗糙的】可视栅格尺寸是【精美的】可视栅格尺寸的 5 倍；【10×栅格设置】选项设定【粗糙的】可视栅格尺寸是【精美的】可视栅格尺寸的 10 倍。

【范围】区域用于设置可视栅格显示的范围，由【宽度】和【高度】来指定。默认情况下，这两个字段是链接在一起的，由一个连续的锁链图标按钮标识。在这种状态下，指定的【高度】会复制到【宽度】，形成一个正方栅格区域。要断开这个链接以便分别输入【高度】和【宽度】值，只要单击锁链图标按钮即可；也可以单击右侧的【在 PCB 视图中设置宽度】或【在 PCB 察看中设置高度】，然后在编辑窗口中单击鼠标左键 2 次，指定两个用于计算的位置，对应的高度和宽度值会自动计算。

【象限】区域用于设置可视栅格在哪些象限显示。栅格区域在所有使能的象限中都相同。

（2）极坐标栅格　单击【菜单】按钮，打开图 7-33 所示的菜单，执行【添加极坐标栅格】菜单命令，或者直接按 <P> 键，即可创建一个新的极坐标类型的栅格。一个新的栅格会显示在列表中，如图 7-37 所示，初始的默认名称是【New Polar Grid】。默认的极坐标栅格如图 7-38 所示。

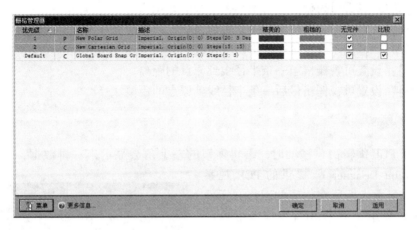

图 7-37　新增极坐标

如图 7-39 所示，极坐标栅格属性的设置与卡迪尔栅格类似，极坐标栅格特有的属性含义说明如下：

【步进值】区域设置捕捉栅格的尺寸。

【角度步进值】：设置极坐标角栅格线之间的角度，也就是捕捉栅格移动的角度。在给定的角度范围内按此值步进均匀排布角度栅格线。

【半径步进值】：设置网格线的半径。直接输入需要的尺寸，或从下拉列表的常用尺寸中选择。也可以单击【在 PCB 视图中设置半径步进值】，然后在编辑窗口中单击鼠标左键 2 次，指定两个用于计算的位置，对应的步进值会自动计算。

【角度范围】区域用于设置可视栅格的角度范围。

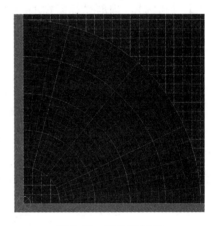

图 7-38　极坐标栅格

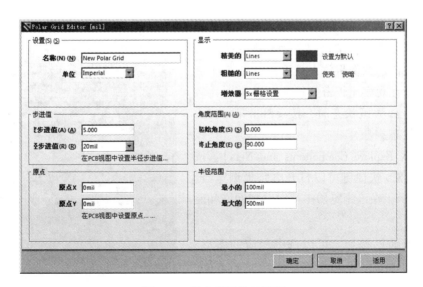

图 7-39　极坐标属性对话框

【起始角度】：设置可视栅格第一条角栅格线的起始角度。

【终止角度】：设置可视栅格最后一条角栅格线的终止角度。

【半径范围】区域用于设置可视栅格的半径范围。

【最小的】：设置可视栅格第一条半径线到原点的距离。

【最大的】：设置可视栅格最后一条半径线到原点的距离。

2. PCB 观察器

当光标在 PCB 编辑窗口移动时，编辑窗口的左上角会显示出一排数据，如图 7-40 所示。这是 Altium Designer 14 提供的 PCB 观察器，可以在线显示光标所在位置的网络和元件信息。下面来介绍一下 PCB 观察器所提供的信息：

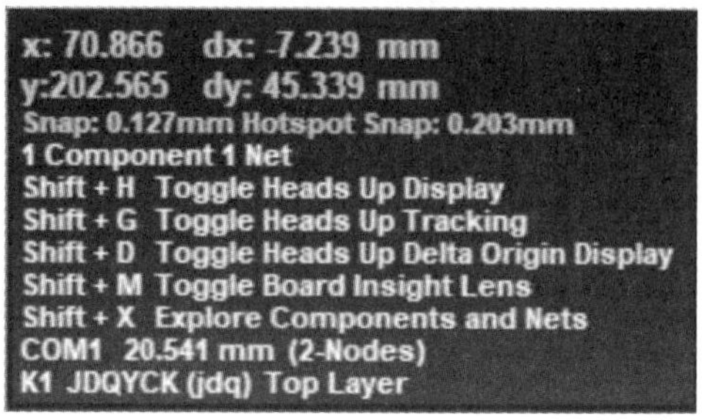

【x】和【y】：当前光标所在的位置。

【dx】和【dy】：当前光标位置相对于上次单击鼠标时位置的位移。

【Snap】：当前捕捉栅格的尺寸。

【Hotspot Snap】：当前电气栅格的尺寸。

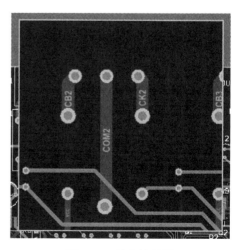

图 7-40　PCB 观察器

【1 Component 1 Net】：当前光标所在的位置有一个元件和一个电气网络。

【Shift + H Toggle Heads Up Display】：按 < Shift > + < H > 快捷键可以设置是否显示 PCB 观察器所提供的数据，按一次关闭显示，再按一次即可重新打开显示。

【Shift + G Toggle Heads Up Tracking】：按 < Shift + < G > 快捷键可以设置 PCB 观察器所提供的数据是随光标移动，还是固定在某一位置。

【Shift + D Toggle Heads Up Delta Origin Display】：按 < Shift > + < D > 快捷键设置是否显示 dx 和 dy。

【Shift + M Toggle Board Insight Lens】：按 < Shift > + < M > 快捷键可以打开或关闭放大镜工具，执行该命令后，编辑窗口中出现一个矩形区域，该区域内的图像将放大显示，如图 7-41 所示，这个功能在观察比较密集的 PCB 文档时比较有用。当处在放大镜状态时，按 < Shift + < M > 可退出放大状态。

【Shift + X Explore Components and Nets】：按 < Shift > + < X > 快捷键可以打开电路板浏览器，如图 7-42 所示，在该浏览器中可以看到网络和元件的详细信息。

单击右侧的 按钮，可以选中相应的图形，同时箭头变成蓝色。光标移到箭头按钮的右侧，会出现 按钮，单击该按钮，会打开选中图形

图 7-41　放大镜显示

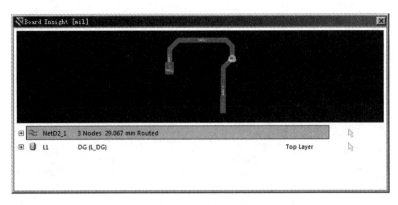

图 7-42　电路板浏览器

的属性对话框。

【COM1 20. 541mm（2-Nodes）】：当前光标所在位置的网络是 COM1 网络，网络的走线长度是 20. 541mm，一共有 2 个节点。

【K1 JDQYCK（jdq）Top Layer】：当前光标所在位置的元件是 K1，元件名称是 JDQY-CK，元件封装是 jdq，元件放置在顶层。

3. PCB 编辑器工作环境设置

在 PCB 设计系统中可以按照自己的操作习惯来设置 PCB 编辑器的工作环境。执行菜单命令【DXP】|【参数设置】，或是执行菜单命令【工具】|【优先选项】，或按快捷键 < T > + < P >，打开【参数选择】对话框，对话框中列出了 PCB 编辑器 15 大类系统参数设置，下面来分别介绍。

（1）【General】常规参数设置　【General】常规参数设置页面对电路板设计中一些常规的操作进行设定，如图 7-43 所示。

【编辑选项】区域用于电路板设计过程中操作选项的设置。

【在线 DRC】：选中该选项（强烈建议），在编辑窗口中的操作将随时受到设计规则的限制。若有违反设计规则之处，违反设计规则的图形对象将以鲜明的绿色标示，以提醒用户，排除违反设计规则的情况后，该图形对象将恢复正常显示。

【Snap To Center】：中心捕获。若选中该选项，当用鼠标左键按住图形对象时，光标将自动滑至图形对象的参考点。若是元件，光标将滑至元件的第一引脚或元件的中心。若是导线，则滑至导线的起点处。若没有选中此选项，则在元件处按住左键时，鼠标指针不会滑至参考点。

【智能元件 Snap】：若选中该选项，在用鼠标左键按住元件时，鼠标指针将滑至离光标最近处的焊盘上。只有选中【Snap to Center】选项，此选项才起作用。

【双击运行检查】：若选中该选项，则在图形对象处双击鼠标左键，即可打开检视器（Inspector），显示该图形对象的可编辑的属性，可在其中编辑其属性。若没有选中该选项，则在图形对象处双击鼠标左键，将可打开其属性对话框，可在其中编辑其属性。

【移除复制品】：若选中该选项，则删除重复的图形对象，输出到向量式装置时才有作用，例如输出到笔式绘图机时，将会把重复图形对象删除，以避免不必要的操作。

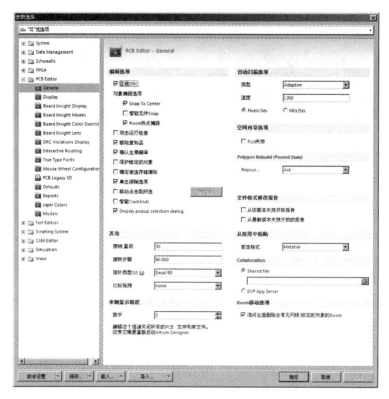

图 7-43 【General】常规参数设置页面

【确认全局编译】：若选中该选项，在进行整体编辑时，将出现确认对话框，让用户进行确认。

【保护锁定的对象】：若选中该选项，将无法移动锁定的图形对象。

【确定被选存储清除】：若选中该选项，则在清除选中的内存时，将出现确认对话框。程序提供选中存储器，让用户把选中图形对象的状态保存起来，事后可随时取回，使编辑区恢复当时的图形对象选中状态，有助于电路板编辑。

【单击清除选项】：选中该选项时，只要在编辑窗口的空白处单击鼠标左键，即可取消选中。

【移动点击到所选】：选中该选项时，在按住 <Shift> 键的同时鼠标左键单击图形对象，就可选中图形对象。选中该选项后，后面的【原始的】按钮被激活，可以单击该按钮，打开图 7-44 所示的【移动单击到所选】对话框，选择按住 <Shift> 键的同时可以选择的图形对象种类。

【智能 TrackEnds】：若选中该选项，在进行交互式布线时，若有走线穿过焊盘（未停），则该走线将以焊盘为端点分成两段。

【Display popup selection dialog】：若选中该选项，在

图 7-44 移动单击到所选对话框

选取图形对象时，若遇到重叠显示的图形对象，会弹出选择对话框，让设计者进行选择。

【其他】区域用于设置其他一些操作。

【撤销　重做】：设置撤销和重做的次数。

【旋转步骤】：设置按空格键时，浮动图形对象默认旋转的角度。

【指针类型】：设置工作光标的类型，有 3 个选项，【Large 90】选项设定跨越整个编辑区的十字形工作光标；【Small 90】选项设定小十字形工作光标；【Small 45】选项设定 45°交叉的小工作光标。

【比较拖拽】：设置元件移动的方式，有 2 个选项，【none】选项设定移动元件时，与之相连的铜膜走线不跟随移动，导致断线；【Connected Tracks】选项设定移动元件时，铜膜走线随着元件一起移动，相当于原理图编辑环境中的拖拽。

【米制显示精度】区域用于设置度量值采用公制单位时显示的精度，由【数字】选项设置精度。

【自动扫描选项】区域设置自动边移的方式和速度。自动边移是指工作光标移至编辑窗口边缘时，则编辑窗口将自动移至看不见的部分。

【类型】：设置自动边移的方式，有 7 选项，其中【Disable】选项设定关闭自动边移；【Re-Center】选项设定自动边移时每次移动半个编辑窗口的距离；【Fixed Size Jump】选项设定固定间距边移，每次移动的间距可在下面【步长】文本框中指定；【Shift Accelerate】选项设定在自动边移的同时按住＜Shift＞键使移动加速；【Shift Decelerate】选项设定在自动边移的同时按住＜Shift＞键使移动减速；【Ballistic】选项设定自动边移时会变速移动，工作光标越靠近编辑窗口边缘，移动速度越快，速度从【步长】文本框的设定值变化到【切换步骤】文本框的设定值，而按住＜Shift＞键时将直接采用【切换步骤】文本框设定的移动速度；【Adaptive】选项设定自适应边移，采用【速度】文本框所设定的速度移动，而速度的单位可在【Pixels/Sec】和【Mils/Sec】间选择。

【空间向导选项】区域中，若选中【Roll 失效】选项，将禁止导航滚动。

【Polygon Rebuild（Poured State）】区域用于设置敷铜后，当有导线与敷铜区域重叠时，是否重新敷铜。

【Repour】：设置重新敷铜的方式，有 3 个选项，其中，【Never】选项设定不会重新敷铜；【Ask】选项设定在重新敷铜前，系统会弹出对话框，让用户选择是否重新敷铜；【Always】选项设定立即重新敷铜。

【文件格式修改报告】区域中，【从旧版失效开放报告】选项设定打开较旧版本的文件时，不需要报告；【从最新版本失效开放的报告】选项设定打开较新版本文件时，不需要报告。

（2）【Display】显示参数设置　【Display】显示参数设置页面主要对 PCB 编辑器显示界面的内部引擎进行设置，切换到【Display】页面，如图 7-45 所示。

【DirectX 选项】区域用于设置 DirectX 引擎的相关属性。

【在 DirectX 使用 Flyover Zoom】：设置是否在 DirectX 中使用 "Flyover Zoom" 技术。

【在 3D 中使用规则的混合】：设置是否在 3D 显示中使用规则的混合技术。选中该选项时，【使用当混合时全亮度】选项有效，设置混合时使用全部高亮。

【在 3D 文件中绘制阴影】：设置 3D 显示时使用阴影显示。

【图像极限（当不用 DirectX 时）】区域用于设置不使用 DirectX 引擎时的阈值。

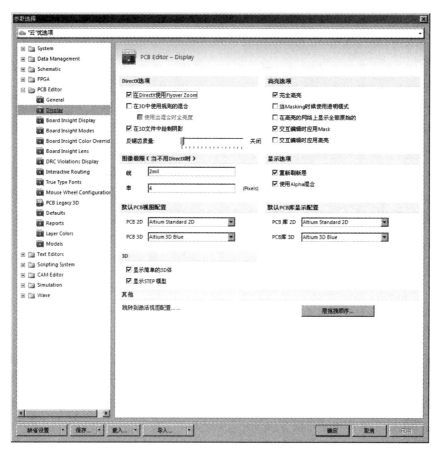

图 7-45 【Display】显示参数设置页面

【线】：设置走线宽度的阈值，若走线显示宽度低于此文本框所设定的阈值，走线以草图模式显示，反之则精确地显示走线。

【串】：设置字符串的阈值，若字符串显示高度低于此文本框所设定的阈值，字符串仅显示字框，反之则显示字符串的内容。

【高亮选项】区域用于设置高亮显示的选项。

【完全高亮】：设置违规高亮时，是否整个图形对象填满高亮（亮绿）。若选中该选项，则整个图形对象以高亮填满，反之只有图形对象的外框高亮。

【当 Masking 时候使用透明模式】：设置当屏蔽时（例如交互式布线），是否以透明模式显示。若选中该选项，则屏蔽时以透明显示，反之，屏蔽时以正常显示，编辑区还是黑底，只有图形对象的外框高亮。

【在高亮的网络上显示全部原始的】：设置在单层显示模式下的显示方式。若选中该选项，则在单层显示模式下，将显示所有图形对象，而当前层上的图形对象将会高亮显示，即原来颜色加上【Highlight】的颜色（【Highlight】的颜色在【视图配置】对话框中设置），反之，在单层显示模式下，只会显示当前层上的图形对象。

【交互编辑时应用 Mask】：设置交互式布线时，淡化其他非走线的网络与图形对象，也就是屏蔽其他图形对象。若选中该选项，则进行交互式布线时，会淡化其他非布线的网络与图形对象，反之，进行交互式布线时，不会有淡化效果（屏蔽效果）。

【交互编辑时应用高亮】：设置交互式布线时，以高亮显示所要操作的图形对象。选中该选项，进行交互式布线时，会高亮显示所要操作的图形对象，反之，进行交互式布线时，将不会有高亮效果。

【显示选项】区域中，【重新刷新层】选项设置切换层面时自动刷新界面。【使用 Alpha 混合】选项设置使用"Alpha Blending"技术，移动图形对象时若图形对象重叠，将产生透明感。

【默认 PCB 视图配置】区域中，【PCB 2D】设置 PCB 编辑区默认的 2D 显示模式，默认采用【Altium Standard 2D】，可在右侧的下拉列表框中自行设置配置方案；【PCB 3D】设置 PCB 编辑区默认的 3D 显示模式，默认采用【Altium 3D Blue】，可在右侧的下拉列表框中自行设置配置方案。

【默认 PCB 库显示配置】区域中，【PCB 库 2D】设置 PCB 元件库编辑区默认的 2D 显示模式，默认采用【Altium Standard 2D】，可在右侧的下拉列表框中自行设置配置方案；【PCB 库 3D】设置 PCB 元件库编辑区默认的 3D 显示模式，默认采用【Altium 3D Blue】，可在右侧的下拉列表框中自行设置配置方案。

【层拖拽顺序】按钮的功能是设置重新显示电路板时各层显示的顺序，单击按钮打开图 7-46 所示的【层拖拽顺序】对话框。

可在对话框中选中需要改变绘制顺序的层，单击【促进】按钮提升绘制顺序的优先级，或是单击【降级】按钮降低绘制顺序的优先级，单击【默认】按钮则恢复至默认的顺序。

（3）【Board Insight Display】板观察器显示参数设置复杂的多层电路板设计使得电路板的具体信息很难在编辑窗口中表现出来。Altium Designer 14 为我们提供了 Board Insight（板观察器）这一观察电路板的利器，Board Insight 具有 Insight（透镜）、堆叠鼠标信息、浮动图形浏览、简化的网络显示等功能。切换到【Board Insight Display】页面，如图 7-47 所示。

图 7-46　层拖拽顺序对话框

【焊盘与过孔显示选项】区域用于焊盘和过孔显示的选项设置。

【应用智能显示颜色】：设置焊盘和过孔上显示网络名和焊盘编号的颜色。若选中该选项，则系统自动设置，反之，则需要自行设定下面的几项参数。【字体颜色】选项设定焊盘和过孔上显示网络名和焊盘编号的颜色，单击右侧的色块即可设定；【透明背景】选项设定显示焊盘和过孔上的网络名和焊盘编号时，不需要背景颜色；【背景色】选项设定焊盘和过孔上显示网络名和焊盘编号的背景颜色，单击右侧的色块即可设定。

【最小/最大字体尺寸】：设置焊盘和过孔上的网络名和焊盘编号的字体大小。

【字体名】：设置焊盘和过孔上的网络名和焊盘编号的字体类型。

【字体类型】：设置焊盘和过孔上的网络名和焊盘编号的字体样式，有 4 种样式，分别是【Regular】（正常字体）、【Bold】（粗体）、【Bold Italic】（粗斜体）和【Italic】（斜体）。

【最小对象尺寸】：设置焊盘和过孔上的网络名和焊盘编号的最小像素。字符串的尺寸

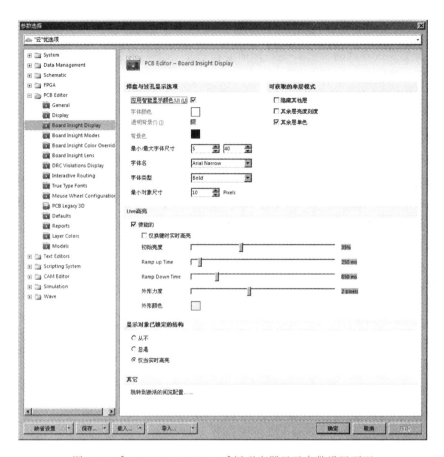

图 7-47 【Board Insight Display】板观察器显示参数设置页面

大于设定值时能正常显示, 否则不能正常显示。

【可获取的单层模式】区域用于设置单层显示模式。

【隐藏其他层】: 设置在单层显示模式下, 除了工作板层以外, 其他板层一律不显示。

【其余层亮度刻度】: 设置在单层显示模式下, 除了工作板层以外, 其他板层采用灰阶显示。

【其余层单色】: 设置在单层显示模式下, 除了工作板层以外, 其他板层采用单层显示。

(4)【Board Insight Modes】板观察器模式参数设置 切换到【Board Insight Modes】板观察器模式参数设置页面, 如图 7-48 所示。

【显示】区域用于设置板观察器显示的参数。

【显示头信息】: 设置是否显示板观察器, 若选中该选项, 当光标处在编辑窗口时, 显示板观察器, 反之不显示。

【应用背景颜色】: 设置是否显示板观察器的背景颜色, 若选中该选项, 即可在右边色块中, 指定板观察器的背景颜色 (半透明), 反之, 板观察器无背景颜色, 不好查看。

【Insert Key Resets Heads Up Delta Origin】: 设置按 < Inert > 键复位光标的相对增量, 即【dx】和【dy】的值归零。

【Mouse Click Resets Heads Up Delta Origin】: 设置单击鼠标左键复位光标的相对增量,

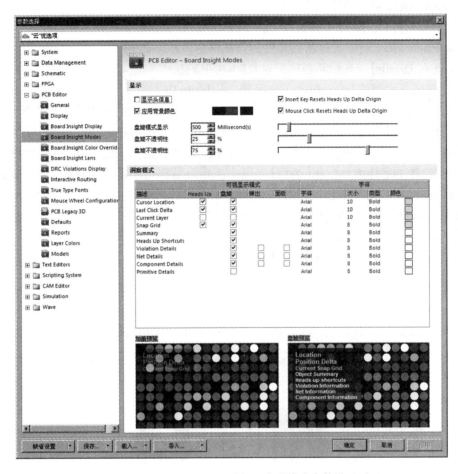

图 7-48　【Board Insight Modes】板观察器模式参数设置页面

即【dx】和【dy】的值归零。

【盘旋模式显示】：设置光标在编辑窗口停留多长时间后，板观察器开始显示堆叠信息。在右侧的文本框中输入具体数值或拖动滑块设置延迟值。

【盘旋不透明性】：设置光标在移动时，板观察器的首屏透明度。在右侧的文本框中输入具体百分数值或拖动滑块进行设置。

【盘旋不透明性】：设置光标停驻时，板观察器的信息屏透明度。在右侧的文本框中输入具体百分数值或拖动滑块进行设置。

【洞察模式】区域用于设置板观察器的内容。其中可分为 3 部分，左侧为所要显示数据项的名称。每一个数据项说明如下：

【Cursor Location】：光标所在位置的坐标。

【Last Click Delta】：当前光标所在位置的坐标与前次单击鼠标左键位置坐标的差距。

【Current Layer】：当前的工作层。

【Snap Grid】：当前捕获网格的尺寸。

【Summary】：光标所处位置各图形对象的数量。

【Heads Up Shortcuts】：板观察器的操作快捷键。

【Violation Details】：详细的违反规定状况。

【Net Details】：光标所指网络的详细信息。

【Component Details】：光标所指元件的详细信息。

【Primitive Details】：光标所指图形对象的详细信息。

中间【可视显示模式】部分包括4个字段，【Heads Up】字段为光标移动时，板观察器所显示的数据选项；【盘旋】字段为光标停驻时，板观察器所显示的数据选项；【弹出】字段为跳出的部分所显示的数据选项；【面板】字段为面板所显示的数据选项。右侧【字体】部分为板观察器的字体设定，可在每项的【字体】字段中指定该数据选项的字体，在【大小】字段中指定该数据选项的字体大小，在【类型】字段中指定该数据选项的文字样式，在【颜色】字段中指定该数据选项的文字颜色。设置的结果将在下方的两个预览区域中实时显示，左侧的【加盖预览】区域可预览光标停驻时，板观察器所要显示的数据；右侧的【盘旋预览】区域可预览光标移动时，板观察器所要显示的数据。

（5）【Board Insight Color Overrides】微观电路板置换颜色设置　切换到【Board Insight Color Overrides】微观电路板置换颜色设置页面，如图7-49所示，主要提供缩小显示比例时，选中网络的显示与置换颜色。

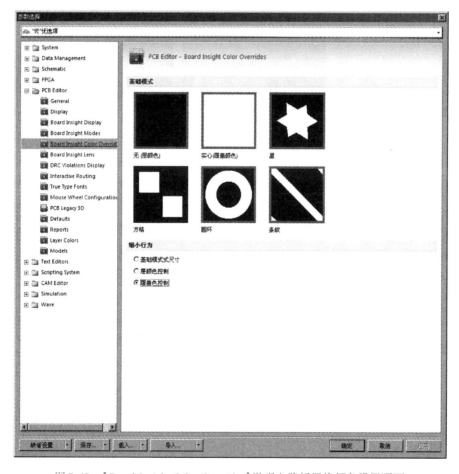

图7-49　【Board Insight Color Overrides】微观电路板置换颜色设置页面

其中【基础模式】区域用于设置选中网络的显示样式，有 6 种显示样式，效果如图 7-50 所示。

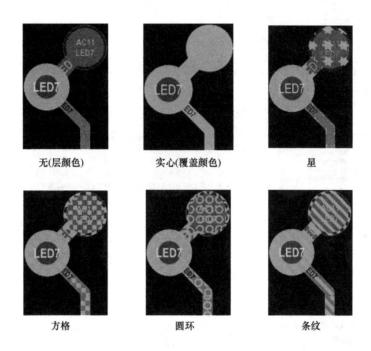

无(层颜色)　　　　实心(覆盖颜色)　　　　星

方格　　　　　　圆环　　　　　　条纹

图 7-50　选中网络的显示样式

【缩小行为】区域用于设置当选中网络缩小显示比例时，如何显示样式，有 3 个选项，其中【基础模式式尺寸】选项设定采用基本样式比例；【层颜色控制】选项设定采用板层颜色显示；【覆盖色控制】选项设定置换违规颜色。

（6）【Board Insight Lens】板观察器放大镜参数设置　板观察器还提供了一个观察放大镜，用于观察电路板的细节，切换到【Board Insight Lens】板观察器放大镜参数设置页面，如图 7-51 所示。

其中【配置】区域用于设置放大镜的选项。

【可见的】：设置显示放大镜，若选中该选项，光标处就会出现一个放大镜。

【X Size】和【Y Size】：分别设置放大镜的 X 轴宽度和 Y 轴高度，可在右侧文本框中指定，还可以利用其右侧的滑块指定。

【矩形】：设置采用矩形放大镜。

【椭圆】：设置采用椭圆形放大镜。

【动作】区域用于设置放大镜的动作选项。

【当布线时放大主窗口】：设置自动布线时，不会显示放大镜。

【继续放大】：设置调整编辑窗口的显示比例时，放大镜内的显示比例也随之变动。

【鼠标指针上】：设置放大镜随鼠标指针而动，若不选中此选项，放大镜将固定在屏幕的某处。

【内容】区域用于设置放大镜的放大比例和显示方式。

【缩放】：设置放大镜的放大比例，可在右侧文本框中指定，还可以利用其右侧的滑块

图 7- 51 【Board Insight Lens】板观察器放大镜参数设置页面

指定。

【单层模式】：设置在单层显示模式下放大镜如何显示，有 2 个选项，其中【Monochrome Other Layers】选项设定在放大镜里，非当前板层部分以单色显示；【Not In Single Layer Mode】选项设定在放大镜里，以彩色显示所有层。

【热键】区域用于设置放大镜显示的快捷键。此区域中有两个字段，【行为】字段为按快捷键所要执行的操作，【热键】字段为快捷键的设定，其中各项说明如下：

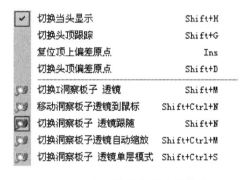

图 7-52 板观察器与放大镜菜单

【Board Insight Menu】：板观察器菜单，快捷键为 < F2 >，按 < F2 > 键即可弹出板观察器与放大镜菜单，如图 7-52 所示。

【Toggle Lens Visibility】：切换是否使用透镜，快捷键为 < Shift > + < M >。

【Toggle Lens Mouse Tracking】：切换透镜是否跟随光标移动，快捷键为 < Shift > + < N >。

【Toggle Lens Single Layer Mode】：切换是否使用单层模式，快捷键为 < Ctrl + < Shift + < S >。

【Snap Lens To Mouse】：光标捕获透镜时，光标于透镜的中央，快捷键为 < Ctrl > + < Shift > + < N >。

【Change Lens Zoom】：透镜缩放，快捷键在【Mouse Wheel Configuration】鼠标滚轮参数设

置页面中设置（参见图7-58）。

【Auto Zoom To/From Lens】：自动缩放，快捷键在【Mouse Wheel Configuration】鼠标滚轮参数设置页面中设置（参见图7-58）。

（7）【DRC Violations Display】设计规则检查中的违规显示设置　切换到【DRC Violations Display】设计规则检查中的违规显示设置页面，如图7-53所示。系统提供两种显示违反设计规则的方式，第一种是在违规处显示违规图案，而这个违规图案可在【冲突覆盖样式】区域中指定；第二种是在违规处覆盖违规颜色。当然，第一种方式必须在编辑窗口缩放比例较大的情况下才能看得清楚；若缩放比例较小，则只能用颜色覆盖这个违规图案，可在【覆盖视图缩小化】区域中指定。

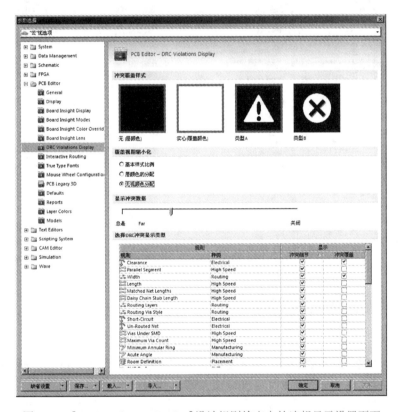

图7-53　【DRC Violations Display】设计规则检查中的违规显示设置页面

【冲突覆盖样式】区域用于设置违反设计规则时覆盖样式的选项，有4种图案，分别是【无（层颜色）】、【实心（覆盖颜色）】、【类型A】和【类型B】。

【覆盖视图缩小化】区域用于设置当编辑窗口缩小显示比例时，违反设计规则处，所采取的显式方式，有3个选项，【基本样式比例】选项设定违规处采用【冲突覆盖样式】区域中指定的图案，按比例缩放；【层颜色的分配】选项设定违规处采用板层颜色显示；【无视颜色分配】选项设定违规处采用置换颜色。

【显示冲突数据】区域利用滑轴设定违规图案的显示方式，若滑轴往左移，则编辑区的显示比例变低，才可显示违规图案；若滑轴往右移，则编辑区的显示比例需变高，才能够显示违规图案。

【选择 DRC 冲突显示类型】区域利用表格方式，设置违反不同设计规则时，所要采取的显示样式。其中【规则】栏位列出各项设计规则；【种类】栏位列出设计规则所属的类别；【冲突细节】栏位设置违反该项设计规则时，是否显示违规图案的选项；【冲突覆盖】栏位设置违反该项设计规则时，是否显示违规覆盖的选项。

（8）【Interactive Routing】交互式布线参数设置　交互式布线参数设置就是手工布线时一些常规属性的设置，切换到【Interactive Routing】交互式布线参数设置页面，如图 7-54 所示。

图 7-54 【Interactive Routing】交互式布线参数设置页面

其中【布线冲突分析】区域用于设置进行交互式布线时，若遇到冲突，程序所要做的处理方式。其中，【忽略障碍】选项设定进行交互式布线时，若遇到冲突或障碍物，不解决冲突，继续进行交互式布线；【推挤障碍】选项设定进行交互式布线时，若遇到冲突或障碍物，则将障碍物推开，继续进行交互式布线；【环绕障碍】选项设定进行交互式布线时，若遇到冲突或障碍物，则将绕过障碍物，继续进行智能布线；【在遇到第一个障碍时停止】选项设定进行交互式布线时，当遇到第一个冲突或障碍物，就停止跨越，与之保持设计规则所规定的安全间距；【紧贴并推挤障碍】选项设定进行交互式布线时，若遇到冲突或障碍物时绕过障碍物，采用紧贴与推挤并行的策略进行布线；【在当前层自动布线】选项设定自动布线时，在当前层布线；【多层自动布线】选项设定自动布线时，允许在多个层面进行布线。

【交互式布线选项】区域用于进行交互式布线时的选项设置。其中，【限制为 90/45】选项设定进行交互式布线时，只能走 90°或 45°线；【跟随鼠标轨迹】选项设定进行智能布线时，程序将自动以虚线指引未完成的布线，若程序所指示的未完成布线符合用户的需求，可按住 ＜Ctrl ＞键，再单击鼠标左键，即可自动完成该布线；【自动终止布线】选项设定进行交互式布线时，当布线到达终点焊盘后，单击鼠标左键即结束该段布线，不必再单击鼠标右键或按 <Esc> 键，即可进行另一条线的布线；【自动移除闭合回路】选项设定进行交互式布线时，可自动移除回路，即删除构成封闭回路的线段；【允许过孔推挤】选项设定进行交互式布线时，环绕现有走线进行布线。

【布线优化级别】区域设置布线时优化的级别，有【关闭】、【弱】和【强】3 个选项。

【拖拽】区域用于设置拖拽布线时，若遇到冲突，程序所要做的处理方式，其中包括 4 个选项，【当拖拽时保护角】选项设定拖拽单条或多条布线时，将保持布线原来的角度，只有选中该选项才可以选择下面的 3 个选项；【忽略障碍】选项设定拖拽单条或多条布线时，若遇到障碍物，则忽略该障碍物的存在，而与之重叠；【避免障碍（捕捉栅格）】选项设定拖拽单条或多条布线时，将循着网格移动，若遇到障碍物，则避开该障碍物，与之保持一定的安全间距；【避免障碍】选项设定拖拽单条或多条布线时，将不受网格限制，若遇到障碍物，则避开该障碍物，与之保持一定的安全间距。

【交互式布线线宽/过孔尺寸来源】区域用于设置交互式布线时，走线宽度与过孔尺寸的依据。【从现有路径选择线宽】选项设定进行交互式布线时，将直接采用当前布线器所使用的线宽设定。

【线宽模式】设定交互式布线时所采用的默认线宽，通过右侧的下拉列表框设定，其中有 4 个选项，【User Choice】选项设定由用户自行选择线宽，也就是在进行交互式布线时，用户选择宽度模式，按 <3> 键即可循环切换走线宽度，或按 <Shift> + <W> 键打开图 7-55 所示的【中意的交互式线宽】对话框，选择所要采用的线宽（当然要符合设计规则的线宽规定范围才行）即可；【Rule Minimum】选项设定采用设计规则里规定的最小线宽；【Rule Preferred】选项设定采用设计规则里规定的首选线宽；【Rule Maximum】选项设定采用设计规则里规定的最大线宽。

【过孔尺寸模式】设定交互式布线时所采用的默认过孔样式，通过右侧的下拉列表框设定，其中有 4 个选项，【User Choice】选项设定由用户自行选择过孔样式，也就是在进行交互式布线时，按 <4> 键即可循环切换过孔尺寸，或按 <Shift> + <V> 键打开图 7-56 所示的过孔尺寸选择对话框，选择所要采用的过孔样式（当然要符合设计规则的过孔样式规定范围才行）即可。【Rule Minimum】选项设定采用设计规则里规定的最小过孔；【Rule Preferred】选项设定采用设计规则里规定的首选过孔；【Rule Maximum】选项设定采用设计规则里规定的最大过孔。

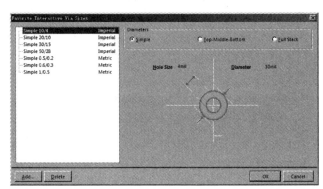

图 7-55　中意的交互式线宽对话框　　　　　图 7-56　过孔尺寸选择对话框

【喜好】区域用于设置交互式布线时常用的线宽和过孔的尺寸。单击【中意的交互式线宽】按钮，在打开的对话框中对线宽进行设置，单击【Favorite Interactive Routing Via Sizes】按钮，在打开的对话框中对过孔尺寸进行设置。

(9)【True Type Fonts】字体参数设置　切换到【True Type Fonts】字体参数设置页面，如图 7-57 所示。

图 7-57　【True Type Fonts】字体参数设置页面

【嵌入 TrueType 字体到 PCB 文档】：设置在电路板文件中嵌入 True Type 字体。若选中该选项，则电路板文件里内嵌 True Type 字体，这样，字体将随着电路板文件移动，不用担心目标计算机系统不支持该字体。

【置换字体】：设置替换字体，也就是找不到原来设定的字体时，将以哪种字体替代。

(10)【Mouse Wheel Configuration】鼠标滚轮参数设置　鼠标滚轮的应用大大方便了绘图，切换到【Mouse Wheel Configuration】鼠标滚轮设置页面，如图 7-58 所示。图中列出了所有滚轮与按键的组合方式以及所对应的功能，可自行设置 < Ctrl > 键、< Shift > 键、< Alt > 键以及滚轮滚动和滚轮单击的组合。

(11)【PCB Legacy 3D】传统 PCB 3D 显示参数设置　切换到【PCB Legacy 3D】传统 PCB 3D 显示参数设置页面，如图 7-59 所示，页面提供以前版本所提供的 3D 显示功能的设置。

其中【高亮】区域设置高亮显示的相关颜色。单击【高亮颜色】右边的色块，设定其颜色；单击【背景颜色】右边的色块，设定其颜色。

图 7- 58 　【Mouse Wheel Configuration】鼠标滚轮参数设置页面

图 7-59 　【PCB Legacy 3D】传统 PCB 3D 显示参数设置页面

【打印品质】区域设置3D显示的打印品质，其中包括3个选项，依品质区分，【校样】选项的品质最佳，【常规】选项的品质次之，【草稿】选项的品质最差。

【PCB 3D文件】区域设置电路板3D文档的处理选项。【总是更新PCB 3D】选项设定持续产生电路板3D文档，【总是使用元器件器件体】选项设定保持使用3D元件体。

【默认PCB 3D库】区域设置电路板3D元件库，单击【浏览】按钮进入【打开】对话框，指定所用电路板3D元件库的文档路径。【总是更新不能找到的模型】选项设定元件没有3D模型时系统持续重建3D模型。

（12）【Defaults】默认参数设置　切换到【Defaults】默认参数设置页面，如图7-60所示，设置PCB编辑环境中放置图形对象的默认参数。其中【对象类型】区域内列出了所有的图形对象，可以双击选定的图形对象，或是选中图形对象后单击下面的【编辑值】按钮，在打开的图形对象属性对话框中设置图形对象的默认属性。

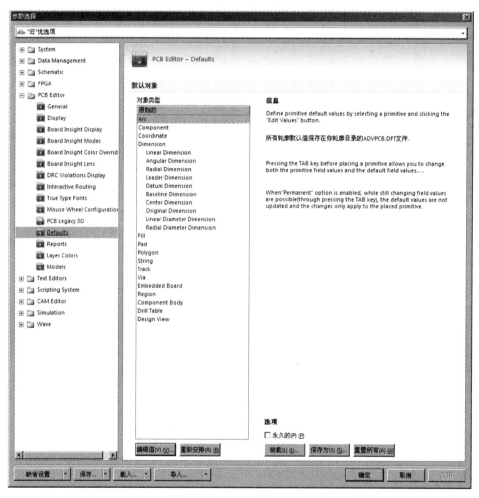

图7-60　【Defaults】默认参数设置页面

（13）【Reports】报告参数设置　切换到【Reports】报告参数设置页面，如图7-61所示。页面中列出了报表的【Name】（名称）、【Show】（是否显示）、【Generated】（是否生成报表）以及【XML Transformation Filename】（生成报表的名称及路径）。

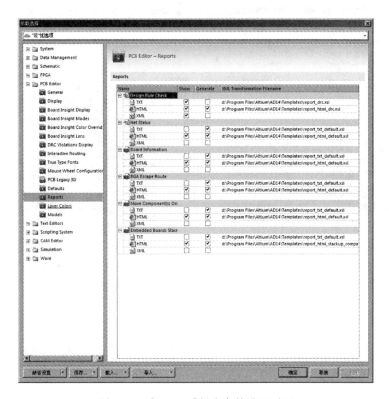

图 7- 61　【Reports】报告参数设置页面

Altium Designer 14 支持 6 种报告，分别是【Design Rule Check】（设计规则检查报告）、【Net Status】（网络状态报告）、【Board Information】（电路板信息报告）、【BGA Escape Route】（BGA 扇出栅格报告）、【Move Component（s）Origin To Grid】（元件移到栅格报告）和【Embedded Board Stack up Compatibility】（嵌入式电路板兼容性报表）。

其中每一种报告又提供了三种格式：TXT 格式、HTML 格式和 XML 格式。

（14）【Layer Colors】层颜色设置　切换到【Layer Colors】层颜色设置页面，如图 7-62 所示，设置 PCB 编辑环境中不同层的显示颜色。

在页面的【激活色彩方案】区域中列出了当前所使用的配色方案中各板层颜色的设置，若要改变某层的颜色，只需单击选中该层，然后在右边的颜色设置框中选择所需的颜色。另外也可以在页面左边的【保存色彩方案】栏中选中现成的配色方案。

（15）【Models】模型设置　切换到【Models】模型设置页面，如图 7-63 所示，设置工程所用模型的来源。

【模型搜索路径】区域上面的大区块里，列出目前所设置的模型搜索路径。若要新增路径，可在下面栏位中指定所要新增的路径。完成路径指定后，单击【添加】按钮，即可将所指定的路径加入上面大区块中。若要删除路径，则在上面大区块之中，选中所要删除的路径，单击【删除】按钮，即可删除。

【临时网线数据】区域提供临时网线数据的管理选项，其中，【目录】栏位内为存放临时网线数据的路径。另外，在【保持没有使用的网孔数据时间】栏位里指定临时网线数据存放的时间，若超过指定时间，将会被删除，单击右边的【清除目录】按钮，来整理文件夹的内容。

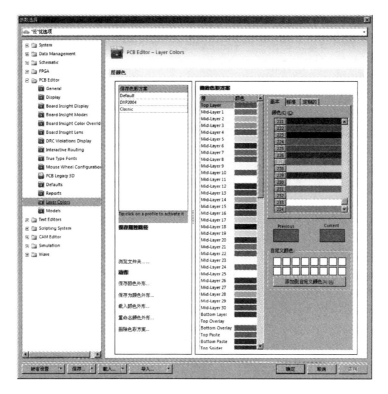

图 7- 62 【Layer Colors】层颜色设置页面

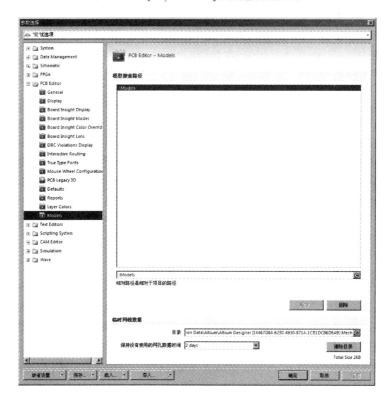

图 7-63 【Models】模型设置页面

7.4 练习

1. 为图 2-41 所示的电路原理图设计 PCB 图，要求：尺寸尽可能小，电源线宽 60mil，地线线宽 80mil，信号线宽 30mil，双面板，手工布线，电路板四周放置安装孔。其中 UA741AD 的封装为 SO8_N，电容的封装为 RAD-0.3，稳压管的封装为 DIODE-0.7，电阻的封装为 AXIAL-0.3，可调电阻的封装为 AXIAL-0.7，端子的封装为 HDR1X2 和 HDR1X3。

2. 为图 2-42 所示的电路原理图设计 PCB 图，要求：尺寸尽可能小，电源线宽 30mil，地线线宽 50mil，信号线宽 20mil，双面板，手工布线，电路板四周放置安装孔。其中电容的封装为 CAPR5-4X5，端子的封装为 HDR1X2 和 HDR1X3，晶体管的封装为 TO-92A，场效应晶体管的封装为 TO-39，电阻的封装为 AXIAL-0.3，可调电阻的封装为 AXIAL-0.7。

模数转换电路印制板图

8.1 设计任务

1. 完成如下所示的模数转换电路的印制板图设计

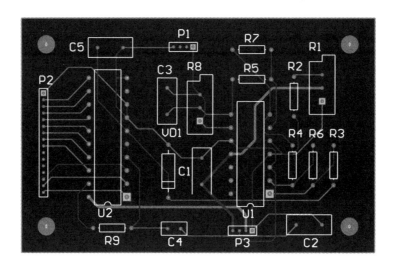

2. PCB 图绘制要求

根据项目三原理图绘制模数转换电路的 PCB 图。元件属性见表 8-1。PCB 的尺寸为 70mm×45mm，双面板，顶层垂直布线，底层水平布线，电源和地线宽为 0.5mm，其余线宽 0.25mm。补泪滴和对地敷铜，电路板四周合适位置放置四个直径为 3.5mm 的安装孔。

表 8-1　元件属性

LibRef（元件名称）	Designator（编号）	Comment（标称值）	Footprint（封装）
Cap Pol2	C1，C2	0.1μF	RAD-0.2
Cap	C3	10nF	RAD-0.2
Cap	C4	100pF	RAD-0.1
Cap Pol2	C5	0.22μF	RAD-0.2
MHDR1X4	P1，P3	MHDR1X4	MHDR1X4
MHDR1X16	P2	MHDR1X16	MHDR1X16
RPot	R1	10kΩ	VR5
Res1	R2，R4，R5，R6	3.3kΩ	AXIAL-0.3

（续）

LibRef（元件名称）	Designator（编号）	Comment（标称值）	Footprint（封装）
Res1	R3	$1k\Omega$	AXIAL - 0. 3
Res1	R7	$10k\Omega$	AXIAL - 0. 3
RPot	R8	$100k\Omega$	VR5
Res1	R9	$4. 7k\Omega$	AXIAL - 0. 3
TL074ACD	U1	TL074ACD	DIP14
ADC1001CCJ	U2	ADC1001CCJ	J20A
Diode 1N4001	VD1	Diode 1N4001	DIODE - 0. 4

3. 学习内容

1）利用向导建立 PCB 文件。

2）利用向导建立布线规则。

3）总线布线。

4）补泪滴。

5）设计规则检查（DRC）。

6）敷铜。

7）电路板设计的基本规则。

8.2 设计步骤

1. 利用向导建立 PCB 文件

除了新建 PCB 文件以外，还可以通过向导建立 PCB 文件。打开项目三工程文件，如图 8-1 所示，在【Files】面板的【从模板新建文件】中，单击【PCB Board Wizard】，打开 PCB 板向导，如图 8-2 所示。

图 8-1 Files 面板

图 8-2 PCB 向导欢迎界面

单击【下一步】按钮，进入图 8-3 所示的【选择板单位】界面，设置度量单位为【公制的】。单击【下一步】按钮，进入图 8-4 所示的【选择板剖面】界面，选择【Custom】，即用户自定义电路板尺寸，其他选项是各类标准板。

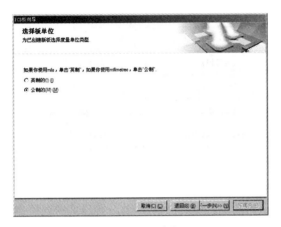

图 8-3　选择板单位界面

图 8-4　选择板剖面界面

单击【下一步】按钮，进入图 8-5 所示的【选择板详细信息】界面，设置【外形形状】为矩形，设置板尺寸【宽度】和【高度】分别为 70mm 和 45mm，其余设置可以采用默认值。根据需要决定是否切掉电路板的 4 个角或电路板中间的部分，注意只有在将电路板设置为矩形板时才可设置。

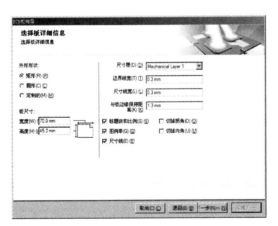

图 8-5　选择板详细信息界面

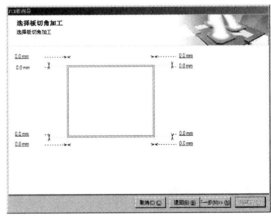

图 8-6　选择板切角加工界面

若选中【切掉拐角】和【切掉内角】选项，单击【下一步】按钮，则分别进入图 8-6 和图 8-7 所示的【选择板切角加工】和【选择板内角加工】界面，在界面中分别设置切角的尺寸和内角的尺寸与位置。若不选中【切掉拐角】和【切掉内角】选项，单击【下一步】按钮，则直接进入图 8-8 所示的【选择板层】界面，将【电源平面】设置为 0。

单击【下一步】按钮，进入图 8-9 所示的【选择过孔类型】界面，对于双面板，选择【仅通孔的过孔】。单击【下一步】按钮，进入图 8-10 所示的【选择元件和布线工艺】界面，电路都是针脚式元件，选择【通孔元件】，根据具体情况选择【临近焊盘两边线数量】。

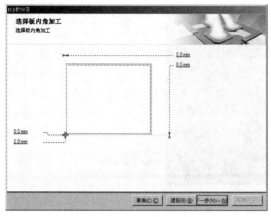

图 8-7 选择板内角加工界面   图 8-8 选择板层界面

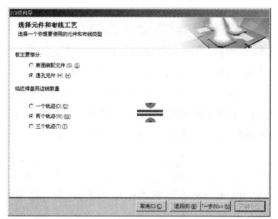

图 8-9 选择过孔类型界面   图 8-10 选择元件和布线工艺界面

单击【下一步】按钮，进入图 8-11 所示的【选择默认线和过孔尺寸】界面，设置最小轨迹尺寸、最小过孔宽度、最小过孔孔径大小和最小间隔，这部分内容可以在相应的规则中设置，在此可以忽略，直接单击【下一步】按钮，进入图 8-12 所示的【板向导完成】界面，单击【完成】按钮，系统自动建立一个名为 PCB1. PcbDoc 的文件并打开，如图 8-13 所示。

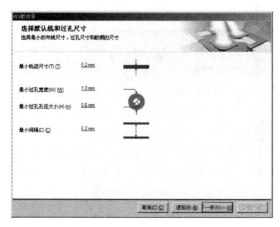

图 8-11 选择默认线和过孔尺寸界面   图 8-12 板向导完成界面

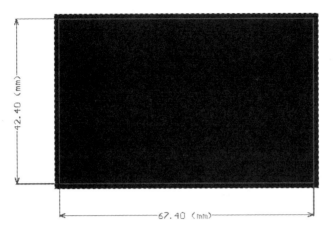

图 8-13 新建的 PCB 文件

保存文件重新命名为【模数转换电路
.PcbDoc】，并将文件添加到当前工程中。通过向
导建立的 PCB 文件是显示图纸页面的。若不要
显示页面，则执行菜单命令【设计】|【板参数选
项】，打开【板选项】对话框，如图 8-14 所示，在
对话框中取消【显示页面】复选框即可。

2. 加载元件库

按照表 8-1 在原理图中正确设置元件的封
装，并将元件所在的库添加到当前库中，保证
原理图指定的元件封装都能够在当前库中
找到。

3. 同步器导入原理图信息

图 8-14 板选项对话框

在 PCB 图中，执行菜单命令【设计】|
【Import Change From 模数转换电路.PrjPcb】，打开【工程更改顺序】对话框，如图 8-15 所示。

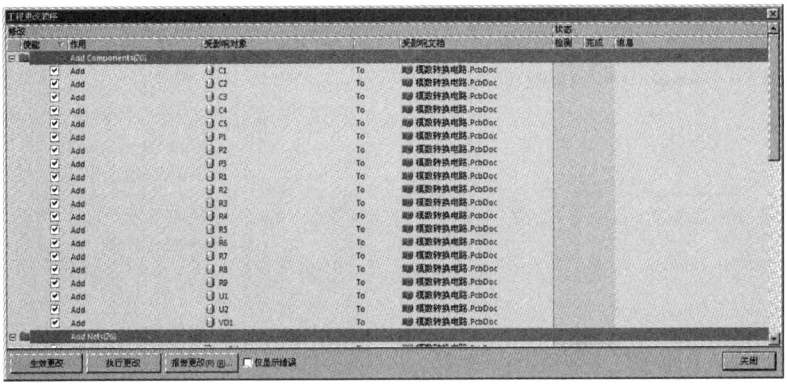

图 8-15 工程更改顺序对话框

单击【生效更改】按钮，系统检查所有的更改是否都有效。若有错误，则返回原理图修改；若没有错误，则单击【执行更改】按钮，系统将完成网络表的导入，如图 8-16 所示。

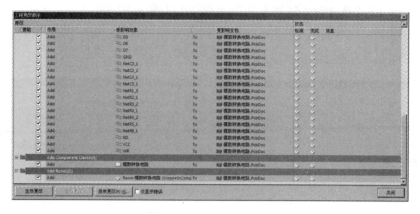

图 8-16　网络表导入完成

　　关闭【工程更改顺序】对话框，即可看到加载的网络表与元件在 PCB 图中，如图 8-17所示。

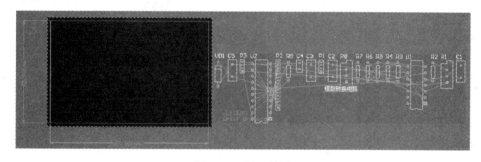

图 8-17　导入结果

4. 元件布局

　　采用手动方式进行布局。通过移动和旋转元件以及调整元件编号位置，完成布局后的PCB 图如图 8-18 所示。

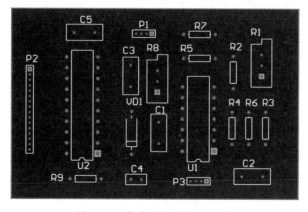

图 8-18　完成布局后的 PCB 图

5. 利用向导建立布线规则

布线规则除了在【PCB 设计规则及约束编辑器】对话框中设置以外，还可以通过规则向导来定义布线规则。执行菜单命令【设计】|【规则向导】，打开图 8-19 所示的【新建规则向导】对话框，单击【下一步】按钮，进入图 8-20 所示的【选择规则类型】界面。

图 8-19　新建规则向导对话框　　　　　图 8-20　选择规则类型界面

在对话框中选中【Width Constraint】，单击【下一步】按钮，进入图 8-21 所示的【选择规则范围】界面，设置规则的适用范围，选中【A Few Nets】，单击【下一步】按钮，进入【高级规则范围】界面，按照图 8-22 设置作用范围，单击【下一步】按钮，进入【选择规则优先权】界面。

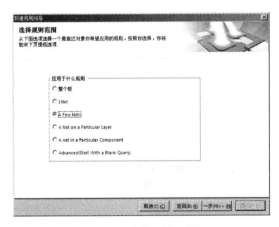

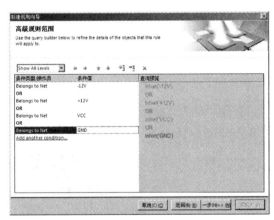

图 8-21　选择规则范围界面　　　　　图 8-22　高级规则范围界面

将当前规则优先级设置为 1，如图 8-23 所示。单击【下一步】按钮，进入图 8-24 所示的【新规则完成】界面，单击【完成】按钮，打开【PCB 设计规则及约束编辑器】对话框，在【约束】区域中将最小宽度、首选宽度和最大宽度均设置为 0.5mm，如图 8-25 所示。

这样，就新增了一个线宽规则，将电源和地线的线宽同时设置为 0.5mm。另外将默认的线宽规则的宽度改为 0.25mm，电路板中就有了 2 个线宽规则，如图 8-26 所示。

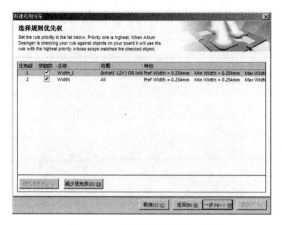

图 8-23　选择规则优先权界面　　　　　　　　图 8-24　新规则完成界面

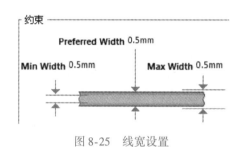

图 8-25　线宽设置

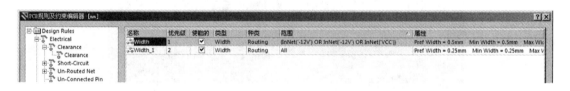

图 8-26　线宽规则

6. 总线布线

Altium Designer 14 提供了强大的总线布线功能，在设计复杂板卡时，可以极大地提高布线效率，只需一个操作就可以放置或修改一组走线。

在总线布线之前，应先选中需要布线的一组焊盘。选择时按下 <Shift> 键，左键分别单击相应的焊盘即可。执行菜单命令【放置】|【交互式多根布线】或单击工具栏按钮，光标变成十字形，单击任一选中的焊盘，这些选中的焊盘和光标间就会出现一组布线，如图 8-27 所示。单击鼠标左键，确定走线的端点，若在按住 <Ctrl> 键的同时单击鼠标左键，系统会自动完成走线。在总线布线的过程中，按 <，> 键缩小走线的间隙，按 <．> 键增大走线的间隙。按 <Tab> 键打开布线间距设置对话框，用于设置走线的间隙参数，如图 8-28 所示。

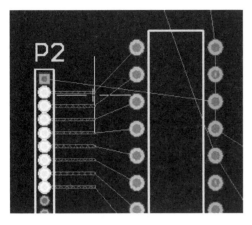

图 8-27   总线布线

图 8-28   布线间距设置对话框

7. 自动布线

手工预布线后，执行菜单命令【自动布线】|【全部】，打开【Situs 布线策略】对话框，单击【编辑层走线方向】按钮，设置顶层水平方向走线，底层垂直方向走线。选中系统默认的【Default2 Layer Board】，即默认双面板策略，选中【锁定已有布线】选项，单击【Route All】按钮，开始自动布线。自动布线结束后，手动调整不合理的走线。调整后的布线结果如图 8-29 所示。

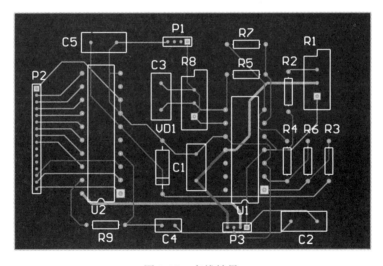

图 8-29   布线结果

8. 补泪滴

所谓泪滴，就是在铜膜走线与焊盘或过孔、走线与走线相连时，为了增强连接的牢固性，在连接处加大铜膜走线的宽度，这样还可以减小信号损失和反射，提高信号完整性。补泪滴后，铜膜走线在接近焊盘或过孔时，线宽逐渐放大，形状就像一个泪珠。添加泪滴时要求焊盘要比线宽大。

选中要设置泪滴的焊盘或过孔，或选择网络或铜膜导线，执行菜单命令【工具】|【泪滴】，打开【Teardrops】对话框，如图 8-30 所示。

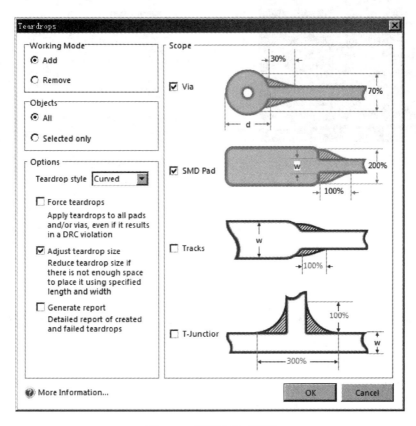

图 8-30 泪滴设置对话框

根据需要在【Scope】区域设置过孔、SMD 焊盘、导线、T 形走线是否补泪滴；在【Working Mode】区域中设置添加或删除泪滴。在【Objects】区域中设置补泪滴的对象是【All】（所有对象）还是【Selected only】（选中的对象）。在【Options】区域中设置泪滴的形状为【Curved】（弧形）还是【Line】（线形），【Force teardrops】选项设定即使 DRC 有错误，还是会给所有焊盘和过孔添加泪滴；【Adjust teardrop size】选项设定泪滴的尺寸根据规则自动进行调整，一般情况下，采用默认值【Adjust teardrop size】，不作调整；若要生成报告文件，只要选中【Generate report】选项即可。设置完成后，单击【OK】按钮。可见所有的焊盘连接处均加宽，如图 8-31 所示。

除了执行菜单命令【工具】|【泪滴】来补泪滴以外，还可以通过执行菜单命令【工具】|【遗留工具】|【Legacy Teardrops】来补泪滴。执行菜单命令后，打开【泪滴选项】对话框，如图 8-32 所示。

【通用】区域用于设置泪滴的作用范围，有【焊盘】、【过孔】、【Tracks】、【仅选择对象】、【强迫泪滴】和【创建报告】6 个选项。【行为】区域用于设置【添加】或【删除】泪滴。【泪滴类型】区域用于设置泪滴的形式，即由焊盘向导线过渡时添加直线还是圆弧，可选择【Arc】或【线】。设置方法与【Teardrops】对话框基本一致，不再赘述。

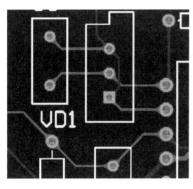

图 8-31　补泪滴的效果

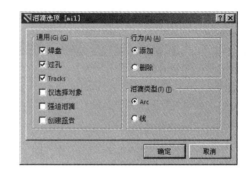

图 8-32　泪滴选项对话框

9. 放置安装孔

执行菜单命令【放置】|【过孔】，或者单击主工具栏上的 按钮，在板的四周放置 4 个孔径为 3.5mm 的安装孔。

10. 设计规则检查（DRC）

电路板布线完毕，在输出设计文件之前，还要进行一次完整的设计规则检查。设计规则检查（DRC）是 Altium Designer 14 进行 PCB 设计时的重要检查工具，是 PCB 设计正确性和完整性的重要保证。系统会根据用户设计规则的设置，对 PCB 设计的各个方面进行检查校验，如导线宽度、安全距离、元件间距、过孔类型等。灵活运用 DRC，可以保障 PCB 设计的顺利进行和最终生成正确的输出文件。

执行菜单命令【工具】|【设计规则检查】，打开图 8-33 所示的【设计规则检测】对话框。

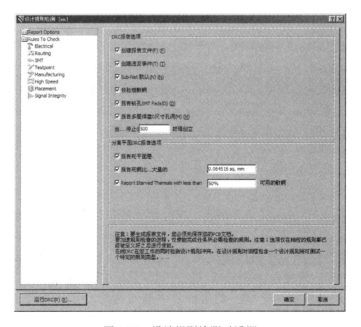

图 8-33　设计规则检测对话框

该对话框的左侧是该检查器的内容列表，包括【Report Options】（DRC 报告选项）和【Rules To Check】（DRC 规则列表），右侧是其对应的具体内容。

单击左侧列表中的【Report Options】，即显示 DRC 报告选项的具体内容。这里的选项主要用于对 DRC 报告的内容和方式进行设置，通常保持默认设置即可。其中各选项的含义如下：

【创建报告文件】：建立报告文件。若选中该选项，则运行批处理 DRC 后会自动生成扩展名为 DRC 的报表文件，包含本次 DRC 运行中使用的规则、违规数量和细节描述。

【创建违反事件】：建立违规事件，若选中该选项，则运行批处理 DRC 后，系统会将电路板中违反设计规则的地方用绿色高亮标志出来，同时在违规对象和违规消息之间直接建立链接，可以直接通过【Message】面板中的违规消息进行错误定位，找到违规对象。

【Sub-Net 默认】：子网络细节描述，若选中该选项，则对网络连接关系进行检查并生成报告。

【校验短敷铜】：检验短路铜，若选中该选项，将对敷铜或非网络连接造成的短路进行检查。

【报告钻孔 SMT Pads】：检验 SMT 焊盘钻孔，若选中该选项，将对钻孔的 SMT 焊盘进行检查。

【报告多层焊盘 0 尺寸孔洞】：检验多层板零孔焊盘，若选中该选项，将对多层板进行检查，是否存在着孔径为零的焊盘。

【当…停止妨碍创立】：当违规的数量达到右侧文本框中指定的数值时，停止检查。

单击左侧列表中【Rules to Check】，即可显示所有可进行检查的设计规则，共有八大类，没有包括【Mask】和【Plane】这两类规则，如图 8-34 所示。可以看到，系统在默认状态下，不同规则有着不同的 DRC 运行方式，有的规则只用于在线 DRC，有的只用于批处理 DRC。在规则栏中，通过【在线】和【批量】两个选项，用户可以选择在线 DRC 或批处理 DRC。运行过程中，校验的依据是在前面的【PCB 设计规则及约束编辑器】对话框中所进行的各项规则的具体设置。

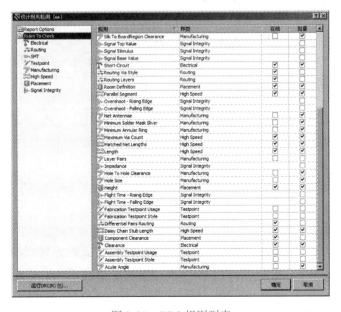

图 8-34　DRC 规则列表

设计规则检查主要有两种运行方式，即在线 DRC 和批处理 DRC。若开启了在线 DRC 功能，则在 PCB 的具体设计过程中，系统随时进行规则检查，以绿色高亮标记违规设计，提醒设计者，并阻止当前的违规操作。【参数选择】对话框的【PCB Editor】|【General】选项卡中可以设置是否选择在线 DRC，如图 8-35 所示。而在电路板布线完毕、文件输出之前，则可以使用批处理 DRC 对电路板进行一次完整的设计规则检查，相应的违规设计也将以绿色高亮进行标记。根据系统

图 8-35　在线 DRC 设置

的相关提示，可以对设计进行必要的修改和进一步的完善。

需要注意的是，在不同阶段运行批处理 DRC，对其规则选项要进行不同的选择。例如，在未布线阶段，如果要运行批处理 DRC，应将部分布线规则禁止，否则会导致过多的错误提示而使 DRC 失去意义。在 PCB 设计结束时，也要运行一次批处理 DRC，这时就要选中所有 PCB 相关的设计规则，使规则检查尽量全面。

设置的校验规则必须是电路设计应满足的设计规则，而且这些待校验的设计规则也必须是已经在【PCB 规则及约束编辑器】对话框中设定了的选项。虽然系统提供了众多可用于校验的设计规则，但对于一般的电路设计来说，在设计完成后只需对【Clearance】（安全间距）、【Short-Circuit】（短路）、【Un-Routed Net】（未布线网络）和【Width】（导线宽度）这几项规则进行 DRC，即能满足实际设计的需要。

单击左侧列表中的【Electrical】，打开电气规则校验设置界面，选中【Clearance】、【Short-Circuit】和【Un-Route Net】3 项，如图 8-36 所示。

设计规则检测 [mm]				
Report Options	规则	种类	在线	批量
Rules To Check	Unpoured Polygon	Electrical	☐	☐
Electrical	Un-Routed Net	Electrical	☐	☑
Routing	Un-Connected Pin	Electrical	☑	☐
SMT	Short-Circuit	Electrical	☑	☑
Testpoint	Clearance	Electrical	☑	☑
Manufacturing				
High Speed				

图 8-36　DRC 电气规则校验设置

单击左侧列表中的【Routing】，打开布线规则校验设置界面，只选中【Width】选项，如图 8-37 所示。

设置结束后，单击【Run Design Rule Check】按钮，开始运行批处理 DRC。校验结束后，系统在当前项目的【Documents】文件夹下，自动生成网页格式的设计规则校验报告，并显示在工作窗口中，如图 8-38 所示。打开【Messages】面板是空白的，表明电路板上已经没有违反设计规则的地方。

在网页格式的设计规则校验报告中可以看到，报告的上半部分显示了设计文件的路径、

图 8-37　DRC 布线规则校验设置

Design Rule Verification Report

Date : 2018-1-18
Time : ÏÂÎç 12:27:08
Elapsed Time : 00:00:00
Filename : C:\Documents and Settings\³ÂÕ𥥣\×ÀÃæ\AD½¡³Ì
\Ð£±¾½½²Ä\ÏíÁ¿Éý AD×ª»»µçÂ·\AD×ª»»µçÂ·
£¨²¹Äáµ¼Î£©.PcbDoc

Warnings：0
Rule Violations：0

Summary

Warnings	Count
Total	**0**

Rule Violations	Count
Width Constraint (Min=0.254mm) (Max=0.254mm) (Preferred=0.254mm) (All)	0
Short-Circuit Constraint (Allowed=No) (All),(All)	0
Un-Routed Net Constraint ((All))	0
Clearance Constraint (Gap=0.254mm) (All),(All)	0
Power Plane Connect Rule(Relief Connect)(Expansion=0.508mm) (Conductor Width=0.254mm) (Air Gap=0.254mm) (Entries=4) (All)	0
Width Constraint (Min=0.5mm) (Max=0.5mm) (Preferred=0.5mm) ((InNet('-12V') OR InNet('-12V') OR InNet('VCC')))	0
Total	**0**

图 8-38　网页格式的设计规则校验报告

名称及校验日期等，并详细列出了各项需要校验的设计规则的具体内容及违反各项设计规则的统计次数，如图 8-38 所示。在有违规的设计规则中，单击其中的选项，即转到报告的下半部分，可以详细查看相应违规的具体信息，内容与【Messages】面板的相同。

若【Messages】面板列出了各项违规的具体内容，可以看到 PCB 编辑窗口中以绿色高亮标注了该 PCB 上的相关违规设计。可以执行菜单命令【设计】|【复位错误标记】，清除绿色的错误标志。双击【Messages】面板中的某项违规信息，则工作窗口将会自动跳转到该项违规的设计处，即完成违规快速定位。修改违规的设计后，重新进行批量 DRC。

Altium Designer 14 提供了 3 种格式的设计规则校验报告，即网页格式（扩展名为"html"）、文本格式（扩展名为"drc"）和数据表格式（扩展名为"xml"），系统默认生成的为网页格式。

在网页格式的设计规则校验报告中，单击上方的【customize】，即可打开【参数选择】对话框的【PCB Editor】|【Reports】选项卡，在【Design Rule Check】中，选中【TXT】（文本格式）及【XML】（数据表格式）的【Show】、【Generate】选项，如图 8-39 所示。

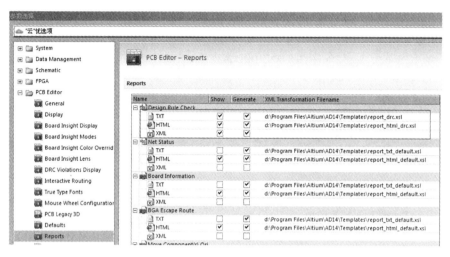

图 8-39　报告格式设置

设置后，再次运行 DRC，系统即在当前工程中同时生成了 3 种格式的设计规则校验报告，如图 8-40 所示。

11. 敷铜

敷铜是指在设计 PCB 时，把 PCB 没有走线的空余部分用铜膜铺满。敷铜实际是由一系列的铜膜走线组成，完成板的不规则区域

图 8-40　3 种格式的设计规则校验报告

内的填充。敷铜通常是和接地网络相连，增大地线面积，有利于地线阻抗降低，使电源和信号传输稳定。在高频的信号线附近敷铜，可大大减少电磁辐射干扰，增强 PCB 的电磁兼容性，提高电路的抗干扰能力。同时，流过大电流的地方也可以采用敷铜的方法来加大过电流的能力。经过敷铜处理后的电路板会显得十分美观。通常敷铜的安全间距应该在一般导线安全间距的两倍以上。

执行菜单命令【放置】|【多边形敷铜】，或单击【布线】工具栏中的 ▦ 按钮，或按快捷键 <P> + <G>，打开【多边形敷铜】对话框，如图 8-41 所示。

在【多边形敷铜】对话框中，各项参数含义如下：

1）【填充模式】区域用于设置敷铜的填充模式，其中包括 3 个选项。

【Solid（Copper Regions）】选项设定采用填满铜模式，即在敷铜区域内为全铜敷设。这种模式所产生的数据量（文档）比较小，但不是所有输出装置（如电路板雕刻机）都能接受或完全接受。所以，在使用这种模式时，要将输出的 Gerber 文档请制板厂家确认无误。

【Hatched（Tracks/Arcs）】选项设定采用网格状敷铜模式，即在敷铜区域内填入网络状的敷铜，属于传统方式。这种模式所产生的数据量（文档）比较大，但输出文档没有相容

性的问题。

【None（Outlines Only）】选项设定采用边框敷铜模式，即只保留敷铜边界，内部无填充。

针对不同的填充模式，在对话框的中间采用图形设定方式来设置敷铜的具体参数。其图案与设置项目将随填充模式的不同而有所不同。

填充模式设置为【Solid（Copper Regions）】时，中间的图案与选项如图 8-41 所示，用于设置删除孤立区域敷铜的面积限制值以及删除凹槽的宽度限制值。

【孤岛小于…移除】：设置所要删除的面积下限，若选中右边的选项，则死铜面积只要小于设定值，将被删除，否则设定的面积值不起作用。死铜是指无法连接到其所应该连接网络的敷铜。

图 8-41　多边形敷铜对话框

【弧近似】：设置敷铜沿圆弧元件的形状修整的误差容许量。

【当铜宽小于…移除颈部】：设置敷铜宽度下限，若选中右边的选项，则只要敷铜宽度小于设定值，将被删除，否则设定的宽度值不起作用。

需要注意的是，使用该方式敷铜后，在 Protel 99SE 软件中不能显示敷铜，但可以用【Hatched（Tracks/Arcs】方式敷铜。

填充模式设置为【Hatched（Tracks/Arcs）】时，中间的图案与选项如图 8-42 所示，用于设置敷铜网格线的宽度、网格的大小、围绕焊盘的形状及网格的类型。

【轨迹宽度】：设置敷铜线的线宽。

【栅格尺寸】：设置敷铜线的间距，若敷铜线的间距小于或等于其线宽，则为铺满铜。

【包围焊盘宽度】：设置敷铜围绕圆形焊盘的形状，有 2 个选项，其中【圆弧】选项设定采用圆弧状围绕圆形焊盘；【八角形】选项设定采用八角形围绕圆形焊盘。

【孵化模式】：设置敷铜线的角度，有 4 个选项，其中【90°】选项设定采用十字线敷铜；【45°】选项设定采用交叉线敷铜；【水平的】选项设定采用水平线敷铜；【垂直的】选项设定采用垂直线敷铜。

填充模式设置为【None（Outlines Only）】时，中间的图案与选项如图 8-43 所示，用于设置敷铜边界导线宽度及围绕焊盘的形状等。中间的图案改为空心敷铜，而选项与图 8-42 所示类似，不再赘述。

2）【属性】区域用于设置敷铜的属性。其中各项含义如下：

【名称】：设置敷铜的名称。

【层】：设置敷铜的板层。

【最小整洁长度】：设置此敷铜内敷铜线的最小长度。设定的长度越短，显示速度越慢，但越精细，而产生的数据也越多；设定的长度越长，显示速度越快，但将较粗糙。

图 8-42 【Hatched（Tracks/Arcs）】填充模式

图 8-43 【None（Outlines Only）】填充模式

【锁定原始的】：设置是否锁定敷铜。若选中该选项，则此敷铜内的所有敷铜线结合为一个整体，无法分开移动或选中。建议选中本选项。

【锁定】：设置敷铜被锁定，选中该选项，无法移动该敷铜。

【忽略在线障碍】：设置是否不对此敷铜进行设计规则检查。若选中该选项，则不对敷铜进行设计规则检查。建议选中本选项。

【Is Poured】：设置是否执行敷铜操作。要进行敷铜，必须选中该选项。

3）【网络选项】区域用于设置敷铜连接网络的相关选项，其中各项含义如下：

【链接到网络】：设置敷铜连接到的网络，通常连接到接地网络。

下面的列表框用于设置此敷铜与连接网络的覆盖关系，包括 3 个选项。其中【Don't Pour Over Same Net Objects】选项设定敷铜的内部填充不与同网络的走线或敷铜相连，只与同网络的焊盘相连，如图 8-44 所示；【Pour Over All Same Net Objects】选项设定敷铜的内部填充与同网络的走线或敷铜相连，也就是敷铜直接覆盖同网络的走线或敷铜，如图 8-45 所示；【Pour Over Same Net Polygons Only】选项设定敷铜的内部填充只与同网络的焊盘或敷铜相连，不与同网络的走线相连，如图 8-46 所示。

【死铜移除】：设置是否删除孤立区域的敷铜。若选中该选项，则可以将孤立区域的敷铜去除。

将【填充模式】设置为【Hatched（Tracks/Arcs）】，【层】设置为 Bottom Layer，选中【忽略在线障碍】和【Is Poured】选项，【网络选项】设置为 GND，【链接到网络】设定为【Pour Over All Same

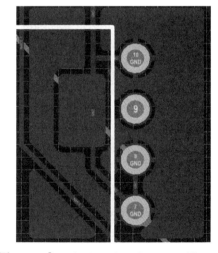

图 8-44 【Don't Pour Over Same Net Objects】选项设置效果

Net Objects】，其余采用默认值。单击【确定】按钮，关闭对话框，此时光标变成十字形，准备开始敷铜操作。与多边形绘制一样，在 PCB 上适当的位置单击鼠标左键，确定敷铜的顶点，最后单击鼠标右键或按 <Esc> 键，即可完成敷铜，如图 8-47 所示。

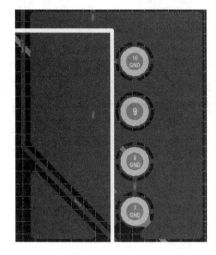

图 8-45　【Pour Over All Same Net Objects】
选项设置效果

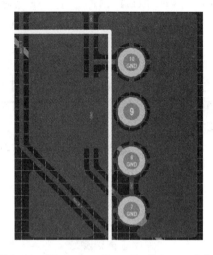

图 8-46　【Pour Over Same Net Polygons Only】
选项设置效果

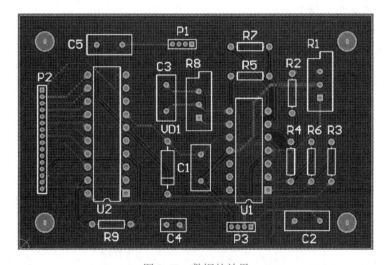

图 8-47　敷铜的效果

单击选中已经放置的敷铜，敷铜边线上出现控点，光标指向边线非控点位置，按住鼠标左键即可移动该边线的位置。若按住控点移动，则会改变敷铜顶点的位置。移至适当位置，松开鼠标左键，弹出图 8-48 所示的【Repour polygons】对话框，单击【Repour Now】按钮，重新敷铜；单击【Make Unpoured】按钮，则将敷铜设置为未灌铜状态，敷铜只有边框。

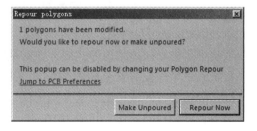

图 8-48　Repour polygons 对话框

8.3 补充提高：电路板设计的基本规则

（1）【Electrical】设计规则 在电路板布线过程中所遵循的电气方面的规则，包括【Clearance】（安全间距）、【Short-Circuit】（短路）、【Un-Routed Net】（未布线网络）和【Un-connected Pin】（未连接引脚）4个子规则。

1）【Clearance】（安全间距）设计规则。【Clearance】设计规则用于设置具有电气特性的对象之间的最小安全间距，使彼此之间不会因为太近而产生干扰。在PCB上具有电气特性的对象包括走线、焊盘、过孔和铜膜填充区等。若在编辑窗口中两电气对象的间距小于此设计规则所规定的间距，则两电气对象将违反设计规则而显示绿色。通常情况下安全间距越大越好，但是太大的安全间距会使电路不够紧凑，同时也将导致制板成本提高。因此安全间距通常设置为10～20mil，根据不同的电路结构可以设置不同的安全间距。用户可以对整个PCB的所有网络设置相同的布线安全间距，也可以对某一个或多个网络进行单独的布线安全间距设置。

图8-49 【Clearance】设计规则列表

单击【PCB规则及约束编辑器】对话框左侧区域的【Clearance】左例的【＋】号，安全间距的各项规则名称以树形结构形式展开，对话框右侧将列出该规则的详细信息，如图8-49所示。系统有一个预设的安全间距规则，名称为【Clearance】，鼠标左键单击这个规则名称，对话框右侧的编辑区域将显示这个规则使用的范围和规则的约束特性，如图8-50所示。默认情况下，整个板面的安全间距为10mil。

右边编辑区可分为3部分，分别说明如下。

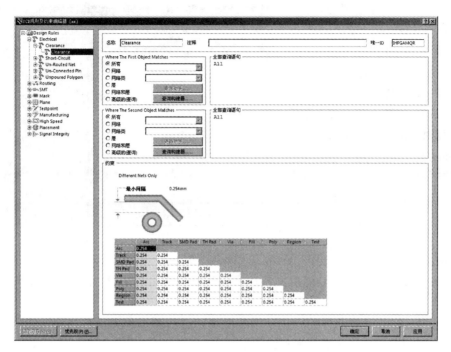

图 8-50　【Clearance】设计规则设置界面

　　上面的区域里包含 3 个字段，其中的【名称】字段为此设计规则的名称，可使用中文名称；【注释】字段为此设计规则的说明字段，可使用中文；【唯一 ID】字段为此设计规则的识别码，与用户无关。

　　中间的【Where the First Object Matches】（第一个对象匹配哪里）区域与【Where the Second Object Matches】（第二个对象匹配哪里）区域用于设置规则的适用对象。当然，一定要两个电气对象才有安全间距的问题，所以其适用对象有两个，分别在这两个区域中设定。而这两个区域的内容与操作方式完全一样，在此，以【Where the First Object Matches】区域为例，说明设定筛选适用对象的操作。

　　【所有】选项用于设定所有电气对象都适用。

　　【网络】选项用于设定适用的网络。选中该选项，即可在其右侧的下拉列表框中指定适用的网络。

　　【网络类】选项用于设定适用的网络分类。选中该选项，即可在其右侧的下拉列表框中指定适用的网络分类，若该工程中没有网络分类，则列表框中只有【All Nets】选项。

　　【层】选项用于设定适用的板层。选中该选项，即可在其右侧的下拉列表框中指定适用的板层。

　　【网络和层】选项用于设定适用的网络和板层，也就是指定板层上的指定网络，才是适用对象。选中该选项，即可在其右侧的两个下拉列表框中指定适用的网络和板层。

　　【高级的（查询）】选项是利用查询构建器，协助筛选适用对象。选中该选项，即可单击右边的【查询构建器】按钮，打开图 8-51 所示的查询构建器对话框。在这个对话框里包含 3 个字段，其中【条件类/操作员】字段为筛选条件与运算子字段；【条件值】字段为操作的对象字段，用户可在其中挑选所要判断或运算的对象；【查询预览】字段为编辑的结果。

编辑时，单击【条件类型/操作员】字段的下拉按钮，弹出一个下拉菜单，其中各项说明如下：

【Belongs to Net】（所属网络）选项设定所要筛选的对象是网络。若选中该选项，则可在右边的【条件值】字段中指定所要操作的网络。

【Belongs to Component】（所属元件）选项设定所要筛选的对象是元件。若选中该选项，则可在右边的【条件值】字段中指定所要操作的元件。

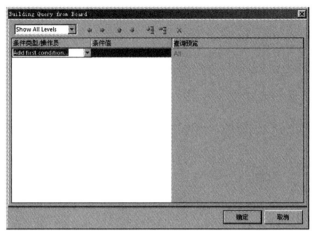

图 8-51　查询构建器对话框

【Exists on Layer】（所在层）选项设定所要筛选的对象所在的板层。若选中该选项，则可在右边的【条件值】字段中指定板层。

【Object Kind is】（对象种类）选项设定所要筛选的图形种类。若选中该选项，则可在右边的【条件值】字段中指定所要操作的图形种类。

【Associated with Footprint】（所属元件封装）选项设定所要筛选的元件所应用的封装。若选中该选项，则可在右边的【条件值】字段中指定元件封装。

【Belongs to Component Class】（所属元件类）选项设定所要筛选的元件类。若选中该选项，则可在右边的【条件值】字段中指定元件类。

【Belongs to Net Class】（所属网络类）选项设定所要选的网络类。若选中此选项，则可在右边的【条件值】字段中指定网络类。

【Belongs to FromTo Class】（所属飞线类）选项设定所要筛选的点对点类。若选中该选项，则可在右边的【条件值】字段中指定点对点类。

【Belongs to Differential Pair Class】（所属差分对类）选项设定所要筛选的差分对类。若选中该选项，则可在右边的【条件值】字段中指定差分对类。

【Belongs to Layer Class】（所属板层类）选项设定所要筛选的板层类。若选中该选项，则可在右边的【条件值】字段中指定板层类。

【Belongs to Pad Class】（所属焊盘类）选项设定所要筛选的焊盘类。若选中该选项，则可在右边的【条件值】字段中指定焊盘类。

【In Any Polygon】（任意敷铜）选项设定所要筛选的敷铜。若选中该选项，则可在右边的【条件值】字段中指定敷铜。

指定筛选对象或条件后，若要指定更多的筛选对象或条件，则在其下的【Add another condition】处单击鼠标左键，即可产生第 2 个条件，用户可继续指定第 2 个筛选对象或条件，如图 8-52 所示。

在两个筛选条件之间有个标示【AND】的与运算符，单击此字段，即可拉下运算子菜单，其中只有【AND】与【OR】两个运算符，【AND】运算符设定必须同时符合两个筛选条件，才通过筛选；【OR】运算符设定只要符合其中一个筛选条件，就可以通过筛选。

下面的【约束】区域用于设置约束条件,单击【最小间隔】右侧的数字,即可重新输入两个电气对象的最小间距。在其上方有个下拉列表框,如图 8-53 所示,其中包括 5 个选项,【Different Nets Only】选项设定仅检查不同网络的图形对象;【Same Net Only】选项设定仅检查相同网络的图形对象;【Any Net】选项设定检查所有网络;【Different Differential Pair】选项设定检查不同的差分对;【Same Differential Pair】选项设定检查相同的差分对。

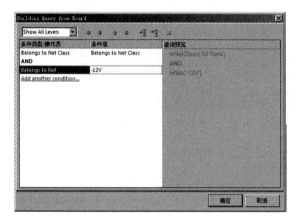

图 8-52 指定第 2 个筛选条件

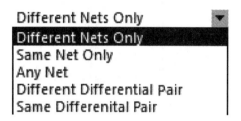

图 8-53 约束条件

在下方的表格中可以分别设置满足筛选条件的两个电气对象的最小间距,如图 8-54 所示。

	Arc	Track	SMD Pad	TH Pad	Via	Fill	Poly	Region	Text
Arc	0.254								
Track	0.254	0.254							
SMD Pad	0.254	0.254	0.254						
TH Pad	0.254	0.254	0.254	0.254					
Via	0.254	0.254	0.254	0.254	0.254				
Fill	0.254	0.254	0.254	0.254	0.254	0.254			
Poly	0.254	0.254	0.254	0.254	0.254	0.254	0.254		
Region	0.254	0.254	0.254	0.254	0.254	0.254	0.254	0.254	
Text	0.254	0.254	0.254	0.254	0.254	0.254	0.254	0.254	0.254

图 8-54 最小间隔设置表格

2)【Short-Circuit】(短路)设计规则。【Short-Circuit】设计规则用于设置在电路板上的导线是否允许短路。单击对话框的左侧区域的【ShortCircuit】,右侧的编辑区域如图 8-55 所示。【约束】区域用于设置约束条件,若选中【允许短电流】选项,即允许指定的两个适用对象可以短路。

3)【Un-Routed Net】(未布线网络)设计规则。【Un-Routed Net】设计规则用于检查指定范围内的网络是否布线成功,如果网络中有布线不成功的,该网络上已经布的走线将保留,没有成功布线的将保持飞线。单击对话框左侧区域的【UnRoutedNet】,右侧的编辑区域如图 8-56 所示。

在【Where the First Object Matches】(第一个对象匹配哪里)区域中设定适用对象,与前面描述一样,不再赘述。【约束】区域里并没有任何约束条件,换言之,只要是未完成布线的网络,就将它纳入违反设计规则之列。

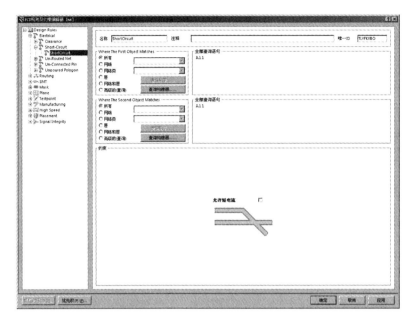

图 8-55 【Short-Circuit】设计规则设置界面

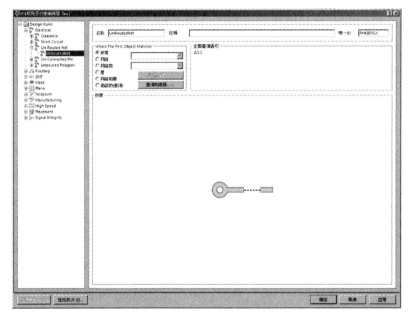

图 8-56 【Un-Routed Net】设计规则设置界面

4）【Un-connected Pin】（未连接引脚）设计规则。【Un-connected Pin】设计规则用于检查指定范围内的元件引脚是否连接成功。由于系统没有为【Un-connected Pin】预设设计规则，所以必须先新增一项设计规则。单击对话框左侧区域新增的【UnconnectedPin】，右侧的编辑区域如图 8-57a 所示。在【Where the First Object Matches】（第一个对象匹配哪里）区域中设定适用对象即可。【约束】区域里并没有任何约束条件，换言之，只要是未连接的引脚，就将它纳入违反设计规则之列。

5)【Unpoured Polygon】（未敷铜的多边形）设计规则。【Unpoured Polygon】设计规则用于设置在 DRC 时是否允许不敷铜。单击对话框左侧区域的【UnpouredPolygon】，右侧的编辑区域如图 8-57b 所示。在【约束】区域里选中【Allow unpoured】选项，在进行 DRC 时，允许敷铜区域不敷铜。

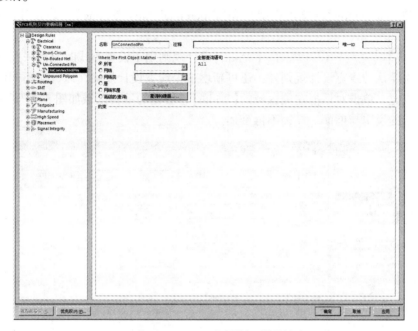

a)【Un-connected Pin】设计规则设置界面

b)【Unpoured Polygon】设计规则设置界面

图 8-57　【Un-connected Pin】及【Unpoured Polygon】设计规则设置界面

（2）【Routing】设计规则 【Routing】设计规则是自动布线器进行自动布线的重要依据，其设置是否合理将直接影响到布线质量的好坏和布通率的高低。【Routing】设计规则包括【Width】（宽度）、【Routing Topology】（布线拓扑）、【Routing Priority】（布线优先级）、【Routing Layer】（布线板层）、【Routing Corners】（布线转角）、【Routing Via Style】（布线过孔样式）、【Fanout Control】（扇出控制）和【Differential Pairs Routing】（差分对布线）8 个子规则。

1）【Width】（宽度）设计规则。【Width】设计规则用于设置布线时允许采用的导线的宽度。除了程序默认的线宽设计规则外，还可新增多个线宽设计规则，以针对不同的网络或板层，规定其线宽。单击对话框左侧区域的【Width】，右侧的编辑区域如图 8-58 所示。上面区域和中间区域的说明与前面一样，不再赘述。

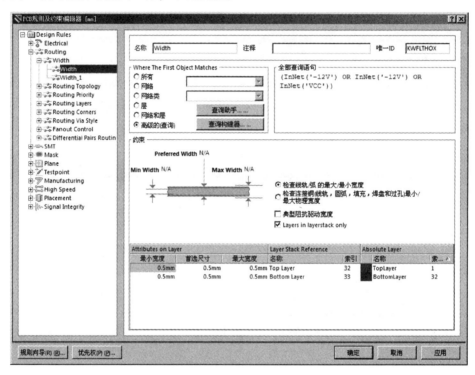

图 8-58　【Width】设计规则设置界面

【约束】区域可分为两部分，提供图形和字段两种不同的设定方式。

【约束】区域的上半部分为一条布线的图案，直接在图里标示其线宽及相关选项，其中有 3 个线宽设定项目，【Min Width】为最小线宽，若线宽低于此设定值，即违反此设计规则；【Preferred Width】为默认的线宽；【Max Width】为最大线宽，若线宽高于此设定值，即违反此设计规则。若要改变其值，只需在数值处单击鼠标左键，即可输入新值。这 3 个数值的设定，一定要遵循【Max Width】≥【Preferred Width】≥【Min Width】的原则。另外，【典型阻抗驱动宽度】选项设定以布线的特性阻抗来定义线宽，若选中该选项，则左边的图形消失，设定项目也改以阻抗的方式，如图 8-59 所示，就可以特性阻抗来定义线宽。【Layers in layerstack only】选项设定下面的字段中，只列出层堆栈里有的层，若不选中此选项，则下面的字段中，将列出所有层，所以建议选中此选项。

图 8-59　以特性阻抗方式设定线宽设计规则

以图形的方式只能让整条布线采用一定的线宽，若希望同一条布线在不同的板层采用不同的线宽，则可采用字段设定方式，也就是在下面的字段中指定。在下面的【最小宽度】字段中设定最小线宽，【首选尺寸】字段中设定默认的线宽，【最大宽度】字段中设定最大线宽。

2）【Routing Topology】（布线拓扑）设计规则。【Routing Topology】设计规则用于设置自动布线时的拓扑逻辑，即同一网络内各个节点间的布线方式。除了程序默认的布线拓扑设计规则外，还可对某些特定网络设置布线拓扑设计规则，以适合该网络的分布属性。单击对话框左侧区域的【RoutingTopology】，右侧的编辑区域如图 8-60 所示。上面区域和中间区域的说明与前面一样，不再赘述。

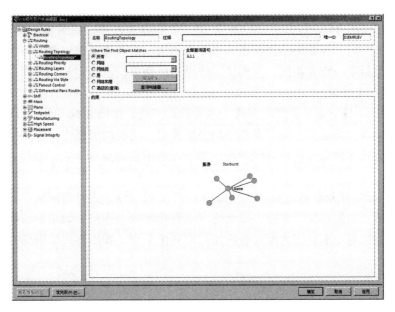

图 8-60　【Routing Topology】设计规则设置界面

【约束】区域中，可在【拓扑】下拉列表框中选中网络的拓扑结构，共有 7 种拓扑结构，其中【Shortest】设定最短路径布线方式，是系统默认使用的拓扑结构，如图 8-61 所示；【Horizontal】设定以水平方向为主的布线方式，若元件布局时，水平方向上空间较大，可以考虑采用该方式进行布线，如图 8-62 所示；【Vertical】设定以垂直方向为主的布线方式，与上一种逻辑刚好相反，采用该方式进行布线时，系统将尽可能地选择竖直方向的布线，如图 8-63 所示。

图 8-61 Shortest

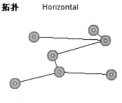

图 8-62 Horizontal

【Daisy-simple】设定简单链状连接方式，如图 8-64 所示。该方式需要指定起点和终点，其含义是在起点和终点之间连通网络上的各个节点，并且使连线最短，如果没有指定起点和终点，系统将会采用【Shortest】方式布线。

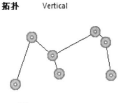

图 8-63 Vertical

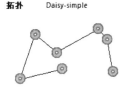

图 8-64 Daisy-simple

【Daisy-MidDriven】设定中间驱动链状方式，也是链式方式，如图 8-65 所示。该方式也需要指定起点和终点，其含义是以起点为中心向两边的终点连通网络上的各个节点，起点两边的中间节点数目不一定要相同，但要使连线最短。如果没有指定起点和两个终点，系统将采用【Shortest】方式布线。

【Daisy-Balanced】设定平衡链状方式，也是链式方式，如图 8-66 所示。该方式也需要指定起点和终点，其含义是将中间节点数平均分配成组，所有的组都连接在同一个起点上，起点间用串联的方式连接，并且使连线最短，如果没有指定起点和终点，系统将会采用【Shortest】方式布线。

【Starburst】设定星形扩散连接方式，如图 8-67 所示。该方式是指网络中的每个节点都直接和起点相连，如果指定了终点，那么终点不直接和起点连接。如果没有指定起点，那么系统将试着轮流以每个节点作为起点去连接其他各个节点，找出连线最短的一组连线作为网络的布线方式。

图 8-65 Daisy-MidDriven　　　图 8-66 Daisy-Balanced　　　图 8-67 Starburst

3）【Routing Priority】（布线优先级）设计规则。【Routing Priority】设计规则用于设置 PCB 中网络布线的先后顺序，优先级高的网络先进行布线，优先级低的网络后进行布线。优先级可以设置的范围是 0~100，数字越大，级别越高。程序默认的布线优先级全部为 0，也就是最低优先级。还可对某些网络（例如电源与接地网络）提升其布线优先级，将可使电路板布线更合理。单击对话框左侧区域的【Routing Priority】，右侧的编辑区域如图 8-68 所示。上面区域和中间区域的说明与前面一样，不再赘述。

　　下面的【约束】区域中，可在【行程优先权】右侧文本框中指定布线优先级，可以直接输入数字，也可以增减按钮调节，如图 8-68 所示。

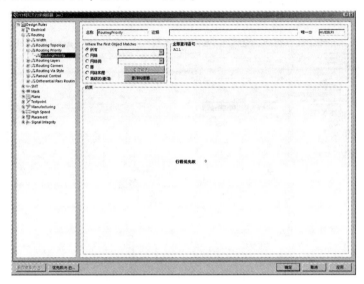

图 8-68　【Routing Priority】设计规则设置界面

　　4）【Routing Layers】（布线板层）设计规则。【Routing Layers】设计规则用于设置允许自动布线的板层。通常为了降低布线间耦合面积，减少干扰，不同板层的布线需要设置成不同的走向，如双面板，默认状态下顶层为垂直走向，底层为水平走向。单击对话框左侧区域的【RoutingLayers】，右侧的编辑区域如图 8-69 所示。上面区域和中间区域的说明与前面一样，不再赘述。

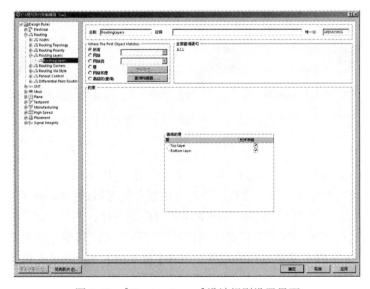

图 8-69　【Routing Layers】设计规则设置界面

下面的【约束】区域中，列出层栈管理器中所设定的所有布线层，选中其右边的【允许布线】选项，即可在该板层中布线。

5）【Routing Corners】（布线转角）设计规则。【Routing Corners】设计规则用于设置布线转角样式，也就是自动布线时，将采用的转角样式。单击对话框左侧区域的【RoutingCorners】，右侧的编辑区域如图 8-70 所示。上面区域和中间区域的说明与前面一样，不再赘述。

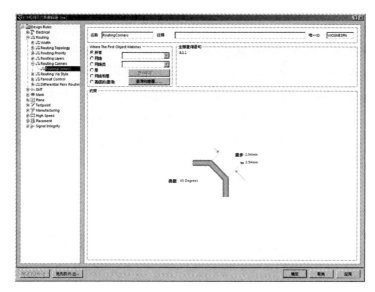

图 8-70 【Routing Corners】设计规则设置界面

下面的【约束】区域中，以图形模式设定布线的转角样式。首先在【类型】下拉列表框里选中所要采用的转角样式，有 3 个选项，分别是【45 Degrees】、【90 Degrees】和【Rounded】选项，如图 8-71 所示。若选中【45 Degrees】及【Rounded】选项，则可在【退步】字段指定开始转角与边的距离，在【to】字段指定结束转角与边的距离。

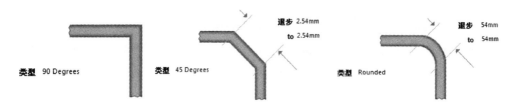

图 8-71 转角样式

6）【Routing Via Style】（布线过孔样式）设计规则。【Routing Via Style】设计规则用于设置布线过程中自动放置的过孔尺寸参数。单击对话框左侧区域的【RoutingVias】，右侧的编辑区域如图 8-72 所示。上面区域和中间区域的说明与前面一样，不再赘述。

下面的【约束】区域中，以图形模式让用户设定过孔样式。其中包括两个部分，可在【过孔直径】下面的 3 个字段中设定过孔的直径，其中【最小的】字段为过孔的最小直径，【最大的】字段为过孔的最大直径，【首选的】字段为过孔的默认直径。可在【过孔孔径大小】下面的

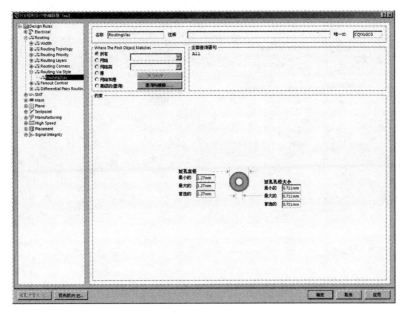

图 8-72　【Routing Via Style】设计规则设置界面

3 个字段中设定过孔的钻孔直径，其中的【最小的】字段为过孔的最小钻孔直径，【最大的】字段为过孔的最大钻孔直径，【首选的】字段为过孔的默认钻孔直径。

　　7）【Fanout Control】（扇出控制）设计规则。由于 SMD 元件的焊盘具有集中、面积小与单层的特性，若要引接其信号，必须将焊盘引出元件或通过过孔引接到其他板层，称为扇出式的引接。扇出布线大大提高了系统自动布线的成功概率。默认状态下，系统预设了 5 项设计规则，而这 5 项设计规则针对不同的适用对象，其中【Fanout_BGA】是 BGA（球栅阵列）封装扇出布线规则；【Fanout_LCC】是 LCC（无引脚芯片）封装扇出布线规则；【Fanout_SOIC】是 SOIC 封装扇出布线规则；【Fanout_Small】是小型封装扇出布线规则，指元件引脚少于五个的小型封装；【Fanout_Default】是系统默认扇出布线规则。每个种类的扇出布线规则选项的设置方法都相同，如图 8-73 所示。

　　下面的【约束】区域中，程序提供 4 个字段以定义扇出模式，说明如下：

　　【扇出类型】用于设置扇出样式，也就是如何将信号从 SMD 引脚焊盘引出。在下拉列表框中共有 5 个选项，【Auto】选项设定让程序自动选用扇出样式；【Inline Rows】选项设定采用直线式扇出，也就是从焊盘连接一条直线，再通过过孔将信号引接到其他层；【Staggered Rows】选项设定采用阶梯式扇出，也就是从焊盘以阶梯状导线将信号引接出来，再通过过孔将信号引接到其他层；【BGA】选项设定采用对角线式扇出，也就是从焊盘以对角导线将信号引接出来，再通过过孔将信号引接到其他层；【Under Pads】选项设定直接在 SMT 焊盘上挖一个过孔，将信号引接到其他层。

　　【扇出向导】用于设置扇出的进出方向，在下拉列表框中共有 6 个选项，【Disable】选项设定取消扇出方向的约束；【In Only】选项设定只采用进入方向；【Out Only】选项设定只采用出的方向；【In Then out】选项设定采用先进后出；【Out Then In】选项设定采用先出后进；【Alternating In and Out】选项设定采用进出交互切换。

　　【从焊盘趋势】用于设置从焊盘引出的方向，主要是针对 BGA 封装元件。在下拉列表框

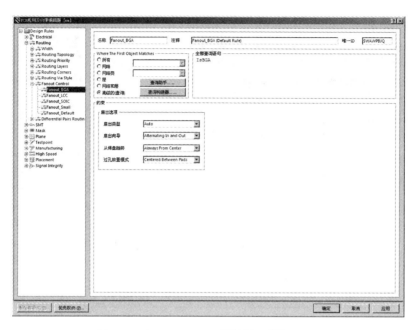

图 8-73 【Fanout Control】设计规则设置界面

中共有 6 个选项，【Always From Center】选项设定由焊盘中心为起点引接出来；【North-East】选项设定由焊盘的东北方向引出（右上方）；【South-East】选项设定由焊盘的东南方向引出（右下方）；【South-West】选项设定由焊盘的西南方向引出（左下方）；【North-West】选项设定由焊盘的西北方向引出（左上方）；【Towards Center】选项设定朝向焊盘中心方向引出。

【过孔放置模式】用于设置焊盘的模式，这也是针对 BGA 封装元件的。在下拉列表框中含有 2 个选项，【Centered Between Pads】选项设定在 BGA 封装元件的焊盘与焊盘间设置过孔；【Close To Pad（Follow Rules）】选项设定在不违反设计规则的情况下，过孔尽量靠近焊盘。

8）【Differential Pairs Routing】（差分对布线）设计规则。【Differential Pairs Routing】设计规则是针对高速板的差分对的规则，差分对是高速传输线，两条导线的长度一样、间距一样，所以阻抗一样，相互耦合。单击对话框左侧区域的【DiffPairsRouting】，右侧的编辑区域如图 8-74 所示。上面区域和中间区域的说明与前面一样，不再赘述。

下面的【约束】区域中，可分为两部分，提供图形和字段两种不同的设定方式，说明如下。

在【约束】区域的上半部分为差分对的图案，直接在图里标示其线宽与相关选项，其中有 3 个间距设置项，【Min Gap】为两线的最小间距；【Max Gap】为两线的最大间距，若两线超过此间距，则无耦合，视同独立的两条线；【Preferred Gap】为默认的间距，进行差分对的布线时将保持此间距；【Max Uncoupled Length】为差分可容许不耦合的最大长度，也就是为了避开障碍物而使两线不耦合的最大长度。一定要按照【Max Gap】≥【Preferred Gap】≥【Min Gap】的原则设置 3 个数值。另外，【仅层堆栈里的层】选项设定下面的字段中，只列出层堆栈里有的板层，若不选中此项，则下面的字段中将列出所有层，所以建议选中此项。

若要定义不同板层里采用不同的间距，则可采用字段设定方式，也就是在下面的字段中

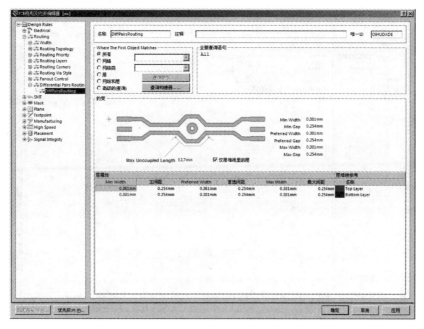

图 8-74　【Differential Pairs Routing】设计规则设置界面

指定。在下面的【主间距】字段中指定最小间距，【首选间距】字段中指定最适当间距，【最大间距】字段中指定最大间距。至于其他字段的功能，只是要让用户知道所要设定的布线板层而已。

（3）【SMT】设计规则　【SMT】设计规则主要是针对表面贴装式（简称表贴式）元件的布线规则，包括【SMD To Corner】（SMD 到转角）、【SMD To Plane】（SMD 到平面）及【SMD Neck-Down】（表贴式焊盘引线收缩比）3 项子规则。不过，程序并没有默认的设计规则，需要用户自行新增设计规则。

1）【SMD To Corner】（SMD 到转角）设计规则。【SMD To Corner】设计规则用于设置SMD 焊盘与导线转角之间的最小距离。表贴式焊盘的引出线一般都是引出一段长度之后才开始拐弯，这样就不会出现和相邻焊盘太近的情况。由于系统没有为【SMD To Corner】预设设计规则，所以必须先新增一项设计规则。单击对话框左侧区域新增的【SMDToCorner】，右侧的编辑区域如图 8-75 所示。上面区域和中间区域的说明与前面一样，不再赘述。而在下面的【约束】区域里，可直接在【距离】右侧输入所要设定的距离。

2）【SMD To Plane】（SMD 到平面）设计规则。【SMD To Plane】设计规则用于设置 SMD与内电层（Plane）的焊盘或过孔之间的距离。表贴式焊盘与内电层连接只能用过孔来实现，这个规则设置指出要离 SMD 焊盘中心多远才能使用过孔与内电层连接，默认值为 0mil。由于系统没有为【SMD To Plane】预设设计规则，所以必须先新增一项设计规则。单击对话框左侧区域新增的【SMDToPlane】，右侧的编辑区域如图 8-76 所示。上面区域和中间区域的说明与前面一样，不再赘述。而在下面的【约束】区域里，可直接在【距离】右侧输入所要设定的距离约束。

3）【SMD Neck-Down】（表贴式焊盘引线收缩比）设计规则。【SMD Neck Down】设计规则用于设置 SMD 焊盘引出线宽度与 SMD 焊盘宽度之间的比例关系，默认值为 50%。由于系

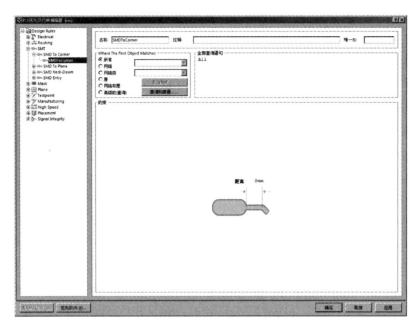

图 8-75　【SMD To Comer】设计规则设置界面

图 8-76　【SMD To Plane】设计规则设置界面

统没有为【SMD Neck-Down】预设设计规则，所以必须先新增一项设计规则。单击对话框左侧区域新增的【SMDNeckDown】，右侧的编辑区域如图 8-77a 所示。上面区域和中间区域的说明与前面一样，不再赘述。而在下面的【约束】区域里，可直接在【收缩】右侧输入布线线宽与焊盘宽度的比例。

4）【SMD Entry】（SMD 焊盘接入）设计规则。【SMD Entry】设计规则用于设置 SMD 焊

盘与引出线的连接方式。由于系统没有为【SMD Entry】预设设计规则，所以必须先新增一项设计规则。单击对话框左侧区域中新增的【SMDEntry】，右侧的编辑区域如图 8-87b 所示。上面区域和中间区域的说明与前面一样，不再赘述。而在下面的【约束】区域里，系统提供 3 种 SMD 焊盘与引出线的连接方式。其中【Any Angle】选项设定导线可以从 SMD 焊盘的任意位置以任意角度接入；【Corner】选项设定导线可以从 SMD 焊盘拐角接入；【Side】选项设定导线可以从 SMD 焊盘较长的边缘垂直接入。

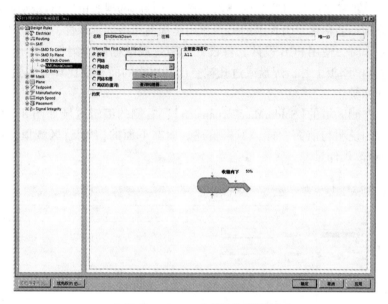

a)【SMD Neck-Down】设计规则设置界面

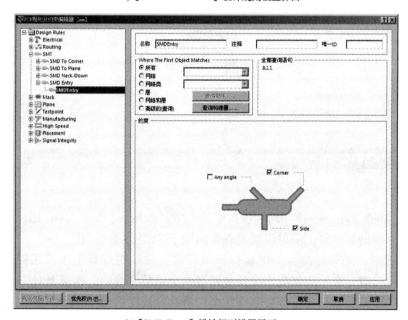

b)【SMD Entry】设计规则设置界面

图 8-77 【SMD Entry】设计规则设置界面

（4）【Mask】设计规则　【Mask】设计规则用于设置阻焊层、锡膏防护层与焊盘的间隔规则，包括【Solder Mask Expansion】（阻焊膜扩张量）及【Paste Mask Expansion】（助焊膜扩张量）2项子规则。

1）【Solder Mask Expansion】（阻焊膜扩张量）设计规则。【Solder Mask Expansion】设计规则用于设置阻焊层的延伸量，简单讲，就是绿漆与焊盘的间距。通常阻焊层除焊盘或过孔外，整面都铺满阻焊剂。阻焊层的作用就是防止不该被焊上的部分被焊锡连接，回流焊就是靠阻焊膜实现的。板子整面经过高温的锡水，没有阻焊膜的裸露电路板就粘锡被焊住了，而有阻焊膜的部分则不会粘锡。阻焊膜的另一作用是提高布线的绝缘性，防氧化和美观。

在电路板制作时，使用 PCB 设计软件设计的阻焊层数据制作绢板，再用绢板把阻焊剂（防焊漆）印制到电路板上时，焊盘或过孔被空出，空出的面积要比焊盘或过孔大一些，这就是阻焊层的延伸量。

单击对话框左侧区域的【SolderMaskExpansion】，右侧的编辑区域如图 8-78 所示。上面区域和中间区域的说明与前面一样，不再赘述。而在下面的【约束】区域里，可直接在【扩充】字段的右侧修改延伸量。

图 8-78　【Solder Mask Expansion】设计规则设置界面

2）【Paste Mask Expansion】（助焊膜扩张量）设计规则。【Paste Mask Expansion】设计规则用于设置锡膏层的延伸量，简单讲就是锡膏内缩于 SMD 焊盘的间距。

SMD 在焊接前，先对焊盘涂一层锡膏，然后将元件贴在焊盘上，再用回流焊机焊接。通常在大规模生产时，表贴式焊盘的涂膏是通过一个钢模完成的。钢模上对应焊盘的位置按焊盘形状镂空，涂膏时将钢模覆盖在电路板上，将锡膏放在钢模上，用刮板来回刮，锡膏透过镂空的部分涂到焊盘上。PCB 设计软件的锡膏层或锡膏防护层的数据层就是用来制作钢模的，钢模上镂空的面积要比设计焊盘的面积小，此处设置的规则就是这个差值的最大值。

单击对话框左侧区域的【PasteMaskExpansion】，右侧的编辑区域如图 8-79 所示。上面区域和中间区域的说明与前面一样，不再赘述。而在下面的【约束】区域里，可直接在【扩充】字段的右侧修改延伸量。

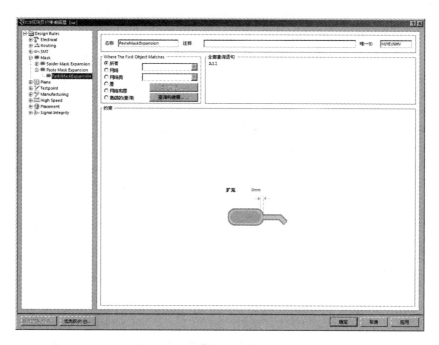

图 8-79 【Paste Mask Expansion】设计规则设置界面

（5）【Plane】设计规则 【Plane】设计规则用于设置内电层与焊盘或过孔相关的规则，包括【Power Plane Connect Style】（内电层连接方式）、【Power Plane Clearance】（内电层安全间距）和【Polygon Connect Style】（敷铜连接方式）3 项子规则。

1）【Power Plane Connect Style】（内电层连接方式）设计规则。【Power Plane Connect Style】设计规则用于设置内电层与焊盘或过孔的连接方式。单击对话框左侧区域的【Plane-Connect】，右侧的编辑区域如图 8-80 所示。上面区域和中间区域的说明与前面一样，不再赘述。而在下面的【约束】区域里，提供了 3 种连接方式。系统默认设置为【Relief Connect】，这也是工程制版常用的方式。

【Relief Connect】：辐射连接，即焊盘或过孔与内电层通过几根连接线相连接，这种连接方式可以降低热扩散速度，避免因散热太快而导致焊盘和焊锡之间无法良好融合。在这种连接方式下，需要选择连接导线的数目（2 或者 4），并设置导线宽度、空隙间距和扩充距离。

【Direct Connect】：直接连接。在这种连接方式下，不需要任何设置，焊盘或过孔与内电层之间的阻值会比较小，但焊接比较麻烦。对于一些有特殊导热要求的地方，可采用这种连接方式。

【No Connect】：不进行连接。

2）【Power Plane Clearance】（内电层安全间距）设计规则。【Power Plane Clearance】内电层安全间距设计规则用于设置内电层与焊盘（或过孔）的安全间距。单击对话框左侧区域的【PlaneClearance】，右侧的编辑区域如图 8-81 所示。上面区域和中间区域的说明与前面一样，不再赘述。而在下面的【约束】区域里，可直接在【间距】右侧修改安全间距。

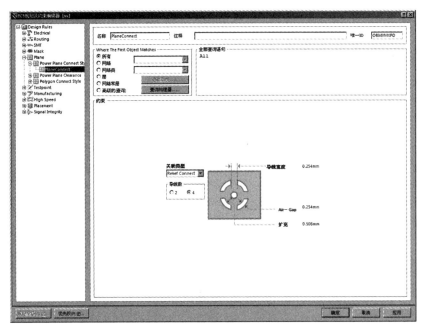

图 8-80 【Power Plane Connect Style】设计规则设置界面

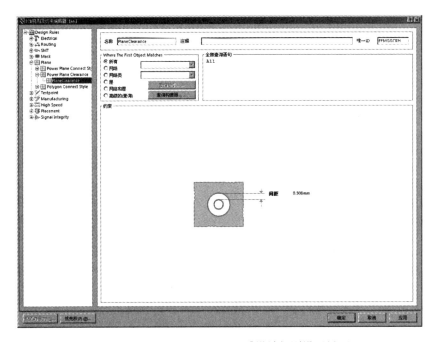

图 8-81 【Power Plane Clearance】设计规则设置界面

3）【Polygon Connect Style】（敷铜连接方式）设计规则。【Polygon Connect Style】设计规则用于设置敷铜与焊盘或过孔的连接方式。单击对话框左侧区域的【PolygonConnect】，右侧的编辑区域如图8-82所示。可以看到，其设置与【Power Plane Connect Style】规则设置基本相同，只是在【Relief Connect】方式中多了一项角度控制，用于设置焊盘或过孔和敷铜之间连接方式的分布方式，即采用【45 Angle】时，连接线呈"x"形状；采用【90 Angle】时，连接线呈"＋"形状。

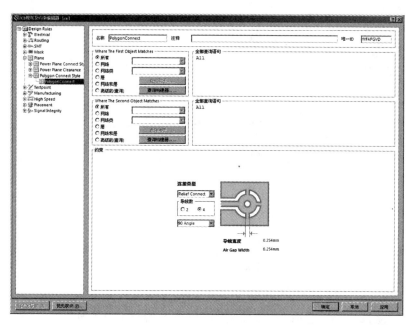

图 8-82　【Polygon Connect Style】设计规则设置界面

（6）【Testpoint】设计规则　【Testpoint】设计规则用于设置测试点的样式和使用方法的规则，包括【Fabrication Testpoint Style】（制造测试点样式）、【Fabrication Testpoint Usage】（制造测试点用法）、【Assembly Testpoint Style】（装配测试点样式）和【Assembly Testpoint Usage】（装配测试点用法）4 个子规则。其中"Fabrication Testpoint"制造测试点的 2 个设计规则用于 PCB 裸板加工测试，"Assembly Testpoint"装配测试点的 2 个设计规则用于电路板元件的测试。这两类规则之间的约束是相同的。

1）【Fabrication Testpoint Style】（制造测试点样式）和【Assembly Testpoint Style】（装配测试点样式）设计规则。这 2 个测试点样式设计规则用于设置测试点的形状和大小。单击对话框左侧区域的【FabricationTestpoint】或【AssemblyTestpoint】，右侧的编辑区域如图 8-83 所示（以前者为例）。上面区域和中间区域的说明与前面一样，不再赘述。

在下面的【约束】区域里，可分为 5 部分，说明如下：

在【尺寸】区域里，包括【大小】及【通孔尺寸】两个字段，【大小】字段为测试点的大小、【通孔尺寸】字段为测试点的钻孔直径，可在其【最小的】行里指定其最小尺寸，在【最大的】行里指定其最大尺寸，【首选的】行里指定其最适当尺寸。

在【栅格】区域里，可以设置测试点的栅格间距，选中【没有栅格】选项，则不指定栅格；选中【使用栅格】，可在【原点 x】和【y】里设置栅格原点的坐标，【栅格尺寸】里设置测试点的栅格尺寸，【公差】里设置栅格间距的公差。若选中【允许元件下测试点】选项，则可在元件下设置测试点。

在【间距】区域里，【最小的内部测试点间隔】设置内部测试点间的最小间距，【元件体间距】设置元件间的最小间距，【板边间距】设置 PCB 板间的最小间距。

图 8-83 【Fabrication Testpoint Style】设计规则设置界面

在【允许的面】区域里,【顶层】选项设定可在 PCB 的顶层设置测试点,【底层】选项设定可在 PCB 板的底层设置测试点。在【规则范围助手】区域里,【SMD 焊盘】选项设定可以将表贴式焊盘设置为测试点,【过孔】选项设定可以将过孔设置为测试点,【通孔焊盘】选项设定可以将通孔焊盘设置为测试点。

2)【Fabrication Testpoint Usage】(制造测试点用法)和【Assembly Testpoint Usage】(装配测试点用法)设计规则。这 2 个测试点用法设计规则用于设置测试点的用法。单击对话框左侧区域的【FabricationTestpointUsage】或【AssemblyTestpointUsage】,右侧的编辑区域如图 8-84 所示。上面区域和中间区域的说明与前面一样,不再赘述。

在下面的【约束】区域里,【测试点】区域里提供 3 个选项,【必需的】选项设定每个网络都必须设置测试点;【禁止的】选项设定不要测试点;【无所谓】选项设定有无测试点都没关系。若选中【必需的】选项,系统又提供 2 个选项,【每个网络一个单一的测试点】选项设定在同一网络上,只能设置一个测试点;【每个支节点上的测试点】选项设定可在同一网络上的每个支节点上设置测试点。【允许更多测试点(手动分配)】选项设定在同一网络上,可以手动设置多个测试点。

(7)【Manufacturing】设计规则 【Manufacturing】设计规则用于设置与电路板制造有关的规则,包括【Minimum Annular Ring】(最小环孔)、【Acute Angle】(锐角)、【Hole size】(孔径)、【Layer Pairs】(层配对)、【Hole To Hole Clearance】(孔间间隙)、【Minimum Solder Mask Sliver】(最小阻焊层宽度)、【Silk To Solder Mask Clearance】(丝印图形与阻焊层间距)、【Silk To Silk Clearance】(丝印层安全间距)、【Net Antennae】(网络天线)9 项子规则,系统只为【Hole size】、【Layer Pairs】预设了设计规则。

1)【Minimum Annular Ring】(最小环孔)设计规则。【Minimum Annular Ring】设计规则用于设置在电路板上,焊盘或过孔的最小环孔宽度,即焊盘或过孔与其钻孔之间的半径之

图 8-84　【Fabrication Testpoint Usage】设计规则设置界面

差。由于系统没有为【Minimum Annular Ring】预设设计规则，所以必须先新增一项设计规则。

单击对话框左侧区域新增的【MinimumAnnularRing】，右侧的编辑区域如图 8-85 所示。上面区域和中间区域的说明与前面一样，不再赘述。在下面的【约束】区域里，可在【最小环孔（x-y）】右侧指定最小环孔的尺寸。

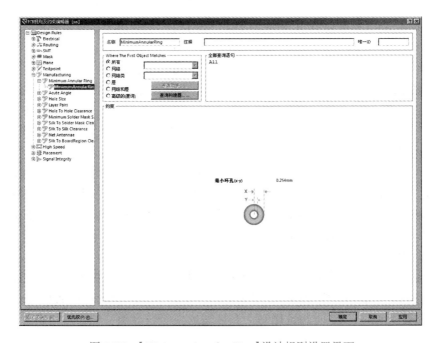

图 8-85　【Minimum Annular Ring】设计规则设置界面

2）【Acute Angle】（锐角）设计规则。【Acute Angle】设计规则用于设置布线转角的最小角度约束（即尖角）。最小夹角应该不小于90°，否则在蚀刻后容易残留药物，导致过度蚀刻。由于系统没有为【Acute Angle】预设设计规则，所以必须先新增一项设计规则。

单击对话框左侧区域新增的【AcuteAngle】，右侧的编辑区域如图8-86所示。上面区域和中间区域的说明与前面一样，不再赘述。在下面的【约束】区域里，可在【最小角】右侧指定最小角度。选项【仅检查线轨（Track）】设定最小角度约束只适用于铜箔走线。

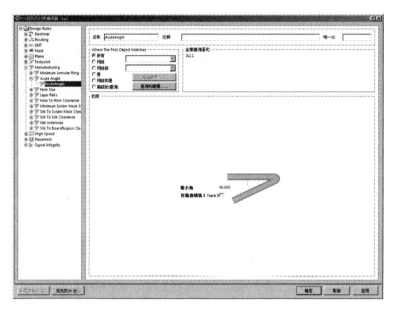

图8-86　【Acute Angle】设计规则设置界面

3）【Hole Size】（孔径）设计规则。【Hole Size】设计规则用于设置钻孔的尺寸。单击对话框左侧区域的【HoleSize】，右侧的编辑区域如图8-87所示。上面区域和中间区域的说明与前面一样，不再赘述。在下面的【约束】区域里，【测量方法】有2个选项，其中【Absolute】选项设定钻孔尺寸以绝对值来表示，可在【最小的】右侧指定钻孔的最小直径，【最大的】右侧指定钻孔的最大直径；【Percent】选项设定钻孔尺寸以钻孔尺寸与焊盘或过孔尺寸的比值（百分比）来表示，可在【最小的】右侧指定钻孔尺寸的最小百分比，【最大的】右侧指定钻孔尺寸的最大百分比。

4）【Layer Pairs】（层配对）设计规则。【Layer Pairs】设计规则用于设置是否允许使用钻孔板层对，钻孔板层对的设定将影响到多层板的制造，包括程序与钻孔（盲孔与埋孔）等。单击对话框左侧区域的【LayerPairs】，右侧的编辑区域如图8-88所示。上面区域和中间区域的说明与前面一样，不再赘述。在下面的【约束】区域里，【加强层对设定】选项用于设置是否强制采用钻孔板层对设置。

5）【Hole To Hole Clearance】（孔间间隙）设计规则。【Hole To Hole Clearance】设计规则用于设置钻孔之间的最小安全间距。单击对话框左侧区域的【HoleToHoleClearance】，右侧的编辑区域如图8-89所示。上面区域和中间区域的说明与前面一样，不再赘述。在下面的【约束】区域里，【允许堆微小孔】选项用于设置是否允许堆叠微通孔；【孔到孔间距】右侧指定钻孔之间的最小间距，默认为10mil。

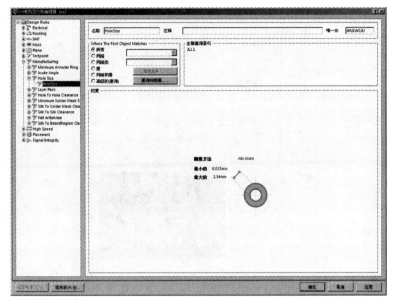

图 8-87　【Hole Size】设计规则设置界面

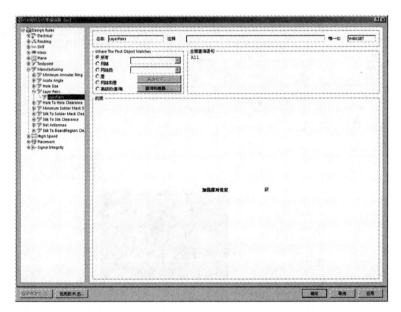

图 8-88　【Layer Pairs】设计规则设置界面

6）【Minimum Solder Mask Sliver】（最小阻焊层宽度）设计规则。【Minimum Solder Mask Sliver】设计规则用于设置阻焊层的最小宽度。单击对话框左侧区域的【MinimumSolderMask-Sliver】，右侧的编辑区域如图 8-90 所示。上面区域和中间区域的说明与前面一样，不再赘述。在下面的【约束】区域里，【最小化阻焊层裂口】右侧指定阻焊层的最小宽度，默认为 10mil。

7）【Silk To Solder Mask Clearance】（丝印图形与阻焊层间距）设计规则。【Silk To Solder Mask Clearance】设计规则用于设置丝印层图形与焊盘或阻焊层边缘的最小间距。单击对话

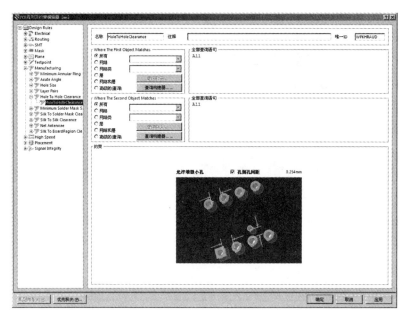

图 8-89 【Hole To Hole Clearance】设计规则设置界面

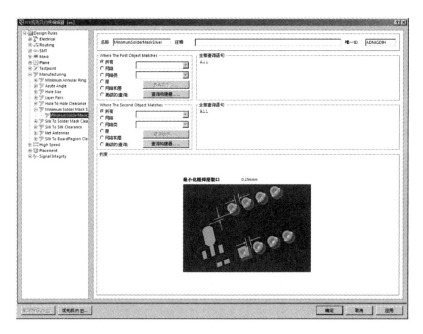

图 8-90 【Minimum Solder Mask Sliver】设计规则设置界面

框左侧区域的【SilkToSolderMaskClearance】，右侧的编辑区域如图 8-91 所示。上面区域和中间区域的说明与前面一样，不再赘述。在下面的【约束】区域里，【Clearance Checking Mode】区域有 2 个选项，【Check Clearance To Exposed Copper】选项设定检查丝印层图形与露铜（焊盘）的间距；【Check Clearance To Solder Mask Openings】选项设定检查丝印层图形与阻焊层边缘的间距。【Silkscreen To Object Minimum Clearance】右侧指定最小间距，默认为 10mil。

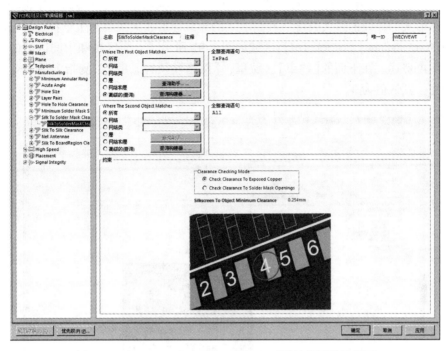

图 8-91　【Silk To Solder Mask Clearance】设计规则设置界面

8）【Silk To Silk Clearance】（丝印层安全间距）设计规则。【Silk To Silk Clearance】设计规则用于设置丝印层图形的安全间距。单击对话框左侧区域的【SilkToSilkClearance】，右侧的编辑区域如图 8-92 所示。上面区域和中间区域的说明与前面一样，不再赘述。在下面的【约束】区域里，【丝印层文字和其他丝印层对象间距】右侧指定最小间距，默认为 10mil。

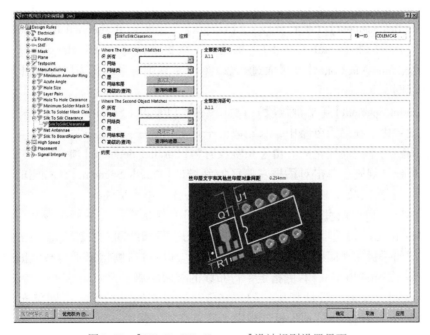

图 8-92　【Silk To Silk Clearance】设计规则设置界面

9）【Net Antennae】（网络天线）设计规则。【Net Antennae】设计规则用于设置一个网络上出现开路形式的导线的最大长度。开路形式的导线会形成天线，产生干扰。单击对话框左侧区域的【NetAntennae】，右侧的编辑区域如图 8-93 所示。上面区域和中间区域的说明与前面一样，不再赘述。在下面的【约束】区域里，【网络卷须容忍度】右侧指定最大容许的开路导线的长度，默认值为 0。

图 8-93　【Net Antennae】设计规则设置界面

（8）【High Speed】设计规则　【High Speed】设计规则用于设置高频电路设计的有关规则，包括【Parallel Segment】（平行线段）、【Length】（长度）、【Matched Net Lengths】（匹配网络长度）、【Daisy Chain Stub Length】（菊花链支线长度）、【Vias Under SMD】（SMD 下的过孔）和【Maximum Via Count】（最大过孔数）6 个子规则。系统只为【Matched Net Lengths】预设了设计规则。

1）【Parallel Segment】（平行线段）设计规则。【Parallel Segment】设计规则用于设置平行布线的间距约束。在高频电路中，长距离的平行走线往往会引起线间串扰。串扰的程度是随着长度和间距的不同而变化的。由于系统没有为【Parallel Segment】预设计规则，所以必须先新增一项设计规则。单击对话框左侧区域新增的【ParallelSegment】，右侧的编辑区域如图 8-94 所示。上面区域和中间区域的说明与前面一样，不再赘述。

在下面的【约束】区域里，可在【Layer Checking】右侧指定检查平行布线间距的方式，有 2 个选项，【Same Layer】选项设定只检查同一板层的平行布线间距；【Adjacent Layer】选项设定检查邻近层的平行布线间距。可在【For a parallel gap of】右侧指定平行布线间距的最小间距。可在【The parallel limit is】右侧指定平行布线的极限距离。

2）【Length】（长度）设计规则。【Length】设计规则用于设置一个网络布线的长度约束。由于系统没有为【Length】预设计规则，所以必须先新增一项设计规则。单击对话框左侧区域新增的【Length】，右侧的编辑区域如图 8-95 所示。上面区域和中间区域的说明与前

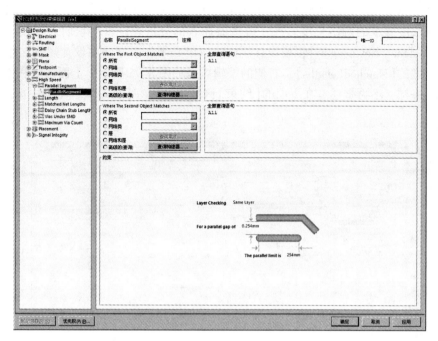

图 8-94　【Parallel Segment】设计规则设置界面

面一样，不再赘述。在下面的【约束】区域里，可在【最小的】右侧指定布线最短长度，【最大的】右侧指定布线最长长度。

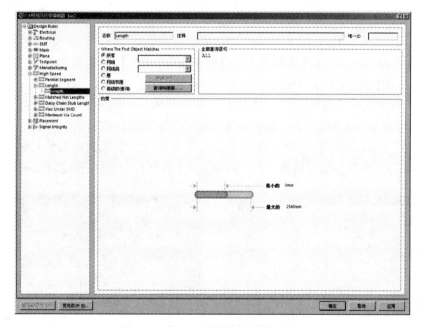

图 8-95　【Length】设计规则设置界面

3）【Matched Net Lengths】（匹配网络长度）设计规则。【Matched Net Lengths】设计规则用于设置等长布线的样式。此规则定义不同长度网络的相等匹配公差。PCB 编辑器定位于最长的网络（基于规则适用范围），与该作用范围规定的每个网络比较，规则定义怎样匹配不符合匹配长度要求的网络长度。PCB 编辑器插入部分折线，以使它们长度相等。由于系统没有为【Matched Net Lengths】预设设计规则，所以必须先新增一项设计规则，单击对话框左侧区域新增的【MatchedLengths】，右侧的编辑区域如图 8-96 所示。上面区域和中间区域的说明与前面一样，不再赘述。在下面的【约束】区域里，可在【公差】文本框中指定等长布线的误差量。

图 8-96 【Matched Net Lengths】设计规则设置界面

设置【Matched Net Lengths】规则后，执行菜单命令【工具】|【网络等长】，将打开【补偿网络】对话框。在【类型】下拉列表框指定等长布线的样式，若选中【90 Degrees】选项，程序将采用直角转弯方式延长布线长度，以达到等长的目的，如图 8-97 所示；若选中【45 Degrees】选项程序将采用45°转弯方式延长布线长度，以达到等长的目的，如图 8-98 所示；若选中【Rounded】选项，程序将采用圆弧方式延长布线长度，以达到等长的目的，如图 8-99 所示。在【振幅】文本框中指定转折的最大振幅，在【间隙】文本框中指定转折的间距。

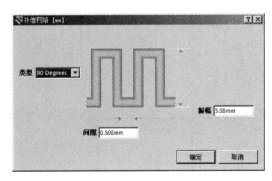

图 8-97 直角转弯方式

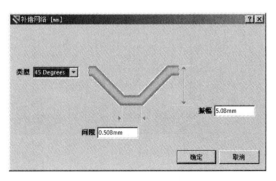

图 8-98 45°转弯方式

4）【Daisy Chain Stub Length】（菊花链支线长度）设计规则。【Daisy Chain Stub Length】设计规则用于设置菊花链走线时分支线的最大长度。由于系统没有为【Daisy Chain Stub Length】预设设计规则，所以必须先新增一项设计规则。单击对话框左侧区域新增的【Stub-Length】，右侧的编辑区域如图 8-100 所示。上面区域和中间区域的说明与前面一样，不再赘述。在下面的【约束】区域里，可在【最大存根长度】右侧指定分支线的最大长度。

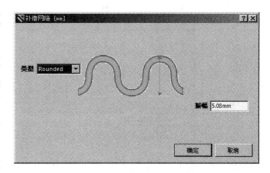

图 8-99　圆弧方式

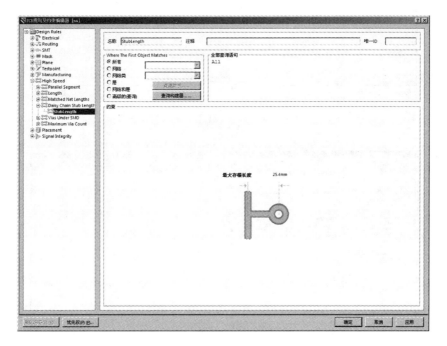

图 8-100　【Daisy Chain Stub Length】设计规则设置界面

5）【Vias Under SMD】（SMD 下的过孔）设计规则。【Vias Under SMD】设计规则用于设置是否允许在 SMD 焊盘下放置过孔。由于系统没有为【Vias Under SMD】预设设计规则，所以必须先新增一项设计规则。单击对话框左侧区域新增的【ViasUnderSMD】，右侧的编辑区域如图 8-101 所示。上面区域和中间区域的说明与前面一样，不再赘述。在下面的【约束】区域里，若选中【SMD 焊盘下允许过孔】选项，则允许在 SMD 焊盘下放置过孔。

6）【Maximum Via Count】（最大过孔数）设计规则。【Maximum Via Count】设计规则用于设置高频电路板中使用过孔的最大数量。用户可根据需要设置电路板总过孔数，或某些对象的过孔数，以提高电路板的高频性能。由于系统没有为【Maximum Via Count】预设设计规则，所以必须新增一项设计规则。单击对话框左侧区域新增的【MaximumViaCount】，右侧的编辑区域如图 8-102 所示。上面区域和中间区域的说明与前面一样，不再赘述。在下面的【约束】区域里，可在【最大过孔计算】右侧指定过孔的最大数量。

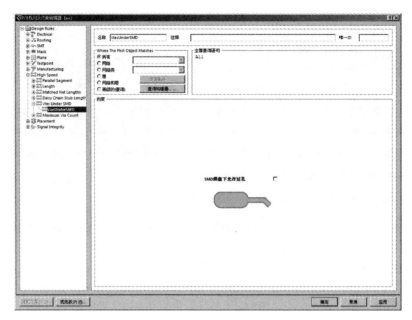

图 8-101 【Vias Under SMD】设计规则设置界面

图 8-102 【Maximum Via Count】设计规则设置界面

　　(9)【Placement】设计规则 【Placement】设计规则用于设置元件布局的有关规则。不管是自动布局还是手工布局，都要遵守元件布局的设计规则。【Placement】设计规则包括【Room Definition】（定义布局空间）、【Component Clearance】（元件安全间距）、【Component Orientations】（元件方向）、【Permitted Layers】（元件放置板层）、【Nets to Ignore】（忽略的网络）和【Height】（元件高度）6 个子规则。系统只为【Component Orientations】预设了设计规则。

1)【Room Definition】（定义布局空间）设计规则。【Room Definition】设计规则用于设置元件放置空间（Room）的尺寸及其所在的板层。采用器件放置工具栏中的内部排列功能，可以把所有属于某 Room 区域的器件移入这个区域。一旦器件类被指定到某 Room，Room 移动时器件也会跟着移动。由于系统没有为【Room Definition】预设设计规则，所以必须先新增一项设计规则。

单击对话框左侧区域新增的【RoomDefinition】，右侧的编辑区域如图 8-103 所示。上面区域和中间区域的说明与前面一样，不再赘述。

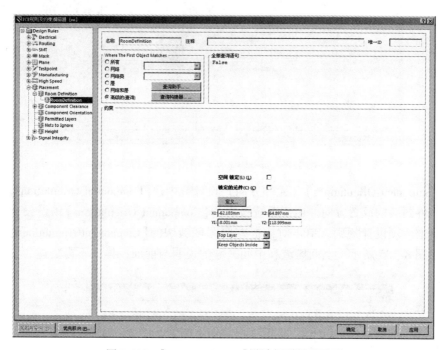

图 8-103 【Room Definition】设计规则设置界面

在下面的【约束】区域里，【空间锁定】选项设定锁定元件的布置空间，当空间被锁定后，可以选中，但不能移动或者直接修改大小。【锁定的元件】选项设定锁定 Room 中的元件。Room 可以设置为矩形，通过【X1】、【X2】、【Y1】、【Y2】右侧指定两点坐标，定义 Room 边界。Room 也可以设置为多边形，单击【定义】按钮，直接进入 PCB 编辑窗口，按照需要用光标画出多边形边界，定义 Room 边界。第一个下拉列表框中，选择【Top Layer】或【Bottom Layer】作为 Room 放置层面。第二个下拉列表框中，【Keep Objects Inside】选项设定元件放置在 Room 内，【Keep Objects Outside】选项设定元件放置在 Room 外。

2)【Component Clearance】（元件安全间距）设计规则。【Component Clearance】设计规则用于设置元件间的最小距离。单击对话框左侧区域的【ComponentClearance】，右侧的编辑区域如图 8-104 所示。上面区域和中间区域的说明与前面一样，不再赘述。

在下面的【约束】区域里，【垂直间距模式】区域中，【无限】选项设定垂直方向不指定最小间距，【指定的】选项设定垂直方向指定最小间距。可在【最小水平间距】下方和【最小垂直间距】右侧分别指定水平和垂直方向最小的间隔距离。【显示实际的冲突间距】选项用于设定元件间距小于设定值时，显示实际的冲突间距。

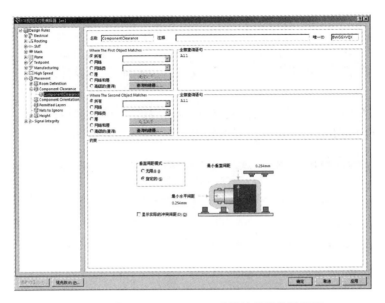

图 8-104 【Component Clearance】设计规则设置界面

3）【Component Orientations】（元件方向）设计规则。【Component Orientations】设计规则用于设置元件封装的放置方向。由于系统没有为【Component Orientations】预设设计规则，所以必须先新增一项设计规则。单击对话框左侧区域新增的【ComponentOrientations】，右侧的编辑区域如图 8-105 所示。上面区域和中间区域的说明与前面一样，不再赘述。

图 8-105 【Component Orientations】设计规则设置界面

在下面的【约束】区域里，【允许定位】区域设置元件可放置的方向，其中包括 5 个选项，【0 度】选项设定只能采用 0°放置，【90 度】选项设定只能采用 90°放置，【180 度】选项设定只能采用 180°放置，【270 度】选项设定只能采用 270°放置，【所有方位】选项设定可以采用任意角度放置。

4）【Permitted Layers】（元件放置板层）设计规则。【Permitted Layers】设计规则用于设置自动布局时元件封装允许放置的板层。由于系统没有为【Permitted Layers】预设设计规则，所以必须先新增一项设计规则。单击对话框左侧区域新增的【PermittedLayers】，右侧的编辑区域如图 8-106 所示。上面区域和中间区域的说明与前面一样，不再赘述。

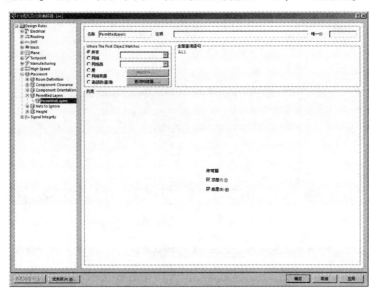

图 8-106 【Permitted Layers】设计规则设置界面

在下面的【约束】区域里，【许可层】区域设置元件可放置的板层，其中包括 2 个选项，【顶层】选项设定元件放置在底层，【底层】选项设定元件放置在底层。

5）【Nets to Ignore】（忽略的网络）设计规则。【Nets to Ignore】设计规则用于设置自动布局时可忽略的网络。组群式自动布局时，忽略电源网络可以使得布局速度和质量有所提高。由于系统没有为【Nets to Ignore】预设设计规则，所以必须先新增一项设计规则。单击对话框左侧区域新增的【NetsToIgnore】，右侧的编辑区域如图 8-107 所示。只需在中间区域指定忽略的网络即可。

6）【Height】（元件高度）设计规则。【Height】设计规则用于设置 Room 中的元件的高度，不符合规则的元件将不能被放置。单击对话框左侧区域的【Height】，右侧的编辑区域如图 8-108 所示。上面区域和中间区域的说明与前面一样，不再赘述。

在下面的【约束】区域里，可在【最小的】右侧指定元件的最小高度，【首选的】右侧指定元件的最适当高度，【最大的】右侧指定元件的最大高度。

（10）【Signal Integrity】设计规则 【Signal Integrity】设计规则用于设置信号完整性分析，包括【Signal Stimulus】（信号激励）、【Overshoot-Falling Edge】（下降沿过冲）、【Overshoot-Rising Edge】（上升沿过冲）、【Undershoot-Falling Edge】（下降沿下冲）、【Undershoot-Rising Edge】（上升沿下冲）、【Impedance】（阻抗）、【Signal Top Value】（信号高电平）、【Signal Base Value】（信号低电平）、【Flight Time-Rising Edge】（上升沿延迟时间）、【Flight Time-Falling Edge】（下降沿延迟时间）、【Slope-Rising Edge】（上升沿斜率）、【Slope-Falling Edge】（下降沿斜率）和【Supply Nets】（电源网络）13 个子规则，系统没有任何预设的设计规则。

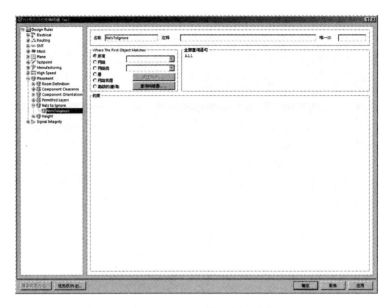

图 8-107 【Nets to Ignore】设计规则设置界面

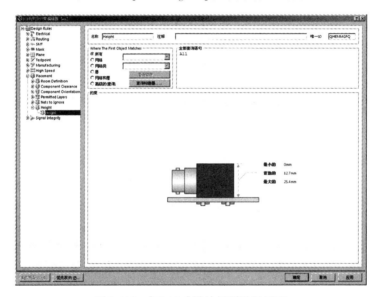

图 8-108 【Height】设计规则设置界面

1）【Signal Stimulus】（信号激励）设计规则。【Signal Stimulus】设计规则用于设置信号完整性分析和仿真时的激励信号，用来模拟实际信号传输的情况，以供电路板信号完整性分析之用。由于系统没有为【Signal Stimulus】预设设计规则，所以必须先新增一项设计规则。单击对话框左侧区域新增的【SignalStimulus】，右侧的编辑区域如图8-109所示。上面区域和中间区域的说明与前面一样，不再赘述。

在下面的【约束】区域里，【激励类型】用于设置激励信号的种类，有3个选项，其中【Constant Level】选项设定采用恒定电平的激励信号；【Single Pulse】选项设定采用单一脉冲；【Periodic Pulse】选项设定采用固定周期的激励信号。【开始级别】用于设置激励信号的初始电平。【开始时间】用于设置激励信号的起始时间。【停止时间】用于设置激励信号的结束时间。

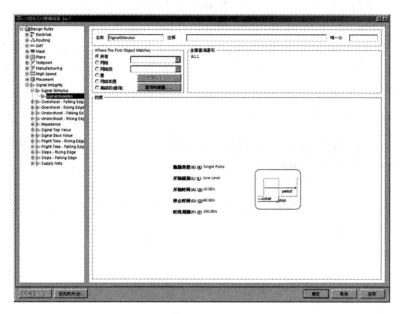

图 8-109　【Signal Stimulus】设计规则设置界面

【时间周期】用于设置激励信号的周期。

2）【Overshoot-Falling Edge】（下降沿过冲）设计规则。【Overshoot-Falling Edge】设计规则用于设置信号分析时允许的最大下降沿过冲，过冲值是最大下降沿过冲和低电平振荡摆的中心电平的差值。由于系统没有为【Overshoot-Falling Edge】预设设计规则，所以必须先新增一项设计规则。单击对话框左侧区域新增的【OvershootFalling】，右侧的编辑区域如图 8-110 所示。上面区域和中间区域的说明与前面一样，不再赘述。在下面的【约束】区域里，可在【最大（Volts）】右侧指定最大的过冲电压值。

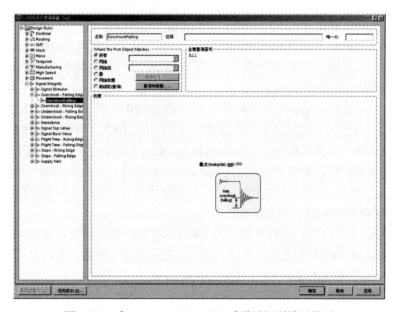

图 8-110　【Overshoot-Falling Edge】设计规则设置界面

3）【Overshoot-Rising Edge】（上升沿过冲）设计规则。【Overshoot-Rising Edge】设计规则用于设置信号分析时允许的最大上升沿过冲，过冲值是最大上升沿过冲和高电平振荡摆的中心电平的差值。由于系统没有为【Overshoot-Rising Edge】预设设计规则，所以必须先新增一项设计规则。单击对话框左侧区域新增的【OvershootRising】，右侧的编辑区域如图8-111所示。上面区域和中间区域的说明与前面一样，不再赘述。在下面的【约束】区域里，可在【最大（Volts）】右侧指定最大的过冲电压值。

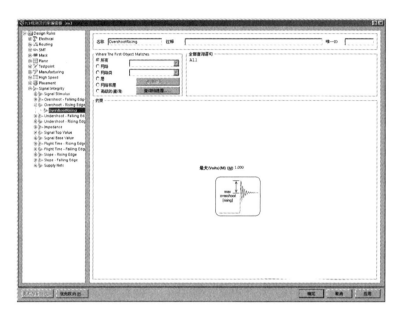

图8-111 【Overshoot-Rising Edge】设计规则设置界面

4）【Undershoot-Falling Edge】（下降沿下冲）设计规则。【Undershoot-Falling Edge】设计规则用于设置信号分析时允许的最大下降沿下冲，下冲值是最大下降沿下冲和低电平振荡摆的中心电平的差值。由于系统没有为【Undershoot-Falling Edge】预设设计规则，所以必须先新增一项设计规则。单击对话框左侧区域新增的【UndershootFalling】，右侧的编辑区域如图8-112所示。上面区域和中间区域的说明与前面一样，不再赘述。在下面的【约束】区域里，可在【最大（Volts）】右侧指定最大的下冲电压值。

5）【Undershoot-Rising Edge】（上升沿下冲）设计规则。【Undershoot-Rising Edge】设计规则用于设置信号分析时允许的最大上升沿下冲，下冲值是最大上升沿下冲和高电平振荡摆的中心电平的差值。由于系统没有为【Undershoot-Rising Edge】预设设计规则，所以必须先新增一项设计规则。单击对话框左侧区域新增的【UndershootRising】，右侧的编辑区域如图8-113所示。上面区域和中间区域的说明与前面一样，不再赘述。在下面的【约束】区域里，可在【最大（Volts）】右侧指定最大的下冲电压值。

6）【Impedance】（阻抗）设计规则。【Impedance】设计规则用于设置信号分析时允许的最大、最小网络阻抗。由于系统没有为【Impedance】预设设计规则，所以必须先新增一项设计规则。单击对话框左侧区域新增的【MaxMinImpedance】，右侧的编辑区域如图8-114所示。上面区域和中间区域的说明与前面一样，不再赘述。在下面的【约束】区域里，可在【最小（Ohms）】右侧指定最小的阻抗值，在【最大（Ohms）】右侧指定最大的阻抗值。

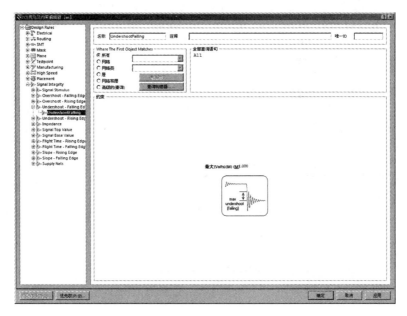

图 8-112　【Undershoot-Falling Edge】设计规则设置界面

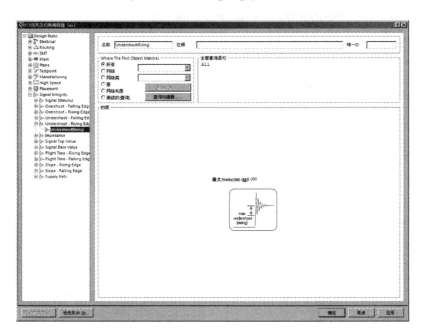

图 8-113　【Undershoot-Rising Edge】设计规则设置界面

7）【Signal Top Value】（信号高电平）设计规则。【Signal Top Value】设计规则用于设置信号分析时所用高电平的最低数值，只有超过了这个电平才被看作高电平。由于系统没有为【Signal Top Value】预设设计规则，所以必须先新增一项设计规则。单击对话框左侧区域新增的【SignalTopvalue】，右侧的编辑区域如图 8-115 所示。上面区域和中间区域的说明与前面一样，不再赘述。在下面的【约束】区域里，可在【最小（Volts）】右侧指定高电平的最小值。

8）【Signal Base Value】（信号低电平）设计规则。【Signal Base Value】设计规则用于设

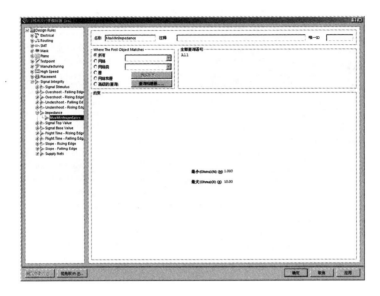

图 8-114 【Impedance】设计规则设置界面

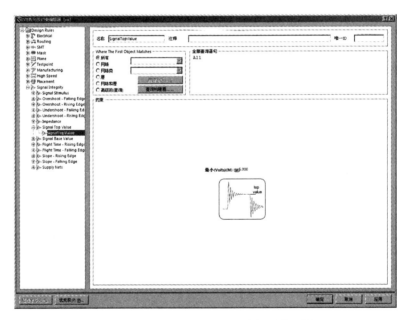

图 8-115 【Signal Top Value】设计规则设置界面

置信号分析时所用低电平的最高数值，只有低于这个电平才被看作低电平。由于系统没有为【Signal Base Value】预设设计规则，所以必须先新增一项设计规则。单击对话框左侧区域新增的【SignalBaseValue】，右侧的编辑区域如图 8-116 所示。上面区域和中间区域的说明与前面一样，不再赘述。在下面的【约束】区域里，可在【最大（Volts）】右侧指定低电平的最大值。

9）【Flight Time-Rising Edge】（上升沿延迟时间）设计规则。【Flight Time-Rising edge】上升沿延迟时间设计规则用于设置信号分析时的上升沿驱动实际输入到阈值电压的时间，与驱动一个参考负荷到阈值电压的时间的差值。这个差值和信号传输的延迟有关，因此会受到传输线

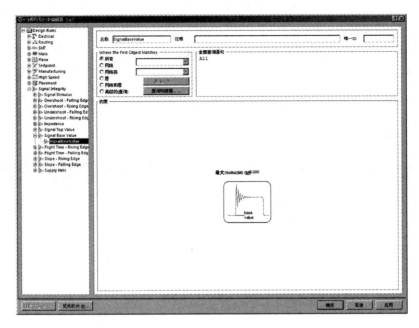

图 8-116　【Signal Base Value】设计规则设置界面

负载大小的影响。由于系统没有为【Flight Time-Rising Edge】预设设计规则，所以必须先新增一项设计规则。单击对话框的左侧区域新增的【FlightTimeRising】，右侧的编辑区域如图 8-117所示。上面区域和中间区域的说明与前面一样，不再赘述。在下面的【约束】区域里，可在【Maximum（seconds）】右侧指定上升沿的延迟时间。

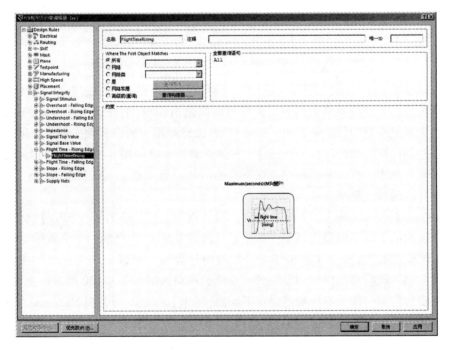

图 8-117　【Flight Time-Rising Edge】设计规则设置界面

10）【Flight Time-Falling Edge】（下降沿延迟时间）设计规则。【Flight Time-Falling Edge】设计规则用于设置信号分析时的下降沿驱动实际输入到阈值电压的时间，与驱动一个参考负荷到阈值电压的时间的差值。这个差值和信号传输的延迟有关，因此会受到传输线负载大小的影响。由于系统没有为【Flight Time-Falling Edge】预设设计规则，所以必须新增一项设计规则。单击对话框左侧区域新增的【FlightTimeFalling】，右侧的编辑区域如图 8-118 所示。上面区域和中间区域的说明与前面一样，不再赘述。在下面的【约束】区域里，可在【Maximum（seconds）】右侧指定下降沿的延迟时间。

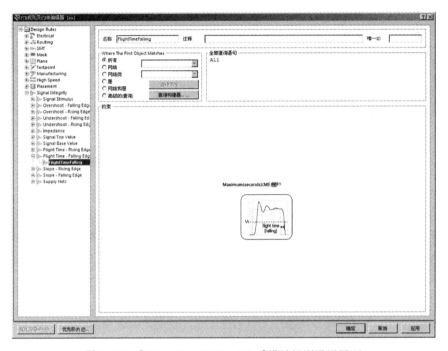

图 8-118 【Flight Time-Falling Edge】设计规则设置界面

11）【Slope-Rising Edge】（上升沿斜率）设计规则。【Slope-Rising Edge】设计规则用于设置信号分析时的上升沿的最大斜率，即信号从阈值电压 V_T 上升到一个有效的高电平 V_{IH} 的时间。由于系统没有为【Slope-Rising Edge】预设设计规则，所以必须先新增一项设计规则。单击对话框左侧区域新增的【SlopeRising】，右侧的编辑区域如图 8-119 所示。上面区域和中间区域的说明与前面一样，不再赘述。在下面的【约束】区域里，可在【Maximum（seconds）】右侧指定上升沿的最大斜率。

12）【Slope-Falling Edge】（下降沿斜率）设计规则。【Slope-Falling Edge】设计规则用于设置信号分析时的下降沿的最大斜率，即信号从阈值电压 V_T 下降到一个有效的低电平 V_{IL} 的时间。由于系统没有为【Slope-Falling Edge】预设设计规则，所以必须先新增一项设计规则。单击对话框左侧区域新增的【SlopeFalling】，右侧的编辑区域如图 8-120 所示。上面区域和中间区域的说明与前面一样，不再赘述。在下面的【约束】区域里，可在【Maximum（seconds）】右侧指定下降沿的最大斜率。

13）【Supply Nets】（电源网络）设计规则。【Supply Nets】设计规则用于设置信号分析规定的电源网络电压值。由于系统没有为【Supply Nets】预设设计规则，所以必须先新增一项

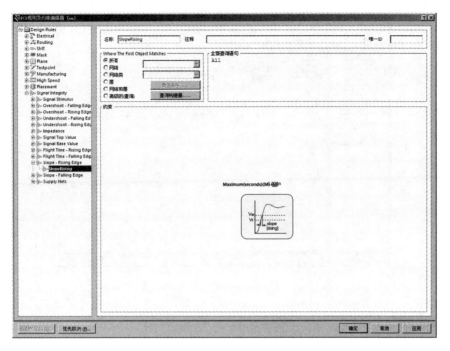

图 8-119 【Slope-Rising Edge】设计规则设置界面

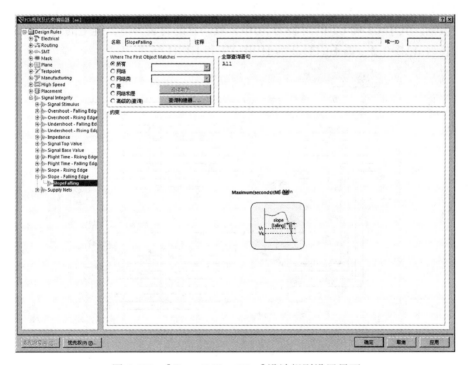

图 8-120 【Slope-Falling Edge】设计规则设置界面

设计规则。单击对话框左侧区域新增的【SupplyNets】，右侧的编辑区域如图 8-121 所示。上面区域和中间区域的说明与前面一样，不再赘述。在下面的【约束】区域里，可在【电压】右侧指定电源电压值。

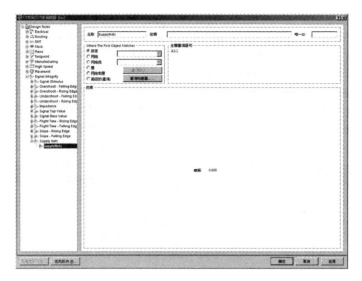

图 8-121　【Supply Nets】设计规则设置界面

8.4　练习

1. 绘制图 8-122 的电路原理图，并设计 PCB 图。要求：尺寸尽可能小，电源线宽 30mil，地线线宽 50mil，信号线宽 20mil，双面板，手工布线，电路板四周放置安装孔，顶层和底层敷铜。其中 U1 和 U2 的封装为 N016，数码管的封装为 H，排阻的封装为 SO-16_N，电容的封装为 RAD-0.3，端子的封装为 HDR1X2 和 HDR1X5。

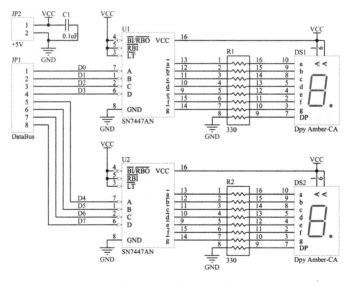

图 8-122　电路原理图

2. 为图 3-59 所示的电路原理图设计 PCB 图，要求：尺寸尽可能小，电源线宽 30mil，地线线宽 50mil，信号线宽 20mil，双面板，手工布线，电路板四周放置安装孔，顶层和底层敷铜。其中 U1 的封装为 D014_N，U2 的封装为 N014，排阻的封装为 SO-16_N，电阻的封装为 AXIAL-0.3，端子的封装为 HDR1X2 和 HDR1X5。

项目九
单片机电路印制板图

9.1 设计任务

1. 完成如下所示的单片机电路的印制板图设计

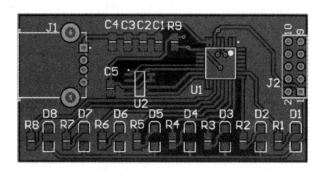

2. PCB 图绘制要求

根据项目四原理图绘制单片机电路的 PCB 图。元件属性见表 9-1。PCB 的尺寸 60mm × 30mm，自制 U1 的元件封装为 LQFP32，双面板，顶层放置元件，顶层和底层布线，线宽 0.5mm，顶层和底层敷铜。

表 9-1 元件属性

LibRef（元件名称）	Designator（编号）	Comment（标称值）	Footprint（封装）
Cap Pol3	C1，C2	10μF	6-0805_M
Cap	C3，C4，C5	0.1μF	6-0805_M
LED2	D1，D2，D3，D4，D5，D6，D7，D8	LED	3.2X1.6X1.1
USB	J1	USB	USB2.5-2H4B
Header 5X2	J2	Header 5X2	HDR2X5
Res1	R1，R2，R3，R4，R5，R6，R7，R8	310Ω	6-0805_M
Res1	R9	1kΩ	6-0805_M
C8051F320	U1	C8051F320	LQFP32
MX25L512	U2	MX25L512	SO8_L

3. 学习内容

1）使用 IPC 向导制作元件封装。
2）差分对。
3）生成电路板报表文件。
4）电路板打印输出。
5）放置填充。
6）敷铜管理器。
7）生成集成元件库。
8）拼板。

9.2 设计步骤

1. 新建 PCB 文件

打开项目四工程文件，在工程中新建 PCB 文件，命名为"单片机电路.PcbDoc"。

2. 手工规划电路板外形尺寸

在禁止布线层【Keep-Out Layer】中绘制电路板的外形，尺寸为 60mm×30mm。绘制外形后，选中电路板外形，执行菜单命令【设计】|【板子形状】|【按照选择形状定义】，电路板变成由新边界定义的外形。

3. 新建 PCB 封装库和使用向导制作元件封装

与原理图绘制一样，Altium Designer 14 不可能提供所有元件的封装，需要利用元件库编辑工具不断添加和修改元件的封装，以满足电路板设计的各种需要。

（1）新建 PCB 封装库　新建 PCB 封装库的方法有三种。

方法一：执行菜单命令【文件】|【新建】|【库】|【PCB 元件库】。

方法二：在【Files】面板中，在【新的】栏中单击【Other Document】，在弹出的菜单中执行【PCB Library Document】命令。

方法三：在【Project】面板中，在工程文件名上单击鼠标右键，在弹出的快捷菜单中执行【给工程添加新的】|【PCB Library】命令。

此时会创建一个名为【PcbLib1.PcbLib】的封装库文件，同时启动 PCB 封装元件编辑界面。执行菜单命令【文件】|【保存为】，将封装库文件重命名为【单片机电路.PcbLib】，并保存到合适的位置。

【PCB Library】面板用于检查和管理已经打开的封装库中的元件封装。如果【PCB Library】面板不可见，单击工作窗口右下方的【PCB】按钮，并从菜单中选择【PCB Library】将其打开。可见，封装库中已经包含一个名为【PCBCOMPONENT_1】的空白元件封装，如图 9-1 所示。

（2）使用向导制作元件封装　Altium Designer 14 支持 IPC（Institute for Interconnecting and Packaging Electronic Circuits，电子线路互连及封装协会）标准的板卡级库和基于向导的元件封装 IPC-7351（表面贴装设计和焊盘图形标准通用要求）创建标准。因此，既可以手工绘制 PCB 封装，也可以通过元器件向导或 IPC 封装向导制作元件封装。

IPC 封装向导是根据输入的指定参数，自动计算引脚长度和封装尺寸。这种方法绘制的封装形式更加标准，更加精确，对于有上百个引脚的芯片更加方便简洁。而元器件向导只适合于一些引脚少的元件，如光耦、插件等。图 9-2 是 LQFP32 的封装尺寸图，图中的尺寸是公制单位。下面通过 IPC 封装向导制作封装 LQFP32。

图 9-1 PCB Library 面板

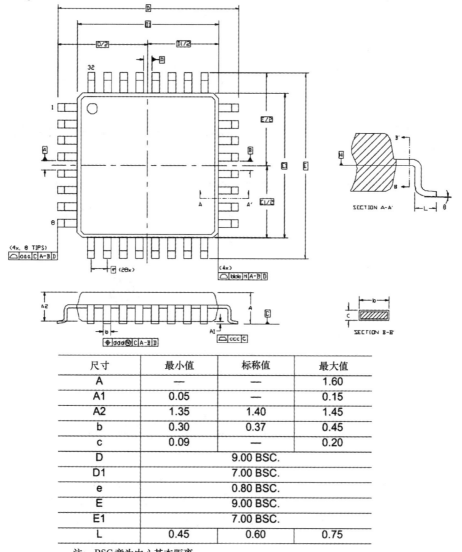

尺寸	最小值	标称值	最大值
A	—	—	1.60
A1	0.05	—	0.15
A2	1.35	1.40	1.45
b	0.30	0.37	0.45
c	0.09	—	0.20
D	9.00 BSC.		
D1	7.00 BSC.		
e	0.80 BSC.		
E	9.00 BSC.		
E1	7.00 BSC.		
L	0.45	0.60	0.75

注：BSC 意为中心基本距离。

图 9-2 LQFP32 封装尺寸图

执行菜单命令【工具】|【IPC 封装向导】，打开【IPC Compliant Footprint Wizard】IPC 封装向导对话框，如图9-3 所示。

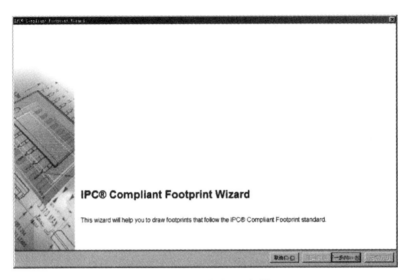

图 9-3　IPC 封装向导对话框

单击【下一步】按钮，进入图 9-4 所示的【Select Component Type】选择元件封装类型对话框，这里选择 PQFP 封装。

图 9-4　选择元件封装类型对话框

单击【下一步】按钮，进入【PQFP Package Overall Dimensions】外形尺寸设置对话框，在对话框中设置 PQFP 封装尺寸参数。根据元件的官方数据手册提供的参数，并结合其示意图设置相应参数。注意：由于有些元件厂家执行的是企业内部标准而非国际标准，有些参数项的代号与 IPC 向导代号不一致，因此要结合示意图来设置参数。按照图 9-2 所示的尺寸参数设置，如图 9-5 所示。

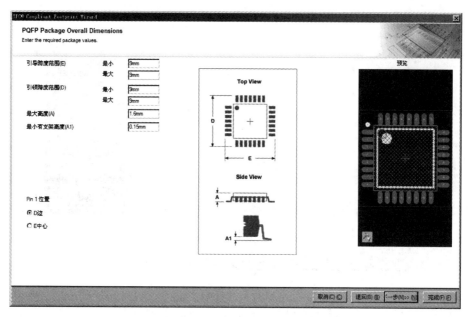

图 9-5　外形尺寸设置对话框

封装尺寸参数设置完成后，单击【下一步】按钮，进入【PQFP Package Pin Dimensions】引脚尺寸设置对话框。在对话框中设置 PQFP 封装引脚参数，按照图 9-6 所示进行设置。

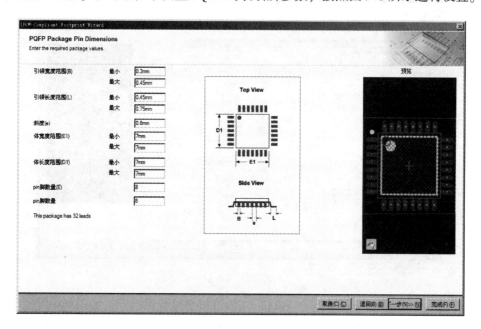

图 9-6　引脚尺寸设置对话框

设置完成后，单击【下一步】按钮，进入【PQFP Package Thermal Pad Dimensions】热焊盘设置对话框。如图 9-7 所示。在对话框中设置是否添加热焊盘。热焊盘就是针对一些芯片本身发热量比较大的情况，在芯片的下面增加一个长方形的金属焊盘，这个焊盘面积较大，通常与芯片的接地引脚相连，用于芯片散热。本例封装无热焊盘，因此不需要添加。

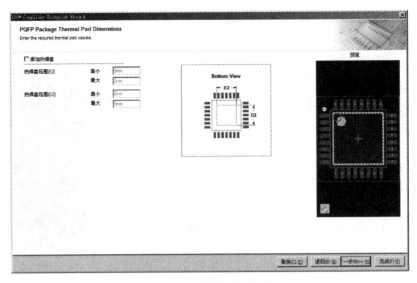

图 9-7   热焊盘设置对话框

单击【下一步】按钮，进入【PQFP Package Heel Spacing】封装引脚间距设置对话框，如图 9-8 所示。在对话框中设置芯片的长度和宽度，默认情况下，选中【使用计算值】选项，采用计算值，不做修改。

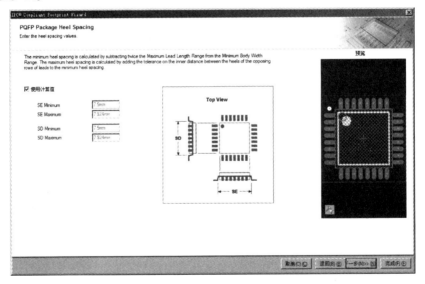

图 9-8   封装引脚间距设置对话框

单击【下一步】按钮，进入【PQFP Solder Fillets】填锡设置对话框，如图 9-9 所示。在对话框中设置焊料参数，由于焊盘工艺在设计阶段无法控制，因此一般不设置，采用默认值，只需按照需求设置【板密度级别】。IPC-7351 为每个元件提供了如下的三个焊盘图形几何形状的概念，用户可以从中进行选择：

【Level A-Low density】：密度等级 A（最大焊盘伸出），适用于低元件密度的产品，如便携/手持式或暴露在高冲击或振动环境中的产品。焊接结构是最坚固的，并且在需要的情况下很容易进行返修。

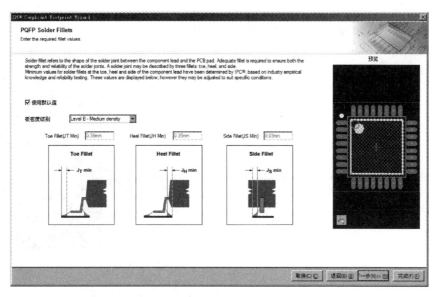

图 9-9　填锡设置对话框

【Level B-Medium density】：密度等级 B（中等焊盘伸出），适用于中等元件密度的产品，提供坚固的焊接结构。

【Level C-High density】：密度等级 C（最小焊盘伸出），适用于焊盘图形具有最小的焊接结构要求的微型器件，可实现最高的元件组装密度。

单击【下一步】按钮，接下来两个对话框都是设置允许误差，一般都采用默认参数，不做修改，如图 9-10 和图 9-11 所示。

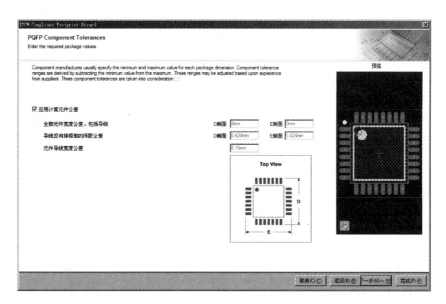

图 9-10　元件公差设置对话框

单击【下一步】按钮，进入【PQFP Footprint Dimensions】封装尺寸设置对话框，如图 9-12 所示。在对话框中设置焊盘的大小和间距，一般情况下，采用计算值即可。

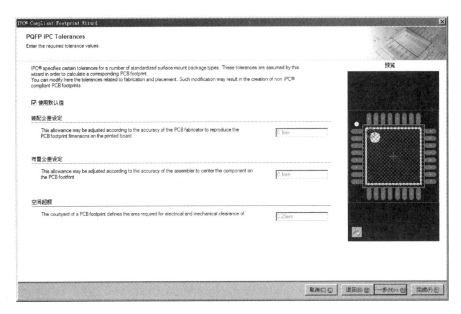

图 9-11　IPC 公差设置对话框

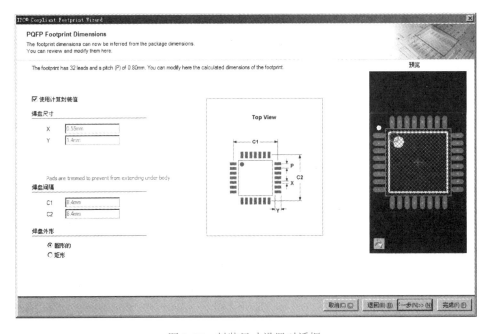

图 9-12　封装尺寸设置对话框

单击【下一步】按钮，进入【PQFP Silkscreen Dimensions】丝印尺寸设置对话框，如图 9-13 所示。在对话框中设置丝印图形的参数，一般情况下，采用默认参数即可。

单击【下一步】按钮，进入【PQFP Courtyard，Assembly and Component Body Information】围挡、装配和元件体信息设置对话框，如图 9-14 所示。在对话框中设置生成元件的外框信息、装配信息以及该元件的 3D 模型，可自行决定是否需求，一般采用默认值即可。

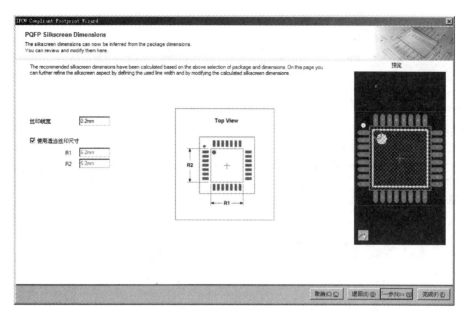

图 9-13　丝印尺寸设置对话框

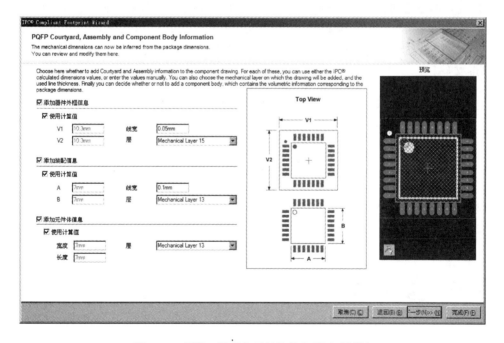

图 9-14　围挡、装配和元件体信息设置对话框

　　在封装尺寸设置的任何一个阶段，单击【完成】按钮，可以产生当前预览的引脚视图。

　　单击【下一步】按钮，进入【PQFP Footprint Description】封装描述对话框，如图 9-15 所示。在对话框中设置元件的封装名称，可以采用默认值。这里取消【使用暗示值】选项，输入名称"LQFP32"。

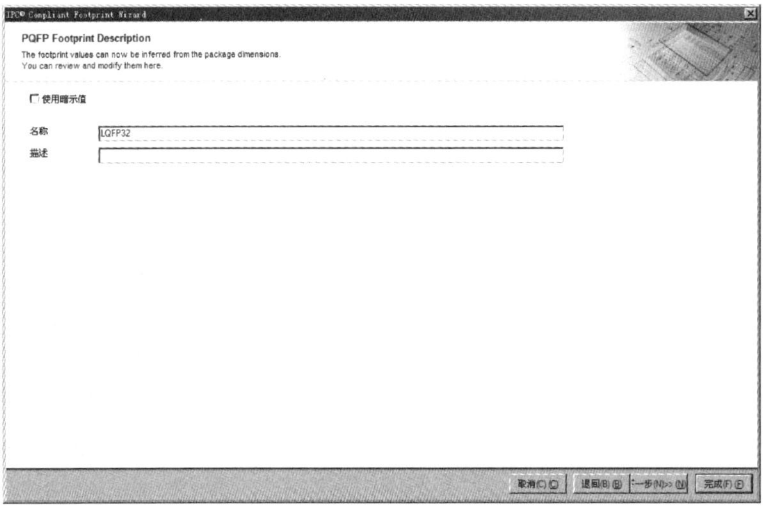

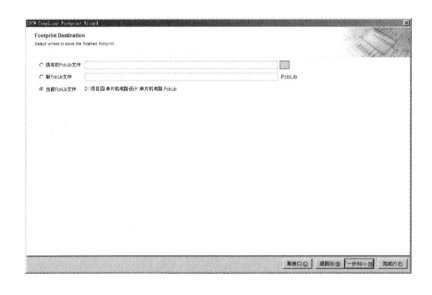

图 9-15　封装描述对话框

单击【下一步】按钮，进入【Footprint Destination】封装位置对话框，如图 9-16 所示。在对话框中设置元件封装存放的位置，其中有 3 个选项，【现有的 PcbLib 文件】选项设定将元件封装存放到右侧指定的 PCB 库文件，可单击右侧的按钮指定 PCB 库文件；【新 PcbLib 文件】选项设定将元件封装存放到右侧指定的新的 PCB 库文件，系统将新建此 PCB 库文件；【当前 PcbLib 文件】选项设定将元件封装存放到当前编辑的 PCB 库文件。这里采用默认选项【当前 PcbLib 文件】。

图 9-16　封装位置对话框

单击【下一步】按钮，进入图 9-17 所示的 IPC 向导设置完成对话框，单击【完成】按钮，封装元件 LQFP32 自动生成，如图 9-18 所示。

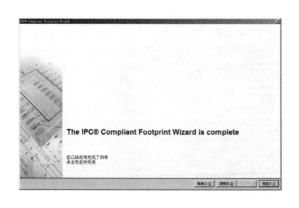

图 9-17　IPC 向导设置完成对话框

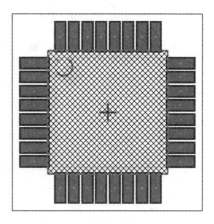

图 9-18　封装元件 LQFP32

可见利用 IPC 向导制作元件的封装是非常方便的，只要有元件的封装尺寸图即可。元件的封装尺寸图在元件官方的 PDF 文档中都能找到，绝大部分元件的 PDF 文档可以在 Datasheet5 集成电路查询网站（http：//www.datasheet5.com）上查找到。在利用 IPC 向导制作其他类型的元件封装时，部分设置界面是不一样的，根据具体的芯片参数设置即可，不再赘述。

4. 同步器导入原理图信息

按照表 9-1 在原理图中正确设置元件的封装，并将元件所在的库添加到当前库中，保证原理图指定的元件封装都能够在当前库中找到。

然后在 PCB 图中，执行菜单命令【设计】|【Import Change From 单片机电路 . PrjPcb】，打开【工程更改顺序】对话框，如图 9-19 所示。

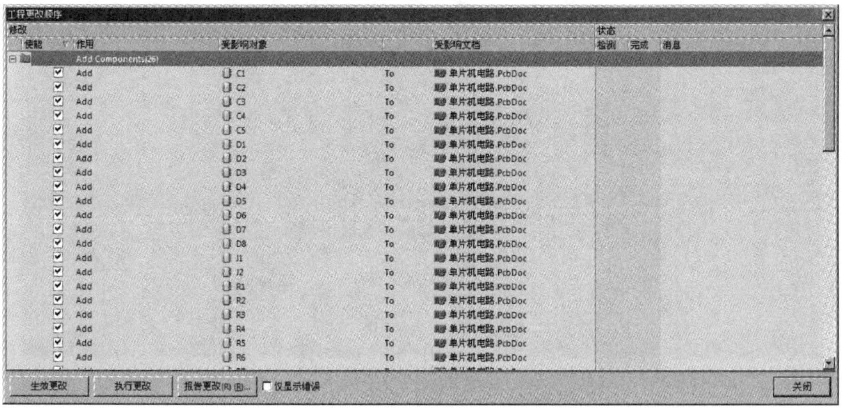

图 9-19　工程更改顺序对话框

单击【生效更改】按钮，系统检查所有的更改是否都有效。若有错误，返回原理图修改；若没有错误，单击【执行更改】按钮，系统将完成网络表的导入，如图 9-20 所示。

关闭【工程更改顺序】对话框，即可看到加载的网络表与元件在 PCB 图中，如图 9-21 所示。

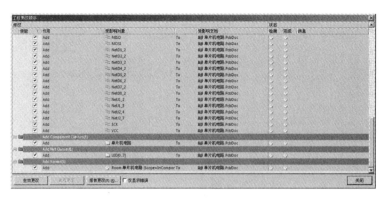

图 9-20　网络表导入完成

图 9-21　导入结果

5. 元件布局

采用手动方式进行布局。通过移动、旋转元件和调整元件编号位置，完成布局后的 PCB 图如图 9-22 所示。

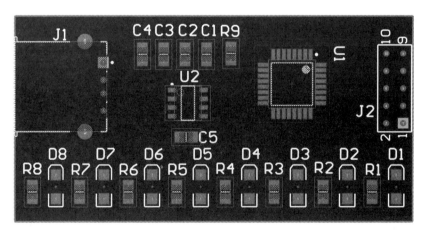

图 9-22　完成布局后的 PCB 图

6. 设置布线规则

在 PCB 的编辑环境中，执行菜单命令【设计】|【规则】，打开【PCB 设计规则及约束编辑器】对话框。将线宽规则的【最小宽度】、【首选尺寸】和【最大宽度】分别设置为 0.2mm、0.5mm 和 1mm。

7. 差分对的操作

差分对（Differential Pair）是指电路板中的高速走线，用来传输高速差分信号。为了让信号能在电路板里高速传输，这种走线有很多限制或规定，例如两条线必须等长、等距离。

（1）定义差分对　在 Altium Designer 14 中，差分对的定义既可以在原理图中实现，也可以在 PCB 图中实现。下面对这两种定义方法分别进行介绍。

1）在原理图中定义差分对。每组差分对由两条网络构成，在原理图中首先将要设置的差分对的两条网络的名称前缀设置为"USB"，后缀分别为"_N"和"_P"，如图 9-23 所示。

然后执行菜单命令【放置】|【指示】|【差分对】，进入放置差分对指示记号状态，分别给差分对的两根线都加上差分对指示记号，如图 9-24 所示。差分对指示记号的属性一般不需要调整。

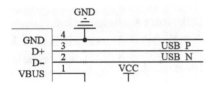

图 9-23　差分对的网络标号

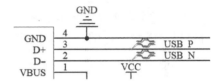

图 9-24　放置差分对指示记号

差分对设置结束后，在 PCB 中重新导入网络表。在【PCB】面板中选择【Differential Pairs Editor】类型，在【Differential Pair】区域中选中【USB】，如图 9-25 所示，在原理图中设置的差分对已经装载到 PCB 中。

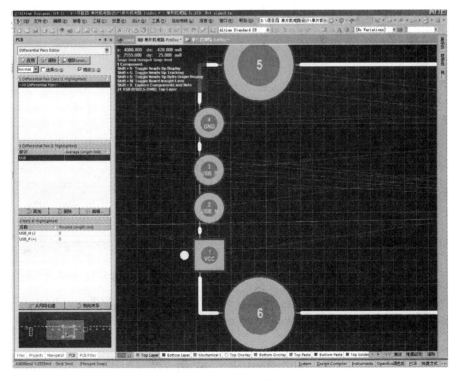

图 9-25　PCB 中的差分对

2）在 PCB 中定义差分对。打开 PCB 文件，在【PCB】面板中选择【Differential Pairs Editor】类型，如图9-25所示。在【Differential Pairs】区域单击【添加】按钮，打开【微分对】对话框，进入差分对设置界面，在【正网络】和【负网络】栏内分别选择差分对的正负信号线，在【命名】栏内输入差分对的名称【USB】，单击【确定】按钮退出设置，如图9-26所示。

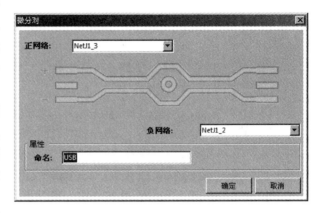

图9-26 微分对对话框

（2）设置差分对规则 完成差分对网络定义后的 PCB 差分对编辑器中，出现 USB 差分对组，如图9-25所示。在【PCB】面板中单击【规则向导】按钮，进入【差分对规则向导】对话框。单击【下一步】按钮，进入设计规则名称编辑界面，按照默认设置即可。

单击【下一步】按钮，进入【Choose Rule Names】差分对规则名字设置对话框，如图9-27所示。在【前缀】栏中输"DiffPair_USB"。

单击【下一步】按钮，进入【Choose Length Constraint Properties】差分对等长规则设置对话框，如图9-28所示，在本例采用默认设置即可。

图9-27 差分对规则名字设置对话框

图9-28 差分对等长规则设置对话框

完成差分对等长规则的设置后，单击【下一步】按钮，进入【Choose Routing Constraint Properties】差分对线宽线距设置对话框，如图9-29所示。在本例中，线宽和线距分别设置为 15mil 和 10mil。

单击【下一步】按钮，在随后弹出的对话框中单击【完成】按钮，完成差分对规则设置，如图9-30所示。

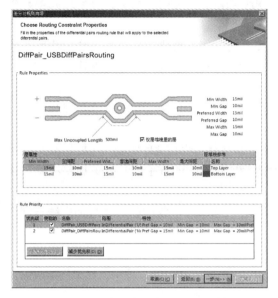

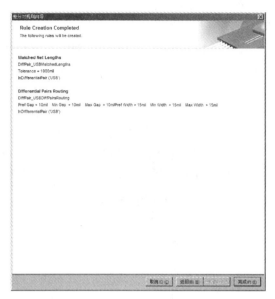

图 9-29　差分对线宽线距设置对话框　　　　　图 9-30　完成差分对规则设置

（3）差分对走线　执行菜单命令【放置】｜【交互式差分对布线】，或在快捷工具栏内单击 图标进入差分对布线状态，在差分对布线状态下定义差分对的网络会高亮显示，单击差分对的任意一个网络，能够看到两条线可以同时走线，如图 9-31 所示。若要换层走线，只需同时按下 < Ctrl > + < Shift > 键，并转动鼠标滚轮，单击鼠标左键，就可以使两条差分走线同时换层，如图 9-32 所示。

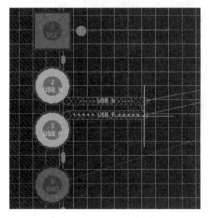

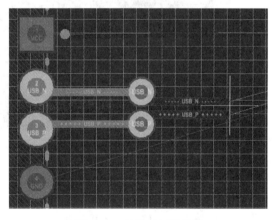

图 9-31　差分对走线　　　　　　　　　图 9-32　差分对切换板层

（4）USB 差分对设计原则　在绘制 USB 设备接口差分对时，应注意以下几点要求：

1）在元件布局时，应将 USB 接口芯片靠近 USB 插座，以缩短差分对走线距离。

2）差分线上不应加磁珠或者电容等滤波措施，否则会严重影响差分线的阻抗。

3）如果 USB 接口芯片需串联电阻，务必将这些电阻尽可能地靠近芯片放置。

4）将 USB 差分线布在离地层最近的信号层。

5）在绘制 PCB 上其他信号线之前，应完成 USB 差分对的布线。

6）保持 USB 差分对下端地层的完整性，如果分割差分对下端的地层，将会造成差分线阻抗的不连续，并会增加外部噪声对差分线的影响。

7）在 USB 差分线的布线过程中，应避免在差分线上放置过孔（Via），过孔会造成差分线阻抗失调。如果必须要通过放置过孔才能完成差分线的布线，那么应尽量使用小尺寸的过孔，并保持 USB 差分线在一个信号层上。

8）保证差分对的线间距在走线过程中的一致性，如果在走线过程中差分对的间距发生改变，则会造成差分线阻抗的不连续。

9）在绘制差分对的过程中，使用45°弯角或圆弧弯角来代替90°弯角，并尽量不要在差分对周围的 4W 范围内走其他的信号线，特别是边沿比较陡峭的数字信号线更加要注意，其走线不能影响 USB 差分线。

10）差分对要尽量等长。如果两根线的长度相差较大，可以绘制蛇形线增加短线长度。

8. 手工布线

差分对布线结束后，通过交互式布线完成其余网络的连线。在布线过程中，如果当前层面无法走线，可以通过放置过孔切换布线层面。在交互式布线的过程中，按小键盘的 < * >、< + > 或 < − >键可以切换布线层面，并自动产生过孔；按 <2 >键也可以产生过孔，只是不会切换布线层面。布线结果如图 9-33 所示。

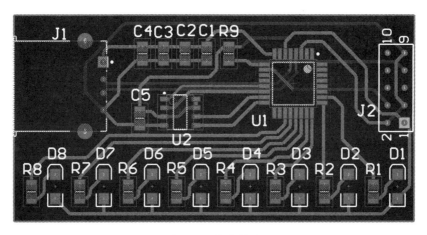

图 9-33　布线结果

9. 敷铜

除了执行敷铜命令以外，还可以通过多边形敷铜管理器快速实现对整个电路板敷铜。执行菜单命令【工具】|【多边形填充】|【多边形管理器】，打开图 9-34 所示的【Polygon Pour Manager】多边形敷铜管理器对话框。

单击【从…创建新的多边形】按钮，在弹出的子菜单中执行【板外形】命令，打开多边形敷铜对话框。将【填充模式】设置为【Hatched（Tracks/Arcs）】，【轨迹宽度】设置为 20mil，【栅格尺寸】设置为 10mil，选中【忽略在线障碍】和【Is Poured】，【网络选项】设置为 GND，【链接到网络】设定为【Pour Over All Same Net Objects】，其余采用默认值。

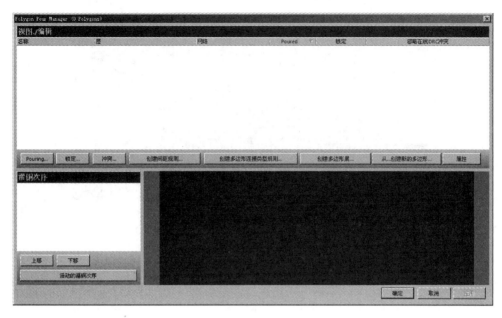

图 9-34 多边形敷铜管理器对话框

单击【创建间距规则】按钮,在打开的对话框中设置敷铜安全间距为 20mil。单击【创建多边形连接类型规则】按钮,在打开的对话框中设置敷铜与焊盘的连接方式为 Direct Connect。

然后在敷铜名称上单击鼠标右键,在弹出的快捷菜单中执行【Set Poured State】|【Selected Polygons(1)】命令,或者【Rebuild】|【Selected Polygons(1)】命令,如图 9-35 所示。关闭多边形敷铜管理器对话框,即可在顶层实现满铺,如图 9-36 所示。按照同样的方法在底层也实现满铺。

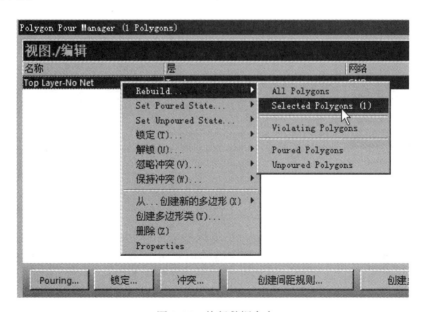

图 9-35 执行敷铜命令

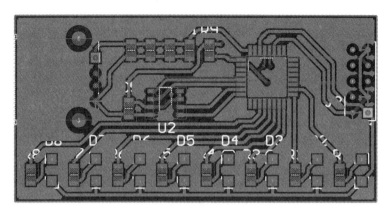

图 9-36　顶层整板敷铜

10. 设计规则检查（DRC）

执行菜单命令【工具】|【设计规则检查】，将打开图 9-37 所示【设计规则检测】对话框。单击左侧窗口中的【Electrical】，打开电气规则校验设置对话框，选中【Clearance】、【Short-Circuit】、【Un-Route Net】3 项；单击左侧窗口中的【Routing】，打开布线规则校验设置对话框，只选中【Width】选项，如图 9-38 所示。

	规则	种类	在线	批量
Report Options	Unpoured Polygon	Electrical	☐	☐
Rules To Check	Un-Routed Net	Electrical		☑
Electrical	Un-Connected Pin	Electrical	☑	☐
Routing	Short-Circuit	Electrical	☑	☑
SMT	Clearance	Electrical	☑	☑
Testpoint				
Manufacturing				
High Speed				

图 9-37　DRC 电气规则校验设置

	规则	种类	在线	批量
Report Options	Width	Routing	☑	☑
Rules To Check	Routing Via Style	Routing	☑	☐
Electrical	Routing Layers	Routing	☑	☐
Routing	Differential Pairs Routing	Routing	☑	☐
SMT				
Testpoint				

图 9-38　DRC 布线规则校验设置

设置完毕，单击【Run Design Rule Check】按钮，开始运行批处理 DRC。运行结束后，系统在当前项目的【Documents】文件夹下，自动生成网页形式的设计规则校验报告，并显示在工作窗口中。同时打开【Messages】面板是空白的，表明电路板上已经没有违反设计规则的地方。

11. 生成电路板报表文件

（1）电路板信息报表　电路板信息报表的作用是为用户提供一个完整的电路板信息，

包括电路板尺寸、电路板上焊盘及过孔的数量、电路板上元件的编号等。执行菜单命令【报告】|【板子信息】，将打开【PCB信息】对话框。【通用】选项卡如图 9-39 所示，显示电路板的尺寸、过孔及焊盘的数量等一般信息。【器件】选项卡如图 9-40 所示，显示电路板中所有的元件编号。【网络】选项卡如图 9-41 所示，显示电路板上的所有网络信息，从对话框中选择需要使用的网络号。单击右下角的【Pwr/Gnd】按钮，弹出图 9-42 所示的【内部平面信息】对话框，显示内部电源层的网络和引脚信息，当前电路板没有内部电源层，因此提示此板无内电层。

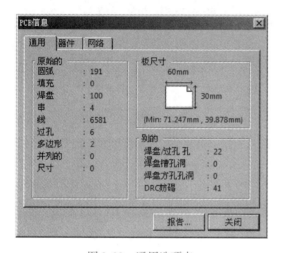

图 9-39 通用选项卡

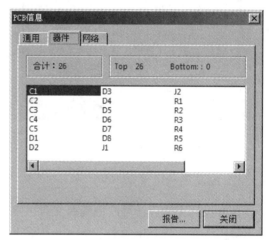

图 9-40 器件选项卡

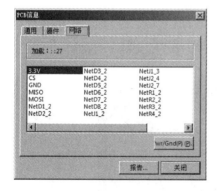

图 9-41 网络选项卡

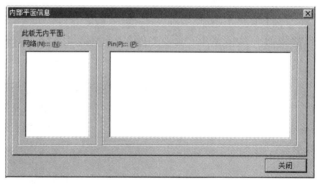

图 9-42 内部平面信息对话框

单击【报告】按钮，打开图 9-43 所示【板报告】对话框。在对话框中选择需要产生报告的项目。单击【报告】按钮，系统便会自动生成电路板信息报告，并生成一个 HTML 格式的文件。

（2）网络表状态报表 执行菜单命令【报告】|【网络表状态】，即可生成网页格式的网络表状态报表，如图 9-44 所示。

网络表状态报表列出了当前电路板中所有的网络，并说明了其所在的板层和网络中走线的长度。

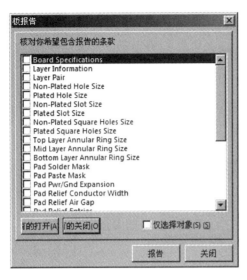

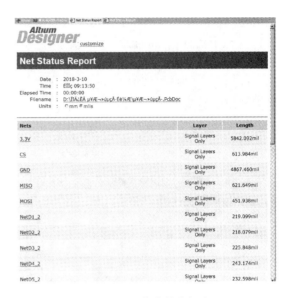

图 9-43　板报告对话框　　　　　　　　图 9-44　网络表状态报表

12. 电路板打印输出

PCB 设计完毕后,可以将其源文件、制作文件和各种报表文件按需要进行存档、打印输出等。例如,将 PCB 文件打印作为焊接装配指导文件,将元器件报表打印作为采购清单,生成胶片文件送交加工单位进行 PCB 加工,也可直接将 PCB 文件交给加工单位用以加工。

利用 PCB 编辑器的文件打印功能,可以将 PCB 文件不同工作层上的图形对象按一定比例打印输出,用以校验和存档。

在打印 PCB 文件之前,要根据需要进行页面设定,其操作方式与原理图中的页面设置非常相似。执行菜单命令【文件】|【页面设置】,打开图 9-45 所示的【Composite Properties】复合页面属性设置对话框。

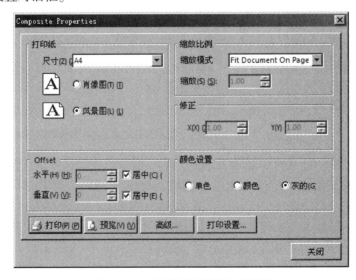

图 9-45　复合页面属性设置对话框

该对话框中各选项的功能介绍如下：

【打印纸】区域用于设置打印纸张大小与打印方向。在【尺寸】下拉列表框中选取纸张的大小。选中【肖像图】选项，则图纸将竖向打印；选中【风景图】选项，则图纸将横向打印。

【Offset】区域用于设置页边距。可以分别在【水平】和【垂直】文本框中输入打印纸水平和竖直方向的页边距，也可选取后面的【居中】选项，使图纸居中打印。

【缩放比例】区域用于设置打印比例。在【缩放模式】下拉列表框中选择打印比例的模式，其中【Fit Document On Page】选项设定把整张电路图缩放打印在一张纸上；【Scaled Print】选项设定自定义打印比例，这时需在下面的【缩放】文本框中输入打印的比例。

【修正】区域用于修正打印比例。可以在【X】文本框中输入横向的打印误差补偿，或是在【Y】文本框中输入纵向的打印误差补偿。

【颜色设置】区域用于设置打印色彩模式，有【单色】、【颜色】和【灰的】3个选项。

单击【高级】按钮，系统将打开图9-46所示的【PCB Printout Properties】PCB打印属性对话框，在该对话框中设置要打印的工作层及其打印方式。对话框中，双击【Multilayer Composite Print】左侧的页面图标，系统将打开图9-47所示的【打印输出特性】对话框。在该对话框的【层】列表框中列出了将要打印的工作层，系统默认列出所有图形的工作层。通过底部的编辑按钮对打印层面进行添加、删除等操作。

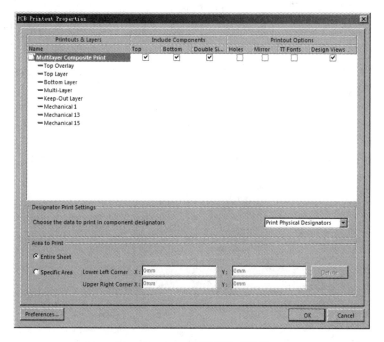

图9-46　PCB打印属性对话框

单击【打印输出特性】对话框中的【添加】按钮或【编辑】按钮，系统将打开图9-48所示的【板层属性】对话框。在该对话框中进行图层打印属性的设置，每种图形对象都提供了3种类型的打印方案，即【Full】（全部）、【Draft】（草图）和【Hide】（隐藏）。【Full】即打印该类图形全部图形画面，【Draft】只打印该类图形的外形轮廓，【Hide】则隐藏该类图形，不打印。

图 9-47　打印输出特性对话框

图 9-48　板层属性对话框

设置好【打印输出特性】对话框和【板层属性】对话框后，单击【确定】按钮返回到【PCB
Printout Properties】对话框。单击【Preferences】按钮，将打开图 9-49 所示的【PCB 打印设置】
对话框。在对话框中可以分别设定黑白打印和彩色打印时，各个图层打印的灰度和色彩。单
击图层列表中的各个图层的灰度条或彩色条，即可调整灰度和色彩。设置完成后，单击
【OK】按钮，返回 PCB 工作区界面。

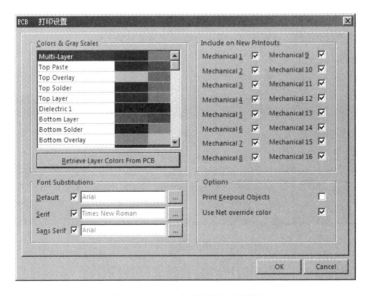

图 9-49　PCB 打印设置对话框

页面设置完成后，执行菜单命令【文件】|【打印】，或者单击 PCB 标准工具栏中的
按钮，即可打印设置好的 PCB 文件。

9.3 补充提高

1. 填充

除了多边形敷铜可以将电路板的空白处填满以外，还可以通过放置填充的方法将电路板的空白处填满。填充分为矩形填充（Fill）和多边形填充（Solid Region）。

（1）矩形填充 可在电路板的任何板层上放置矩形填充（Fill）。执行菜单命令【放置】

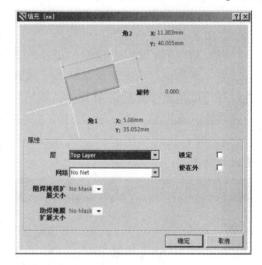

┃【填充】或单击【布线】工具栏中的██按钮，即进入放置矩形填充状态。此时光标变成十字形，单击鼠标确定矩形填充的顶点，移动光标展开一个矩形，单击鼠标左键确定填充的对角顶点，即可放置一个矩形填充。此时仍为矩形填充绘制状态，可以继续下一个矩形填充的绘制。若要退出矩形填充绘制状态，只需单击鼠标右键或者按＜Esc＞键即可。

在矩形填充处于浮动状态时按＜Tab＞键，或者在已经放置的矩形填充上双击鼠标左键，打开【填充】对话框，如图 9-50 所示。在对话框中，可以对填充的属性进行设置。

图 9-50 填充对话框

【角 1 X】和【Y】：设置矩形填充第一个角的 X 轴坐标和 Y 轴坐标。

【角 2 X】和【Y】：设置矩形填充第二个角的 X 轴坐标和 Y 轴坐标。

【旋转】：设置矩形填充的旋转角度。

【层】：设置填充所在的层面。

【网络】：设置填充连接的网络。

【锁定】：设置填充被锁定。

【使在外】：设置填充变成禁止布线区（Keep-Out）。若选中该选项，则在编辑窗口中，矩形填充将出现桃红色的边框。

若在信号板层上放置填充，则可连接网络，但填充不会避开 PCB 上其他的电气元件，因而容易造成短路。若在内部电源板层上放置填充，则为该板层的挖空区。

（2）多边形填充 可在电路板的任何板层上放置多边形填充（Solid Region）。执行菜单命令【放置】┃【实心区域】，即进入放置多边形填充状态，绘制方法和多边形的绘制一样，不再赘述。多边形填充比矩形填充的用途多，实心区域可绘制多个边，填充只能是矩形。敷铜与多边形填充的绘制方法也类似，但敷铜可自动避开区域内的电气元件，而多边形填充不能。

在多边形填充处于浮动状态时按＜Tab＞键，或者在已经放置的多边形填充上双击鼠标左键，将打开【区域】对话框，如图 9-51 所示。对话框中各项属性的含义与填充的属性一样，只是多了【Kind】属性。其中有 4 个选项，【Copper】选项设定多边形填充是铜箔；【Polygon

Cutout】选项设定多边形填充变成敷铜切除区，挖空与之重叠的敷铜；【Board Cutout】选项设定多边形填充变成电路板切除区，挖空与之重叠的电路板；【Cavity Definition】选项设定多边形填充变成机械层的一个腔体，如图 9-52 所示。

2. 敷铜的相关操作

（1）敷铜管理器　执行菜单命令【工具】|【多边形填充】|【多边形管理器】，将打开图 9-53 所示的【Polygon Pour Manager】对话框。对话框用于对电路板上的敷铜进行管理。其中各部分含义如下：

【视图/编辑】区域用于敷铜的展示和设置，表格中的一行就是一个敷铜，列出了敷铜的基本属性，除了【网络】属性以外，单击属性对应的单元格，就可以在线编辑修改相应的属性。双击某一行，或者选中某一行后，单击【属性】按钮，即可打开相应敷铜的属性对话框，可以在对话框中进行修改。

图 9-51　区域对话框

图 9-52　【Kind】属性选项

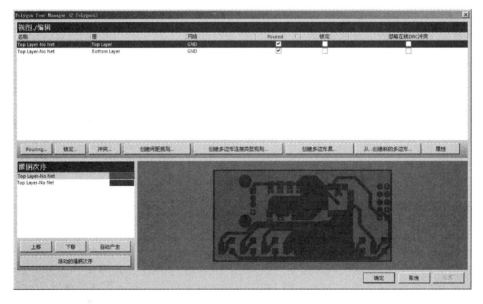

图 9-53　多边形管理器对话框

【Pouring】：用于设置敷铜，单击该按钮，弹出的菜单中有3个命令。【Rebuild】命令设置重新敷铜，其子菜单设置重新敷铜的对象，【Violating Polygons】命令设定违反设计规则的敷铜重新敷铜，【Poured Polygons】命令设定已经灌铜的敷铜重新敷铜，【Unpoured Polygons】命令设定没有灌铜的敷铜重新敷铜，命令执行后，均会打开图9-54所示的重新敷铜确认对话框，确认重新敷铜的操作。【Set Poured State】命令设置敷铜变成灌铜的状态。【Set Unpoured State】命令设置敷铜变成没有灌铜的状态。这2个命令的子菜单设置操作的对象是一样的，其中【All Polygons】命令设定操作对象是所有的敷铜，【Selected Polygons】命令设定操作对象是选中的敷铜。这2个命令的作用实际上与表格中的【Poured】属性的设置一致，可以直接在相应的单元格中进行设置。

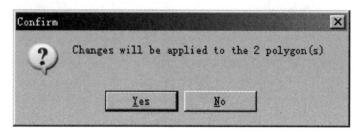

图9-54　重新敷铜确认对话框

【锁定】：用于设置是否锁定敷铜。单击该按钮，弹出的菜单中有2个命令。【锁定】命令设置锁定敷铜，【解锁】命令设置解锁敷铜。这2个命令的子菜单设置操作的对象是一样的，其中【全部多边形】设定操作对象是所有的敷铜，【被选的多边形】设定操作对象是选中的敷铜。这2个命令的作用实际上与表格中的【锁定】属性的设置是一致，可以直接在相应的单元格中进行设置。

【冲突】：用于设置忽略敷铜的违规。单击该按钮，弹出的菜单中有2个命令。【忽略冲突】命令设置忽略敷铜的违规，【保持冲突】命令设置不忽略敷铜的违规。这2个命令的子菜单设置操作的对象是一样的，其中【全部多边形】设定操作对象是所有的敷铜，【被选的多边形】设定操作对象是选中的敷铜。

【创建间距规则】：用于设置敷铜安全间距的设计规则。单击该按钮，打开图9-55所示对话框，在【约束】中直接设置敷铜与电气对象的最小安全间距即可。同时，这项设计规则的优先等级必然高于原有的【Clearance】设计规则。

【创建多边形连接类型规则】：用于设置敷铜与焊盘的连接方式。单击该按钮，打开图9-56所示对话框。在【约束】中直接设置敷铜与焊盘的连接方式即可。

【创建多边形累】：用于创建敷铜类。

【从…创建新的多边形】：用于新建敷铜，前面已经介绍，不再赘述。

在表格中的任意一行上单击鼠标右键，弹出的快捷菜单中的命令与这些按钮的功能一样，不再赘述。

【灌铜次序】区域用于设置敷铜的顺序。单击【上移】按钮，将区域中选中的敷铜上移；单击【下移】按钮，将区域中选中的敷铜下移；单击【自动产生】按钮，将自动安排敷铜的顺序；单击【活动的灌铜次序】按钮，将按照区域中的敷铜顺序，依次在右边的预览区中动态显示。

图 9-55　敷铜安全间距设计规则

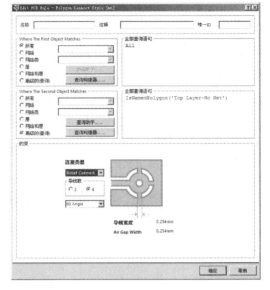

图 9-56　敷铜与焊盘的连接方式设计规则

（2）敷铜的切除　切除敷铜是要把敷铜内部的填充区切掉。切换到敷铜所在板层，执行菜单命令【放置】|【多边形填充挖空】，即进入放置敷铜切除区状态，绘制方法和多边形填充的绘制一样，不再赘述。绘制结束的敷铜切除区处于选取状态，如图 9-57 所示，只需在其他地方单击鼠标左键，即可取消选取。

执行菜单命令【工具】|【多边形填充】|【Rebuild All】，重新敷铜，如图 9-58 所示，敷铜区域被切除挖空了。

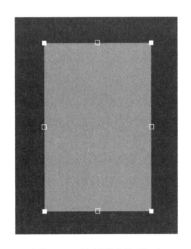

图 9-57　绘制敷铜切除区

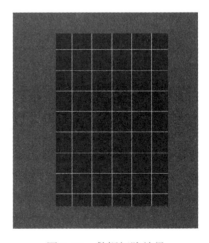

图 9-58　敷铜切除效果

当然，也可利用放置多边形填充的方式进行敷铜切除，也是很方便的。

（3）敷铜的分割　敷铜也可以分割。切换到敷铜所在板层，执行菜单命令【放置】|【切断多边形填充】，即进入分割敷铜状态。此时光标变成十字形，指向敷铜的外部单击鼠标左键设置起点，此时可按 <Tab> 键打开图 9-59 所示的【线约束】对话框。其中，【线宽】用于

设置分割线的线宽,【当前层】用于设置要分割哪个板层上的敷铜。设置结束后关闭对话框,继续绘制分割线（分割线一定要完全切割敷铜）,单击鼠标右键取消分割线的绘制,再次单击鼠标右键,打开图9-60所示的【Confirm】对话框,单击【Yes】按钮确认后,敷铜就会被分割成2块。被分割的敷铜,将成为各自独立的敷铜区,可分别指定所要连接的网络。

注意:敷铜分割前,敷铜的【链接到网络】属性应设定为【Pour Over All Same Net Objects】,这样才能看出敷铜被分割成2块,否则看不到分割效果。

图9-59 线约束对话框

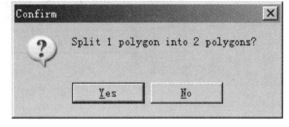

图9-60 分割确认对话框

（4）敷铜管理面板 对于电路板上的敷铜,除了敷铜管理器以外,其实还有更好的操作方式,就是利用敷铜管理面板。在左边的面板区里,切换到【PCB】面板,然后在最上面的列表框中,选取【Polygons】选项,即可切换到敷铜管理面板,如图9-61所示。

其中【Polygon Class】区域中列出了电路板中所有的敷铜分类。如果只有【All Polygons】项,则说明没有任何敷铜分类。选中此项,【Polygons】区域中将列出所有敷铜。同样,若有其他敷铜分类,选中不同的敷铜分类,其下的【Polygons】区域中将列出该敷铜分类的所有敷铜。

【Polygons】区域中列出在敷铜分类区块里所选取的敷铜分类选项。在本区域选中某个敷铜,其所有的原始图形将显示在下面的【Polygon Primitives】区域里。若选中【缩放】选项,该敷铜会按照指定的显示比例在编辑窗口中居中显示;若选中【选择】选项,会在编辑窗口中同时选中该敷铜。没有选中的敷铜有3种显示方式,其中【Normal】选项设定采用正常显示模式;【Mask】选项设定采用单色显示模式;【Dim】选项设定采用淡化显示模式。若双击其中的敷铜选项,即可打开其属性对话框进行编辑。

【Polygon Primitives】区域中列出了在【Polygons】区域中所选中的敷铜的原始图形（线条或弧线）,若所选取的敷铜是【Solid】模式的敷铜,则本区域里不会出现任何信息。同样,若选中【缩放】选项,该原始图形会按照指定的显示比例在编

图9-61 PCB面板

辑窗口中居中显示；若选中【选择】选项，在本区域中所选中的原始图形，也会在编辑窗口中选中该原始图形。其他没有选中的原始图形与没有选中的敷铜一样，也有 3 种显示方式，不再赘述。若双击其中的原始图形选项，即可打开其属性对话框进行编辑。

显示方式、选择和缩放的设置发生变化后，单击【应用】按钮，即可将修改结果直接应用到编辑窗口中。单击【清除】按钮，撤销【应用】按钮的操作结果。单击【缩放】按钮，弹出图 9-62 所示的窗口，移动缩放比例轴上的滑块，可以改变显示的缩放比例。越往右边移，编辑窗口内的显示比例越大，反之，编辑窗口内的显示比例越小。

图 9-62　缩放比例设置窗口

3. 生成集成元件库

集成元件库集成了原理图库和对应的封装库。而在使用的过程中，有些元件在 Altium Designer 14 自带的所有集成库中是找不到的，或者集成库中元件的封装不适合，经常需要修改。可以通过制作自己的集成库来满足设计的要求。

除了新建集成元件库以外，通常可以在原理图或 PCB 图编辑器中，根据已经设置好的元件封装属性，由系统自动建立集成元件库。

原理图中元件的封装属性设置结束后，执行菜单命令【设计】|【生成集成库】，系统弹出【复制的元件】对话框，如图 9-63 所示。选中【处理所有元件并给予唯一名称】，同时，选中【记下答案并不再询问】选项，单击【确定】按钮，系统自动生成名为【单片机电路.IntLib】的集成元件库，如图 9-63 所示。

除了生成集成元件库以外，还可以在原理图编辑器中执行菜单命令【设计】|【生成原理图库】或 PCB 编辑器中执行菜单命令【设计】|【生成 PCB 库】，单独生成原理图库文件和 PCB 库文件，如图 9-64 所示。

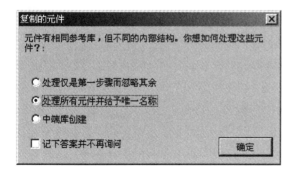

图 9-63　复制的元件对话框

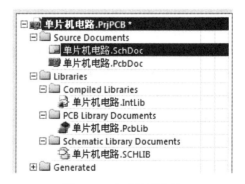

图 9-64　生成的库文件

4. 拼板

拼板指的是由于贴片 SMT 需要提高工作效率，而把单个的电路板通过 V 割、邮票孔或是两者混用的模式拼在一起出货的方式。采用拼板工艺，可以大量节省时间，减少制作成本，提高生产效率。有 2 种拼板的方法，下面分别进行介绍。

1）阵列粘贴方法。首先打开要拼板的 PCB 文件，按＜Ctrl＞＋＜A＞键选中所有的图形，然后按＜Ctrl＞＋＜X＞键剪贴到剪贴板中。随后在工程中新建一个 PCB 文件并打开，然后执行菜单命令【编辑】|【特殊粘贴】，打开图 9-65 所示的【选择性粘贴】对话框。只选中【复制的指定者】选项，单击【粘贴阵列】按钮，打开图 9-66 所示的【设置粘贴阵列】对话框。

图 9-65　选择性粘贴对话框

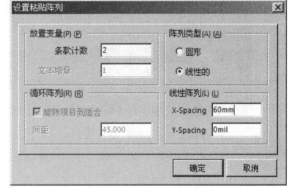

图 9-66　设置粘贴阵列对话框

在对话框中，先设置水平方向拼板的数量。将【条款计数】设置为 2，在【线性阵列】区域中，根据 PCB 的宽度，将【X-Spacing】设置为 60mm（注意：不能小于 PCB 的宽度），【Y-Spacing】设置为 0mil，单击【确定】按钮，关闭对话框。此时光标变成十字形，在适当的位置单击鼠标左键，确定粘贴的位置。如图 9-67 所示，水平方向已经复制了 2 块一模一样的 PCB。

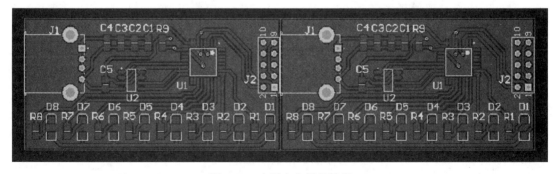

图 9-67　水平方向拼板结果

如果垂直方向也需要拼板，则将刚复制的 2 块 PCB 同时选中，按＜Ctrl＞＋＜X＞键剪切到剪贴板中。然后执行菜单命令【编辑】|【特殊粘贴】，打开【选择性粘贴】对话框。只选中【复制的指定者】选项，单击【粘贴阵列】按钮，打开【设置粘贴阵列】对话框。在对话框中设置垂直方向拼板的数量，将【条款计数】设置为 2，在【线性阵列】区域中，根据 PCB 的宽

度，将【X-Spacing】设置为 0mil，【X-Spacing】设置为 30mm（注意：不能小于 PCB 的高度），单击【确定】按钮，关闭对话框。此时光标变成十字形，在适当的位置单击鼠标左键，确定粘贴的位置。拼板的结果如图 9-68 所示。

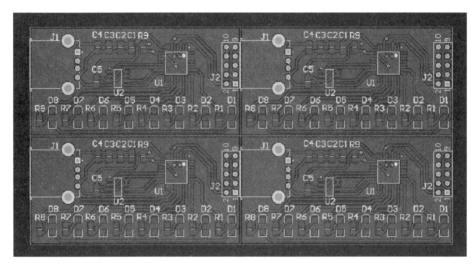

图 9-68　垂直方向拼板结果

根据工艺加工要求，添加工艺边，工艺边的宽度一般设置为 5mm。在禁止布线层【Keep-Out Layer】中绘制边框线后，执行菜单命令【设计】|【板子形状】|【按照选择对象定义】，电路板变成由新边界定义的外形，如图 9-69 所示。

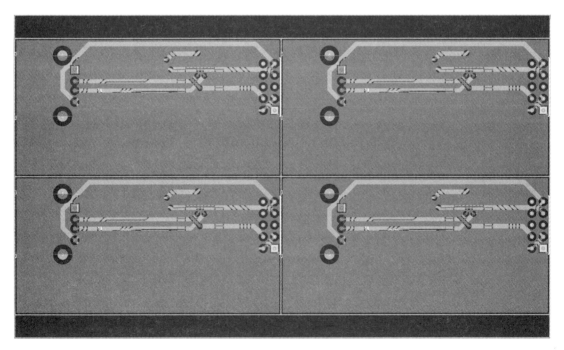

图 9-69　添加工艺边

2）嵌入板阵列方法。通过阵列粘贴的方法拼板需要在水平和垂直方向分别进行操作。在 Altium Designer 14 中，还可以使用 Altium Designer 的嵌入板阵列（Embedded Board Array）功能实现拼板。执行菜单命令【工具】|【内嵌板阵列】，打开图 9-70 所示的【嵌入板阵列】对话框。

在【PCB 文档】的下拉列表框中指定所要嵌入的电路板文件，单击右侧的 ⬚ 按钮，打开【Choose PCB Design File】对话框指定要拼板的 PCB 文件。在【列计数】文本框中指定 X 轴方向电路板拼板的数量，在【列计数】文本框中指定 Y 轴方向电路板拼板的数量，按照图 9-69 进行设置。

在上方宽度字段设置 X 轴方向相邻 2 块电路板的间距，不能小于 PCB 的宽度；右方高度字段设置 Y 轴方向相邻 2 块电路板的间距，不能小于 PCB 的高度。根据 PCB 的尺寸，分别输入 60mm 和 30mm，如图 9-70 所示。

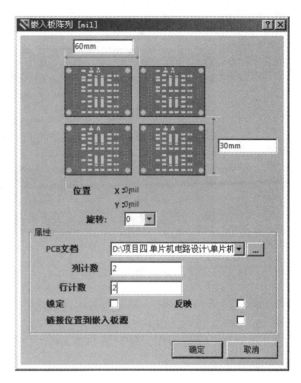

图 9-70　嵌入板阵列对话框

单击【确定】按钮，关闭对话框。此时，光标变成十字形，同时附着 4 块一模一样的电路板，移动光标到适当位置，单击鼠标左键，即可放置这 4 块电路板，同时返回到【嵌入板阵列】对话框，单击【取消】按钮关闭对话框，结果如图 9-71 所示。

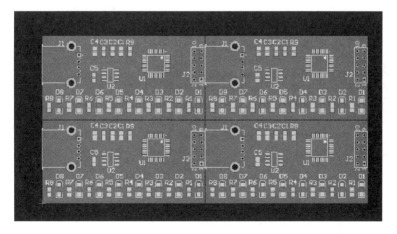

图 9-71　拼板结果

给拼板之间添加 V 槽和工艺边，其中 V 槽紧贴板边缘，工艺边的宽度设置为 5mm。在禁止布线层【Keep-Out Layer】中绘制边框线后，执行菜单命令【设计】|【板子形状】|【按照

选择对象定义】，电路板变成由新边界定义的外形，如图 9-72 所示。

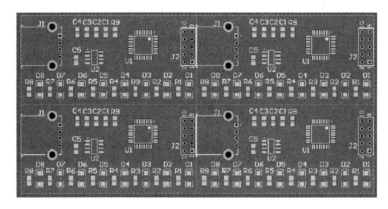

图 9-72　添加工艺边

9.4　练习

1. 利用 IPC 向导制作元件封装 SOIC14，尺寸如图 9-73 所示，括号外是公制单位，括号内是英制单位。

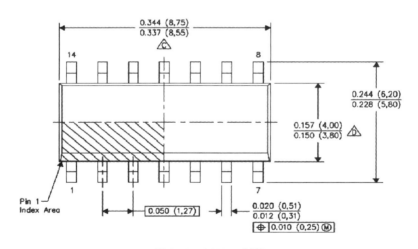

图 9-73　SOIC14 封装

2. 为图 4-45 所示的电路原理图设计 PCB 图，要求：尺寸尽可能小，电源线宽 30mil，地线线宽 50mil，信号线宽 20mil，双面板，手工布线，电路板四周放置安装孔，顶层和底层敷铜。所有元件的封装均采用针脚式元件封装。

项目十

四路继电器控制电路印制板图

10.1 设计任务

1. 完成如下所示的四路继电器控制电路的印制板图设计

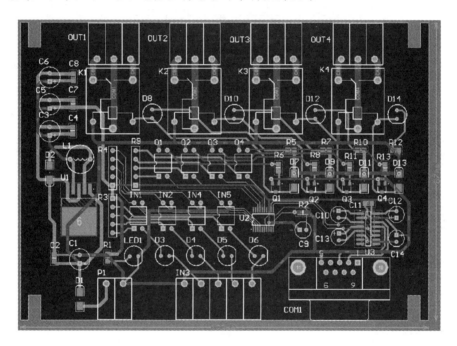

2. PCB 图绘制要求

根据项目五原理图绘制四路继电器控制电路的 PCB 图。元件属性见表 10-1。PCB 的尺寸为 123mm×87mm，自制继电器的封装，双面板，顶层放置元件，顶层和底层布线，布线线宽最小 0.25mm，最大 1mm，手工布线，不同网络的线宽根据实际情况决定，顶层和底层敷铜。

表 10-1 元件属性

LibRef（元件名称）	Designator（编号）	Comment（标称值）	Footprint（封装）
Cap Pol1	C1，C3，C5，C6	100μF	CAPPR2.5－6.3x11
Cap	C2，C4，C7，C8，C11	104	6－0805_M
Cap Pol1	C9，C10，C12，C13，C14	10μF	CAPPR2－5x5
D Connector 9	COM1	D Connector 9	DSUB1.385－2H9

（续）

LibRef（元件名称）	Designator（编号）	Comment（标称值）	Footprint（封装）
Diode	D1，D7，D9，D11，D13	M7	SMA
D Schottky	D2	MBR360	SMA
LED	D3，D4，D5，D6，D8，D10，D12，D14		LED5
Optoisolator1	IN1，IN2，IN4，IN5		DIP−4
Header 5	IN3	Header 5	2EFSR−5P
JDQYCK	K1，K2，K3，K4	JDQYCK	JDQ
Inductor	L1	100μH	L_DG
LED	LED1	LED	LED5
Optoisolator1	O1，O2，O3，O4		DIP−4
Header 3	OUT1，OUT2，OUT3，OUT4		2EFSR−3p
Header 2	P1		2EFSR−2P
NPN	Q1，Q2，Q3，Q4	S8050	SOT23
Res	R1，R5，R6，R7，R8，R10，R11，R12，R13	1kΩ	6−0805_M
Res	R2	10kΩ	6−0805_M
Res Pack4	R3，R9	1kΩ	HDR1X5
Res Pack4	R4	10kΩ	HDR1X5
LM2576S−5.0	U1	LM2576S−5.0	TS5B_N
STC8F1K08S2A10	U2	STC8F1K08S2A10	TSSOP20
MAX232	U3	MAX232	SO−16_M

3. 学习内容

1）导入板框外形结构尺寸。
2）手工绘制元件封装。
3）网络分类。
4）3D 显示。
5）CAM 文件输出。
6）输出 PDF 文档。
7）网络密度分析。
8）尺寸标注与尺寸测量。

10.2 设计步骤

1. 新建 PCB 文件

打开项目五工程文件，在工程文件中新建 PCB 文件，命名为"四路继电器控制电路. PcbDoc"。

2. 导入板框外形结构尺寸

Altium Designer 14 可以直接导入第三方工具提供的板框外形结构文件。Altium Designer 14 支持从 AutoCAD 2.5～14 所有版本的 DXF 和 DWG 格式的文件。

执行菜单命令【文件】|【导入】，打开图 10-1 所示的【Import File】导入文件对话框。在对话框中文件类型选择【AutoCAD（*.DXF；*.DWG）】，选中文件【Drawing1.dwg】后，单击【打开】按钮，打开图 10-2 所示的【从 Auto-CAD 导入】对话框。

在对话框中，可以指定导入数据的比例、位置和板层映射。将【单位】设置为"mm"，【PCB 层】直接改成"Keep-Out Layer"，其他采用默认设置即可，单击【确定】按钮，即可从 AutoCAD 文件中将板形结构直接导入到 PCB 中，如图 10-3 所示。

图 10-1　导入文件对话框

图 10-2　从 AutoCAD 导入对话框

选中电路板外形，执行菜单命令【设计】|【板子形状】|【按照选择形状定义】，电路板变成由新边界定义的外形，如图 10-4 所示。

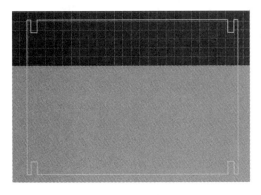

图 10-3　导入板形

图 10-4　电路板形状

3. 新建 PCB 封装库和手工绘制元件封装

（1）新建 PCB 封装库　执行菜单命令【文件】|【新建】|【库】|【PCB 元件库】，建立一个名为【PcbLib1.PcbLib】的文件，同时启动 PCB 封装元件编辑界面。执行菜单命令【文件】|【保存为】，重命名为【四路继电器控制电路.PcbLib】，并保存新的封装库文件到适当的位置。

【PCB Library】面板用于检查和管理已经打开的封装库中的元件封装。如果当前面板不可见，单击工作窗口右下方的【PCB】按钮，并从菜单中选择【PCB Library】将其打开。可见，封装库中已经包含一个名为【PCBComponent_1】的空白元件封装。

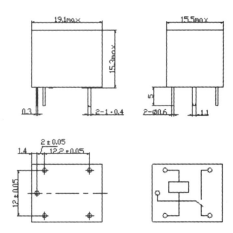

（2）手工绘制元件封装　图 10-5 是继电器的封装尺寸图，型号和参数不同，继电器的尺寸也不相同。下面用手工绘制的方法设计继电器的封装。

图 10-5　继电器封装尺寸

执行菜单命令【放置】|【焊盘】，在编辑窗口中先放置 5 个通孔焊盘。根据尺寸图，线圈对应的 2 个焊盘的直径为 2mm，孔径为 1mm，编号分别为 4 和 5。触点对应的 3 个焊盘的直径为 2.5mm，孔径为 1.5mm，编号分别为 1、2 和 3。执行菜单命令【编辑】|【设置参考】|【定位】，将编号为 3 的焊盘设置为参考点，然后依据尺寸图可知线圈对应的 2 个焊盘对应的坐标分别为（2mm，6mm）、（2mm，-6mm），另外 2 个触点焊盘对应的坐标分别为（14.2mm，6mm）、（14.2mm，-6mm）。

切换层面到顶层丝印层（Top Overlay），绘制继电器封装的边框外形。根据尺寸图，将边框适当放大，长度和宽度分别取 20mm 和 16mm，可知边框 4 个顶点的坐标分别为（-1.5mm，8mm）、（-1.5mm，-8mm）、（18.5mm，8mm）、（18.5mm，-8mm）。绘制完边框后，在内部绘制线圈和开关的示意图。完成后如图 10-6 所示。

在【元件】列表中，双击元件名称，打开【PCB 库元件】对话框，将元件封装名称设置为"JDQ"，如图 10-7 所示。

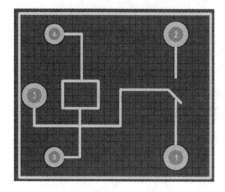

图 10-6　继电器封装

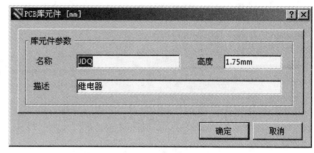

图 10-7　PCB 库元件对话框

同样，根据插座的封装尺寸（如图 10-8 所示，图中的尺寸是公制单位），分别绘制出插座的封装 2EFSR－2P、2EFSR－3P、2EFSR－4P 和 2EFSR－5P，如图 10-9 所示。

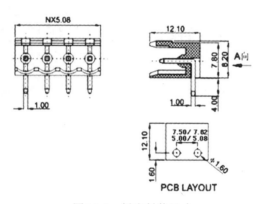

图 10-8　插座封装尺寸

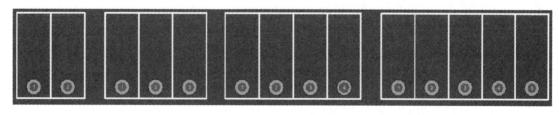

图 10-9　插座封装

根据 LED 的封装尺寸（如图 10-10 所示），绘制出接 LED 的封装 LED5，如图 10-11 所示。

图 10-12 是电感封装尺寸，其中尺寸 A 是 8.5mm，尺寸 E 是 0.5mm，尺寸 F 是 6mm。根据图 10-12 绘制出电感的封装 L_DG，如图 10-13 所示。

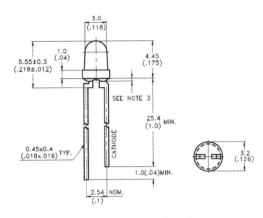

图 10-10　LED 封装尺寸

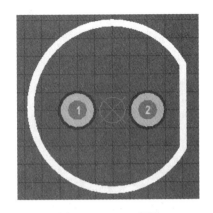

图 10-11　LED 封装

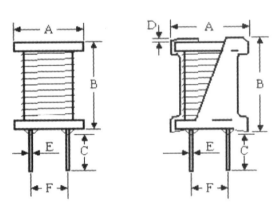

图 10-12　电感封装尺寸图

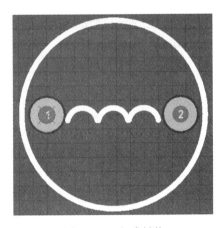

图 10-13　电感封装

4. 同步器导入原理图信息

按照表 10-1 在原理图中正确设置元件的封装，并将元件所在的库添加到当前库中，保证原理图指定的元件封装都能够在当前库中找到。

在 PCB 图中，执行菜单命令【设计】|【Import Change From 四路继电器控制电路 . PrjPcb】，打开【工程更改顺序】对话框，如图 10-14 所示。

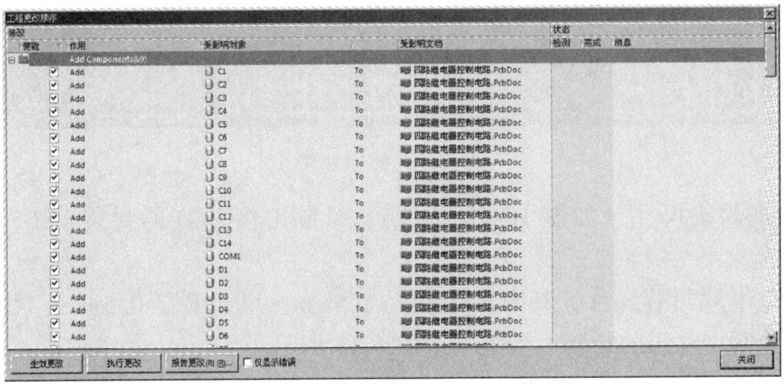

图 10-14　工程更改顺序对话框

直接单击【执行更改】按钮，系统将自动检查所有的更改是否都有效。若有错误，则需要返回原理图修改；若没有错误，系统将完成网络表的导入，如图10-15所示。

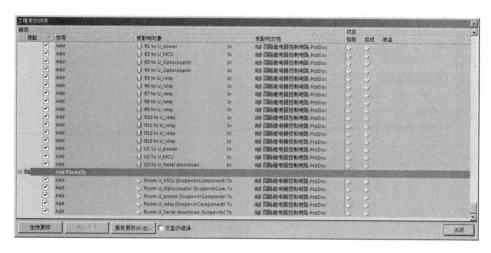

图 10-15　网络表导入完成

关闭【工程更改顺序】对话框，即可看到加载的网络表与元件在PCB图中，如图10-16所示，每个子电路图的元件单独在一个ROOM中。

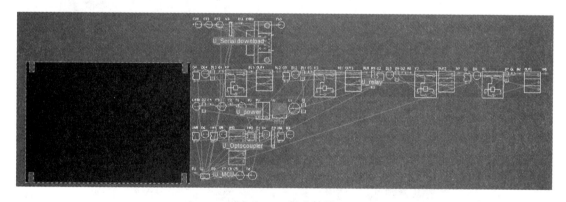

图 10-16　导入结果

5. 元件布局

元件布局时，可以利用Altium Designer 14提供的交互功能，快速进行布局，提高工作效率。首先打开原理图文件和PCB文件，并将窗口拆分。然后在原理图编辑窗口中选中需要在PCB中交互的元件，PCB中对应的元件封装同时也会被选中。若对应的PCB封装元件不在显示区域内，执行菜单命令【工具】|【选择PCB器件】，或依次按下＜T＞、＜S＞键，原理图中被选中的元件会在PCB编辑窗口中居中显示，如图10-17所示，如果窗口没有拆分，系统会自动跳转到PCB编辑窗口。利用这个交互功能，可以快速地进行模块化布局操作。

通过移动和旋转元件以及调整元件编号位置，完成布局后的PCB图如图10-18所示。

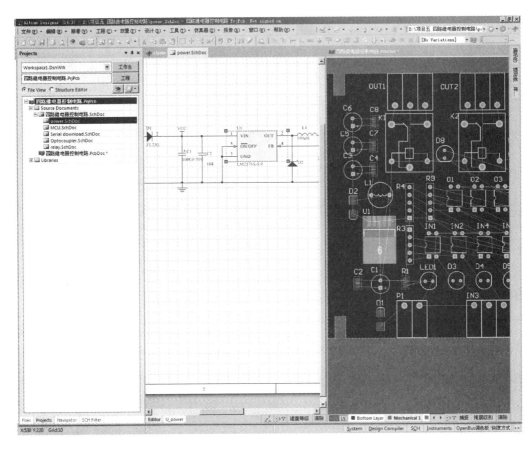

图 10-17　元件快速布局

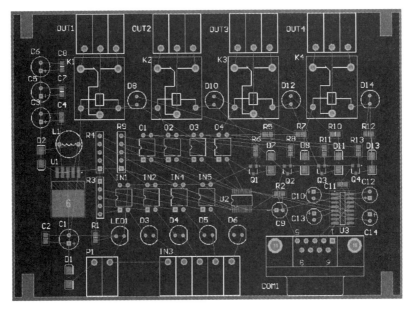

图 10-18　完成布局后的 PCB 图

6. 设置布线规则

（1）网络分类 为了方便布线规则的设置，可将电路中的网络按照布线宽度的需求进行分类。执行菜单命令【设计】|【类】，打开图 10-19 所示的【对象类浏览器】对话框。对话框中，可分别对电路板中的网络、元件、板层、焊盘、飞线、差分对、设计通道、敷铜、结构进行分类。

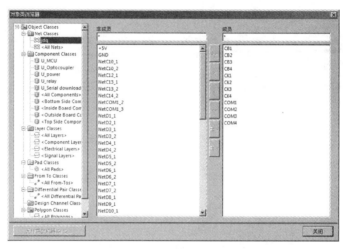

图 10-19 对象类浏览器对话框

在左边区域中，在【Net Classes】上单击鼠标右键，在弹出的快捷菜单中，执行【添加类】命令，即可新增一个网络分类【New Class】，直接在文本框中将网络类名称改为【jdq】。随后，在【非成员】列表框中选中与继电器有关的网络，可以在按住 <Ctrl> 键的同时，单击网络名称，同时选中多个网络，然后单击 按钮，将选中的网络添加到【成员】列表框中，如图 10-19 所示。

按照同样的方法，新增网络类 mcu、power。2 个网络类的成员如图 10-20 和图 10-21 所示。

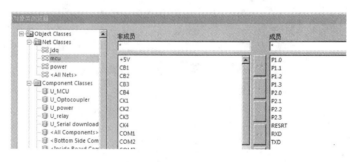

图 10-20 mcu 网络类

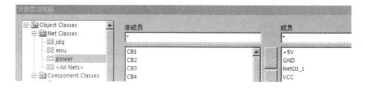

图 10-21 power 网络类

（2）规则设置 在 PCB 的编辑环境中，执行菜单命令【设计】|【规则】，打开【PCB 设计规则及约束编辑器】对话框。新建线宽规则，在【Where The First Object Matches】区域中选中【网络类】，随后在右侧的列表框中选中网络类 jdq，将规则的适用对象设置为网络类 jdq。在【约束】区域中将【Min Width】、【Preferred With】和【Max Width】都设置为 2mm，如图 10-22 所示。按照同样的方法分别将 mcu 网络类的线宽设置为 0.25mm，power 网络类的线宽设置为 1mm。

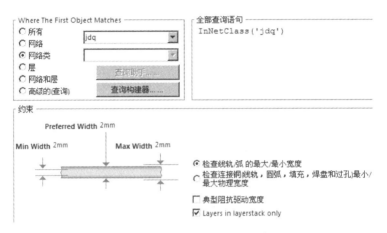

图 10-22　jdq 网络类线宽规则

7. 手工布线

通过交互式布线手工完成所有网络的连线。布线结果如图 10-23 所示。

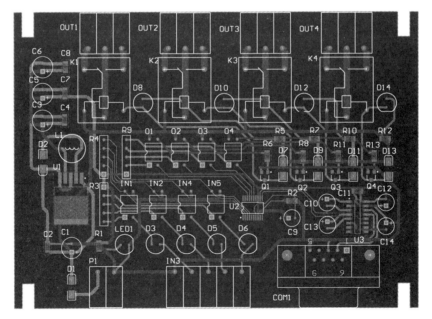

图 10-23　布线结果

8. 设计规则检查（DRC）

执行菜单命令【工具】|【设计规则检查】，打开【设计规则检测】对话框。单击左侧窗口中的【Electrical】，打开电气规则校验设置对话框，选中【Clearance】、【Short – Circuit】、【Un-Route Net】3 项；单击左侧窗口中的【Routing】，打开布线规则校验设置对话框，只选中【Width】选项。其他规则均不选取。

设置完毕，单击【Run Design Rule Check】按钮，开始运行批处理 DRC。运行结束后，系统在当前项目的【Documents】文件夹下，自动生成网页形式的设计规则校验报告，并显示在工作窗口中，如图 10-24 所示。同时打开【Messages】面板是空白的，表明电路板上已经没有违反设计规则的地方。

图 10-24　设计规则校验报告

9. 3D 显示

执行菜单命令【察看】|【切换到 3 维显示】，或按快捷键 < 3 >，编辑窗口以 3D 的模式显示 PCB，如图 10-25 所示。

按住 < Ctrl > 键的同时转动鼠标滚轮，可以放大或者缩小视图。按住鼠标右键可以移动 PCB。按住 < Shift > 键，可以看到，光标变成图 10-26 所示的滚动球，此时按住鼠标右键可以 360°全方位转动 PCB，观察 PCB 的各个角落，如图 10-27 所示。

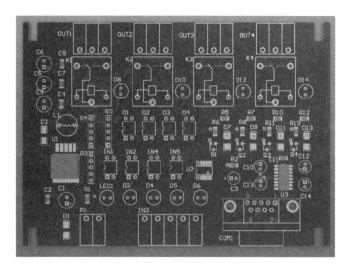

图 10-25   3D 显示 PCB

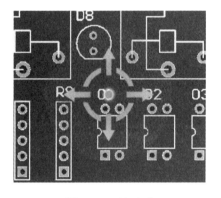

图 10-26   滚动球

图 10-27   3D 显示电路板背面

若要改变显示的颜色，执行菜单命令【设计】|【板层颜色】，打开【视图配置】对话框，在左上角的【选择 PCB 视图配置】区域中指定显示的颜色，如图 10-28 所示。在右侧【物理原料】选项卡中可以按照需求，设置各种图形显示的颜色和透明度。如图 10-25 所示，只有部分元件看到元件的外形，其余元件只能看到元件封装丝印层的图形，这是因为元件没有对应的 3D 模型。还有看不见铜膜走线，

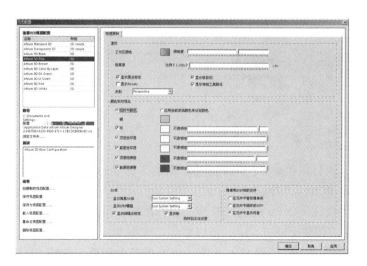

图 10-28   视图配置对话框

这是因为阻焊层的油墨盖住了铜膜走线，若要看到铜膜走线，只需将【顶层阻焊层】或【底层阻焊层】的不透明性降低或取消显示即可，如图 10-29 所示。

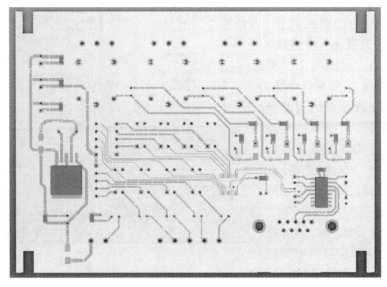

图 10-29　显示铜膜走线

10．CAM 文件输出

设计完成的 PCB 文件，并不能直接导入制板工艺流程被机器识别，需要将 PCB 文件转换为电路板的 CAM 文件才可以，CAM 文件分为制造输出文件和装配输出文件。

（1）制造输出文件

1）Gerber 文件。Gerber 文件是一种符合 EIA 标准，用于将 PCB 图中的布线数据转换为胶片的光绘数据，可以被光绘图机处理的文件格式。生产厂商用这种文件来进行 PCB 制作。各种 PCB 设计软件都支持生成 Gerber 文件的功能，一般可以把 PCB 文件直接交给PCB 生产厂商，厂商会将其转换成Gerber 格式。而有经验的 PCB 设计者通常会将 PCB 文件按自己的要求生成 Gerber 文件，再交给 PCB 厂商制作，确保 PCB 制作出来的效果符合个人定制的设计需要。

将原点设置为 PCB 左下角，然后执行菜单命令【文件】|【制造输出】|【Gerber Files】，打开图 10-30所示的【Gerber 设置】对话框。

【通用】选项卡用于指定输出

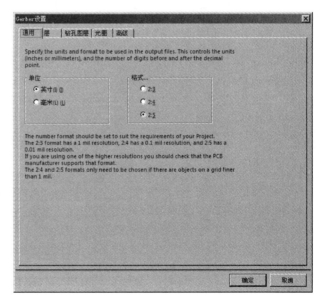

图 10-30　Gerber 设置对话框

Gerber 文件中使用的【单位】和【格式】。单位可以是英制单位【英寸】或公制单位【毫米】。【格式】区域用于设置文件使用的数据精度，其中【2:3】表示数据含 2 位整数 3 位小数，相应地，另外两个分别表示数据中含有 4 位和 5 位小数，可以根据自己在设计中用到的单位精度进行选择。当然，精度越高，对 PCB 制造设备的要求也就越高。本项目中，【单位】选择【英寸】，【格式】选择【2:5】，尺寸精度较高。

在【层】选项卡中，如图 10-31 所示，选中【包括未连接的中间层焊盘】选项。单击【画线层】按钮，

图 10-31　层选项卡

在弹出的下拉菜单里面选择【所有使用的】命令，注意要检查一下，不要丢掉层。单击【映射层】按钮，在弹出的下拉菜单里面选择【所有的关闭】，右边的机械层都不要选。

【钻孔图层】选项卡保持默认设置。在【光圈】选项卡中，如图 10-32 所示，选中【嵌入的孔径（RS274X）】选项。在【高级】选项卡中，在【Leading/Trailing Zeroes】区域，选中【Suppress leading zeroes】（省略前导 0），如图 10-33 所示。

图 10-32　光圈选项卡

图 10-33　高级选项卡

　　单击【确定】按钮，进行第一次输出。系统会自动生成 Gerber 文件，此时生成一个
"*.cam"文件，此文件可以不保存，因为要交制板厂的文件已经在项目的目录里面建了个
子目录，叫作【Project Outputs for 四路继电器控制电路】，各个层的 Gerber 文件都存在里面
了。输出文件的扩展名与层面的对应关系见表 10-2。

表 10-2　扩展名与层面的对应关系

文件扩展名	对应的层	文件扩展名	对应的层
GTL	顶层	GBP	钢网底层
GP1	第二层（负片）	GTS	阻焊顶层
G1	第三层（正片）	GBS	阻焊底层
G2	第四层（正片）	GTO	丝印顶层
GP2	第五层（负片）	GBO	丝印底层
GBL	底层	GG1	钻孔参考层
GM1	机械一层	GD1	钻孔图层
GTP	钢网顶层	DRL	NC 钻孔层

　　2）数控钻孔文件。执行菜单命令【文件】|【制造输出】|【NC Drill Files】，弹出【NC 钻
孔设置】对话框，如图 10-34 所示。【选项】的设置要和【Gerber 设置】对话框一致。单击【确
定】按钮，打开图 10-35 所示的【输入钻孔数据】对话框，在对话框中单击【确定】按钮，进行
第二次输出即可。生成的钻孔文件同样会在那个子目录里，而"*.cam"文件可以不用
保存。

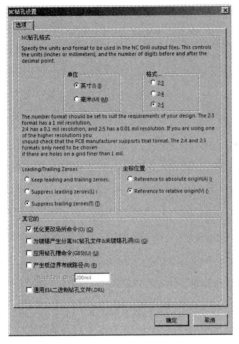

图 10-34　NC 钻孔设置对话框　　　　　　　　图 10-35　输入钻孔数据对话框

3）钻孔组合图。执行菜单命令【文件】|【制造输出】|【Composite Drill Drawing】，打开图 10-36 所示的预览打印窗口，可以打印钻孔组合图，钻孔组合图就是将钻孔孔径和钻孔位置组合在一起。

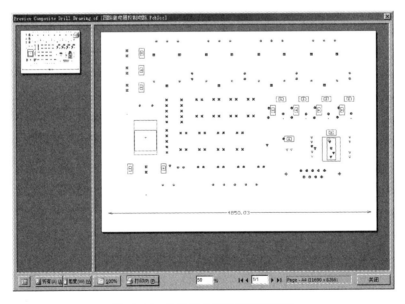

图 10-36　钻孔组合图预览打印窗口

4）钻孔图。执行菜单命令【文件】|【制造输出】|【Drill Drawing】，打开图 10-37 所示的预览打印窗口，有 2 张图纸，可以分别打印钻孔孔径图和钻孔位置图。

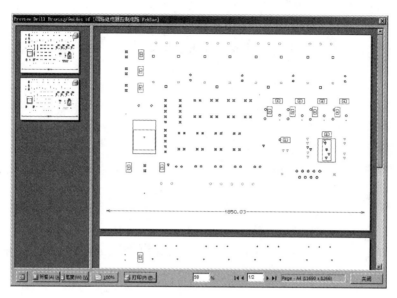

图 10-37　钻孔图预览打印窗口

5）电路板分层图。执行菜单命令【文件】|【制造输出】|【Final】，打开图 10-38 所示的预览打印窗口，各层的图纸分别显示，可以分层打印电路板。

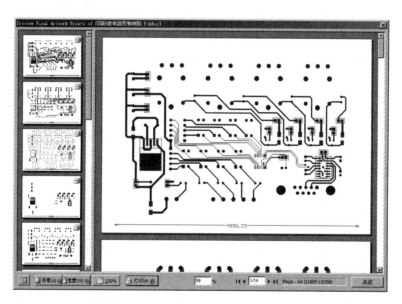

图 10-38　电路板分层图预览打印窗口

6）测试点报告文件。执行菜单命令【文件】|【制造输出】|【Test Point Report】，打开图 10-39 所示的【Fabrication Testpoint Setup】对话框。在【报告格式】中选中【IPC－D－356A】，并选中【IPC－D－356A 选项】区域中的【邻接信息】、【板外框】和【导线轨迹】选项，其他按照默认设置，单击【确定】按钮即可生成 IPC－D－356A 格式的测试点报告文件，这个文件可以对比 Gerber 文件的网络安全性，可以方便地查看 PCB 的板层顺序，特别是多层板效果明显，可以转换成 PCB 生产厂商的测试文件，进行测试。

（2）装配输出文件

1）插件文件。执行菜单命令【文件】|【装配输出】|【Generates pick and place files】，打开图 10-40 所示的插件文件设置对话框。选择需要输出的形式和单位，单击【确定】按钮即可输出插件文件。

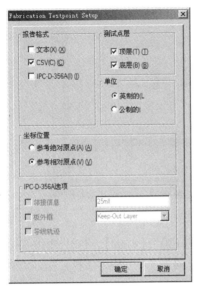

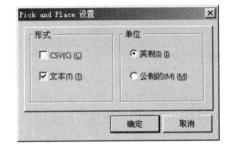

图 10-39　制造测试点设置对话框　　　　　　图 10-40　插件文件设置对话框

2）装配图。执行菜单命令【文件】|【装配输出】|【Assembly Drawing】，打开图 10-41 所示的预览打印窗口。单击【打印】按钮，可以直接打印装配图。也可以在页面上单击鼠标右键，在弹出的快捷菜单中选择【输出图元文件】命令，将装配文件以 EMF 格式保存。

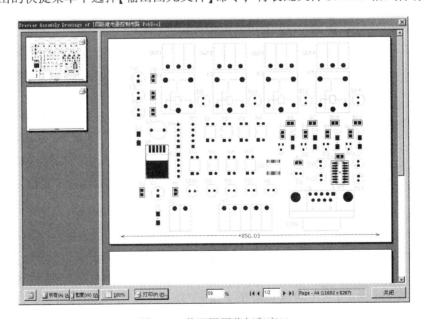

图 10-41 装配图预览打印窗口

3）测试点报告文件。执行菜单命令【文件】|【装配输出】|【Test Point Report】，打开图 10-42 所示的装配测试点设置对话框，用于生成装配测试点报告文件，与生成制造配测试点报告文件的设置一样，不再赘述。

11. 输出 PDF 文档

PDF 文档是一种应用广泛的文档格式，将电路原理图或 PCB 图导出成 PDF 格式可以方便设计者之间的参考交流。Altium Designer 14 提供了一个强大的 PDF 生成工具，可以非常方便地将电路原理图或 PCB 图转化为 PDF 格式。

执行菜单命令【文件】|【智能 PDF】，打开图 10-43 所示的智能 PDF 生成器启动界面。

单击【Next】按钮，进入【选择导出目标】对话框，如图 10-44。在对话框中选择导出该工程中的所有文件还是仅仅导出当前打开的文件，并在【输出文件名称】文本框中设置输出 PDF 的保存文件名及路径。

图 10-42　装配测试点设置对话框

图 10-43　智能 PDF 生成器启动界面

图 10-44　选择导出目标

单击【Next】按钮，进入图 10-45 所示的【导出项目文件】对话框，在对话框中选取需要输出 PDF 的文件，在选取的过程中可以在按住 < Ctrl > 键或 < Shift > 键的同时单击鼠标，以进行多个文件的选择。

单击【Next】按钮，进入图 10-46 所示的【导出 BOM 表】对话框，和前面生成元件报表的设置一样，设置是否生成元件报表以及报表格式和套用的模板，一般采用默认值，不做调整。

单击【Next】按钮，进入图 10-47 所示的【PCB 打印设置】对话框，在对话框中设置打印属性，项目九中已经介绍，不再赘述。

单击【Next】按钮，进入图 10-48 所示的【添加打印设置】对话框，对话框中各设置项的含义如下：

【缩放】区域用于设置当在书签栏中选中元件或网络时，PDF 阅读窗口缩放的大小，可以拖动下面的滑块来改变缩放的比例。

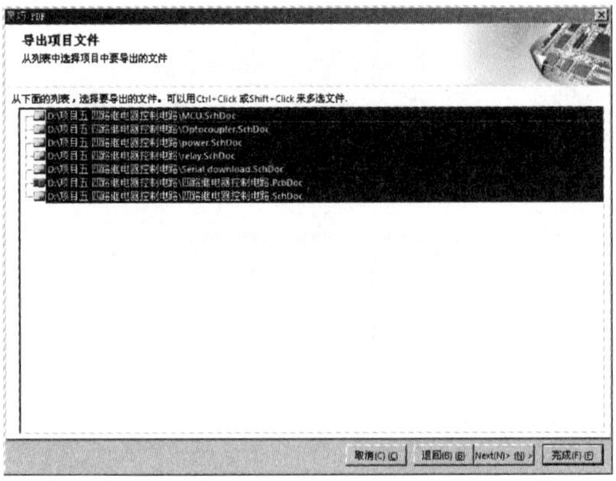

图 10-45　导出项目文件　　　　　　　　　　　　图 10-46　导出 BOM 表对话框

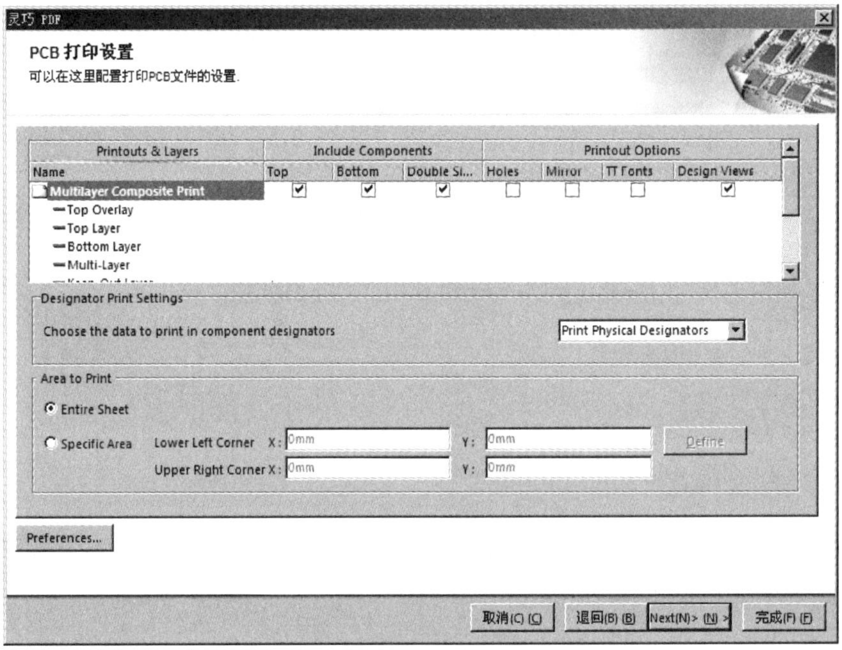

图 10-47　PCB 打印设置对话框

【Additional information】区域中，选中【产生网络信息】选项，在生成的 PDF 文档中会产生网络信息。另外还可以设定是否产生【管脚】、【网络标号】、【端口】的标签。选中【Include Component Parameters】选项，在生成的 PDF 文档中会包含元件的参数信息。选中【Global Bookmarks for Components and Nets】选项，在生成的 PDF 文档中会生成元件和网络标号的信息。

【原理图选项】区域用于设置是否将【No-ERC 标号】、【参数设置】、【探测】、【覆盖区】和【注释】放置在生成的 PDF 文档中。

【原理图颜色模式】区域用于设置原理图文件转化为 PDF 文档时的色彩模式，有【颜色】、【灰度】和【单色】3 个选项。

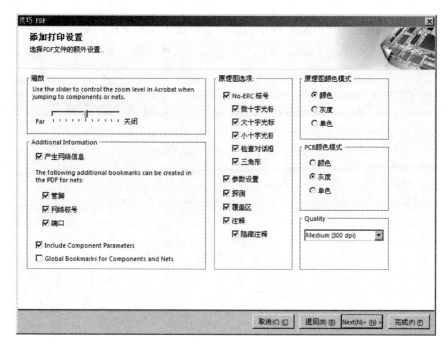

图 10-48　添加打印设置对话框

【PCB 颜色模式】区域用于设置 PCB 设计文件转化为 PDF 文档时的色彩模式，有【颜色】、【灰度】和【单色】3 个选项。

【Quality】区域用于设置 PDF 文档的分辨率，有【Draft（75dpi）】、【Low（150dpi）】、【Medium（300dpi）】和【High（600dpi）】4 个选项。

单击【Next】按钮，进入图 10-49 所示的【结构设置】对话框，该对话框的设置是针对重复层次式电路原理图，将电路图转换成实体电路图，对于一般电路图不起作用，用户无需更改。

单击【Next】按钮，进入图 10-50 所示的【最后步骤】界面，在对话框中，选择是否【导出后打开 PDF 文件】、【保存设置到批量输出文件】、【导出后打开批量输出文件】，一般采用默认值，不做修改。

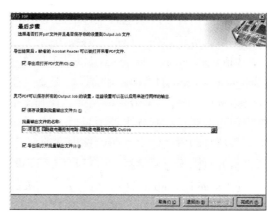

图 10-49　结构设置对话框　　　　　　　　　图 10-50　最后步骤

单击【完成】按钮，关闭对话框，即可输出 PDF 文档和批量输出文件，同时打开 PDF 文档，如图 10-51 所示。在左边的标签栏中层次式地列出了工程文件的结构，每张电路图样中的元件、网络以及工程的元件报表。可以单击各标签跳转到相应的项目，非常方便。

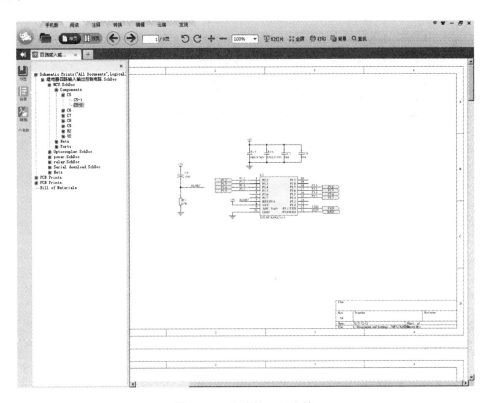

图 10-51　生成的 PDF 文档

打开批量输出文档，如图 10-52 所示。

可在此设定好所有设计输出的属性与选项，并连接计算机上所有输出装置，然后输出。在编辑区左侧【OUTPUTS】区域内，用于设置输出项目。说明如下：

【Netlist Outputs】项目是网络表的输出，软件没有默认任何网络表的输出，若要产生某格式网络表的输出项，则指向其下的【Add New Netlist Output】，单击鼠标左键，即可弹出快捷菜单，列出许多厂家电路软件的网络表格式，其中不少已不再发行了。用户可选中所要产生的网络表格式选项，以产生其输出项。

【Documentation Outputs】项目是电路图与电路板相关的输出，软件默认【PCB Prints】及【Schematics Prints】两个输出项目。若要产生其他输出项目，则指向其下的【Add New Documentation Output】，单击鼠标左键，在弹出的菜单中指定所要输出的项目。若要设置所产生输出项目的属性，则选中该项目后，按＜Alt＞＋＜Enter＞键，打开其属性对话框。本项目主要是以打印方式输出，所以选中该项目后，按鼠标右键弹出菜单，执行【页面设置】命令，即可打开页面设置对话框，进行打印页面设置，如图 10-53 所示。

【Assembly Outputs】项目是与装配相关的输出，包括装配图、插件文档、测试点报表等，与在电路板编辑区里执行菜单命令【文件】|【装配输出】完全一样。指向其下的【Add New Assembly Output】，单击鼠标左键，即可弹出快捷菜单，其中包括 3 个选项，若要输出装配

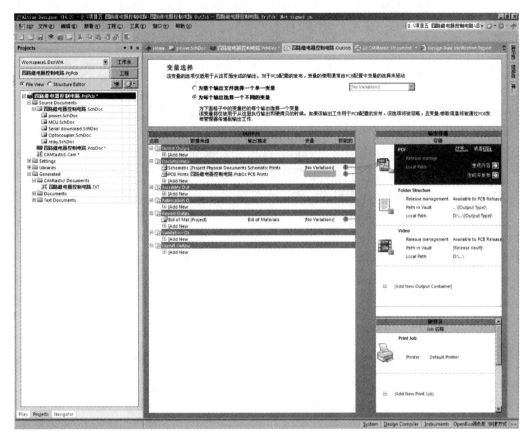

图 10-52　批量输出文档

图 10-53　打印页面设置

图，则选取【Assembly Drawings】选项；若要输出插件文档，则选取【Generates Pick and Place Files】选项；若要输出测试点报表，则选取【Test Point Report】选项。若要设定所产生输出项目的属性，则选中该项目后，按 < Alt >　+ < Enter > 键，打开其属性对话框。关于装配相关输出项目的属性，在装配输出文件中已经介绍，不再赘述。若输出可打印项目，则可在选中该项目后，按鼠标右键弹出菜单，执行【页面设置】命令，即可打开页面设置对话框，进行打印页面设置。

【Fabrication Outputs】项目是与制造相关的输出，包括分层打印、底片文档、钻孔文档等，与在电路板编辑区里执行菜单命令【文件】|【制造输出】完全一样。指向其下的【Add New Fabrication Output】，单击鼠标左键，即可弹出快捷菜单，其中包括9个选项。若要设定所产生输出项目的属性，则选中该项目后，按 < Alt > + < Enter > 键，打开其属性对话框。若输出可打印项目，则可在选中该项目后，按鼠标右键弹出菜单，执行【页面设置】命令，即可打开页面设置对话框，进行打印页面设置。

【Report Outputs】项目是各式报表的输出，包括元件表、交叉参考表、设计规则检查表等，软件已默认输出一个元件列表（Bill of Materials）。若要再产生其他报表输出项，可指向其下的【Add New Report Output】，单击鼠标左键，即可弹出快捷菜单，其中包括9个选项，选中所要产生的项目，即可在其中列出该项目。若要设定所产生输出项目的属性，则选中该项目后，按 < Alt > + < Enter > 键，打开其属性对话框。若输出可打印项目，则可在选中该项目后，按鼠标右键弹出菜单，执行【页面设置】命令，即可打开页面设置对话框，进行打印页面设置。

在编辑区右侧【输出容器】区域内，列出目前计算机的所有输出装置，如图10-54所示，用于指定输出项目通过哪种装置输出。选择不同的输出容器，左侧【OUTPUTS】区域内相关输出项目的【使能的】栏目会出现圆圈，选取该选项，则在两者之间，建立一条连接线，如图10-55所示。然后单击【生成内容】或【打印】按钮，就可以通过相应的容器将指定的项目输出。

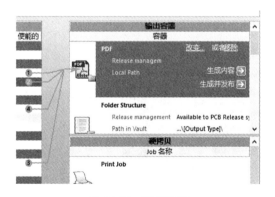
图10-54　输出容器

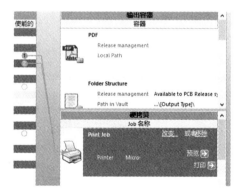
图10-55　建立输出连接

10.3　补充提高

1. 网络密度分析

执行菜单命令【工具】|【密度图】，系统对当前PCB文件的元件放置及其连接情况进行分析。密度分析会生成一个临时的密度指示图，覆盖在原PCB图上面，如图10-56所示。

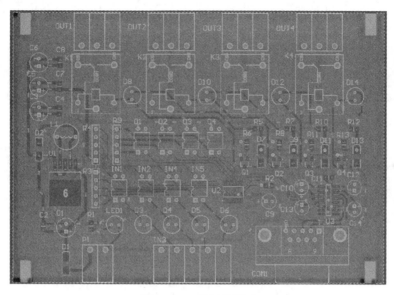

图 10-56　密度指示图

　　在图中，绿色的部分表示网络密度较低。元件越密集、连线越多，区域颜色就会呈现一定的变化趋势，其中黄色表示网络密度中等，橙色表示网络密度较高，红色表示网络密度高。密度指示图显示了 PCB 布局的密度特征，可以作为各区域内布线难度和布通率的指示信息。用户根据密度指示图进行相应的布局调整，有利于提高自动布线的布通率，降低布线难度。执行菜单命令【工具】|【Clear 密度图】，取消密度指示图。

　　2. 尺寸标注与尺寸测量

　　（1）尺寸标注　电路板设计完成之前，可对电路板标注尺寸，以供参考。通常在丝印层或机械层中标注尺寸。Altium Designer 14 提供的尺寸标注工具很多，一共有 10 种尺寸标注，下面主要介绍直线式尺寸标注，其他尺寸标注的操作方法类似，不做具体说明。

　　直线式尺寸标注常用于板框尺寸的标注，是较实用的一种尺寸标注。当要进行直线式尺寸标注时，执行菜单命令【放置】|【尺寸】|【线性的】，或在【放置尺寸】工具栏 中单击 按钮，进入直线式尺寸标注状态。光标指向所要标注尺寸的起点，单击鼠标左键，若该点有多个对象，将弹出图 10-57 所示窗口，选中所要标注的对象，确定尺寸标注的起点，然

后通过 < Space > 键改变尺寸标注的方向。紧接着，将光标移至另一端（终点），单击鼠标左键。若该点有多个对象，同样在弹出的窗口中选中所要标注的对象，确定尺寸标注的终点。

　　然后移动光标拉开尺寸标注与对象的距离，让尺寸标注与所要标识的对象保持适当距离，最后单击鼠标左键完成尺寸标注的标注。结果如图 10-58 所示。

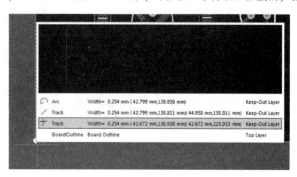

图 10-57　选中尺寸标注起点

此时，仍处于直线式尺寸标注状态，可以继续标注下一个尺寸标注，或单击鼠标右键结束标注。

图 10-58 完成尺寸标注

双击已经标注的尺寸标注或在标注过程中按 < Tab > 键，打开图 10-59 所示的【线尺寸】对话框。对话框中各项的含义如下：

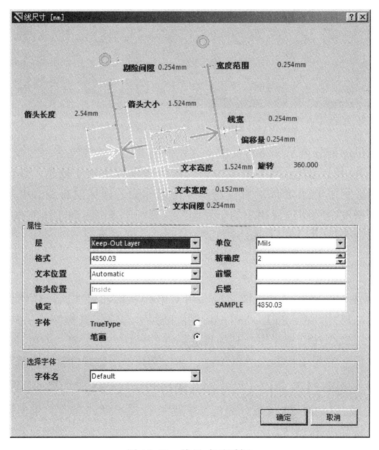

图 10-59 线尺寸对话框

【箭头长度】：设置尺寸标注的箭头长度。

【箭头大小】：设置尺寸标注的箭头大小。

【文本间隙】：设置文字与尺寸标注的间距。

【文本宽度】：设置尺寸标注的文字笔画粗细。

【文本高度】：设置尺寸标注的文字大小。

【旋转】：设置尺寸标注的角度。

【偏移量】：设置标注文字与延伸线的偏移量。

【线宽】：设置尺寸标注的线宽。

【宽度范围】：设置延伸线的线宽。

【剔除间距】：设置标注对象与延伸线的间距。

【层】：设置此尺寸标注放置在哪个板层。

【单位】：设置此尺寸标注所使用的单位，软件提供【Mils】、【Millimeters】、【Inches】、【Centimeters】及【Automatic】5个单位选项，指定不同的单位，其数值将自动换算。其中【Automatic】选项是按尺寸大小，自动选择适当的单位。

【格式】：设置尺寸标注的数字与单位标注格式，其中有4个选项，如图10-60所示。

【精确度】：设置尺寸标注的小数位数。

【文本位置】：设置尺寸标注的文字放置位置，有10个选项，其中【Automatic】选项设定由软件自动定位；【Undirectional】选项设定文字方向一律朝上，不随尺寸标注而变；【Manual】选项设定由使用者拖拽文字改变位置。

【前缀】：设置尺寸标注里文字的前缀字。

【箭头位置】：设置尺寸标注里的箭头位置，其中有2个选项，效果如图10-61所示。当【文本位置】设置为【Automatic】时，该属性不可设置。

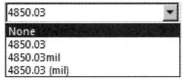

图 10-60 尺寸标注的格式

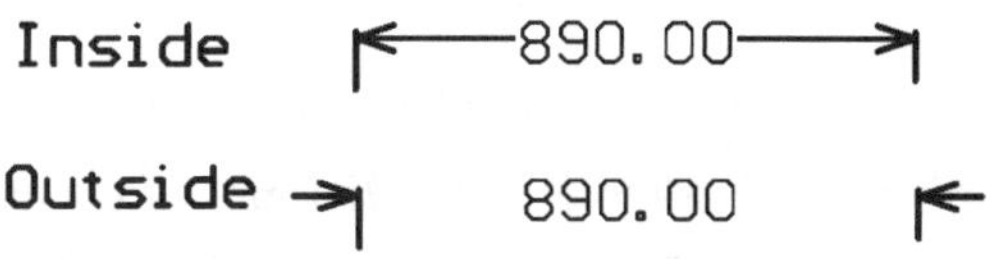

图 10-61 箭头位置

【后缀】：设置尺寸标注里文字的后缀字，通常是单位。

【锁定】：设置尺寸标注被锁定，移动必须确认。

【SAMPLE】：即时显示属性设定结果。

【True Type】：设置标注中文字采用 True Type 字形。若选中该选项，本区块里将提供 True Type 字形的相关选项，可在【字体名】栏位里指定所要采用的 True Type 字形，另外，可选取【粗体】选项，将标注文字设定为粗体字；可选取【斜体】选项，将标注文字设定为斜体字。

【笔画】：设置标注中文字采用描边字形。若选中该选项，可在本区块的【字体名】栏位里指定所要采用的描边字形。

此外，还可以执行菜单命令【放置】|【尺寸】|【线性的】，或在放置尺寸工具栏中单击 按钮，进入标准尺寸标注状态。这是一个点对点的尺寸标注，单击鼠标左键确定尺寸标注的起点，然后移动光标到终点，单击鼠标左键，完成尺寸标注的放置。

双击已经放置的尺寸标注或在放置过程中按 < Tab > 键，打开图 10-62 所示的【尺寸】对话框。可见，这是【线尺寸】对话

图 10-62 尺寸对话框

框的简化版，大部分属性设置都类似，只是多了一个【单位格式】栏位设定尺寸标注的单位表示方式，其中包括 3 个选项，分别是【None】、【Normal】和【Brackets】，效果如图 10-63 所示。

（2）尺寸测量　尺寸标注是将尺寸标示在编辑区里，可能有碍观瞻。有时候，只是要参考一下，暂时满足设计需求即可。软件提供三种测量功能来满足需求，说明如下。

1）测量两点间距离。当要测量两点之间的距离时，执行菜单命令【放置】|【测量距离】，进入测量两点间距状态，指向所要测量的第一点，单击鼠标左键，然后将光标移至所要测量的第二点，再单击鼠标左键，打开图 10-64 所示对话框。

图 10-63　尺寸标注单位样式

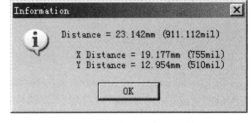

图 10-64　两点间距离测量结果

从图中可知，两点间距为 23.142mm（911.112mil），其中 X 轴间距为 19.177mm（755mil），Y 轴间距为 12.954mm（510mil），单击【OK】按钮关闭对话框。这时，仍在测量两点间距状态，用户可继续测量，或按 <Esc> 键或单击鼠标右键，结束测量两点间距状态。

2）测量两对象间距离。当要测量两对象的间距时，执行菜单命令【放置】|【测量】，进入测量两对象间距状态。指向所要测量的第一个对象（可以是一般线、导线、焊盘等），单击鼠标左键，然后将光标移至所要测量的第二个对象（可以是一般线、导线、焊盘等，不一定要与前一个对象种类相同），再单击鼠标左键，打开图 10-65 所示对话框，单击【OK】按钮关闭对话框。这时，仍在测量两对象间距状态，可继续测量，或按 <Esc> 键或单击鼠标右键，结束测量两对象间距状态。

3）测量所选取对象长度。当要测量选取对象的长度时，首先要选中对象，而这个对象必须是基本对象，如线条（导线），不可以是组合图形，如元件。而所选取的线条可为一小段线或整条网络的导线。选取好所要测量的对象后，执行菜单命令【放置】|【测量选择对象】，打开图 10-66 所示对话框。可知选取对象的长度为 10.316mm，单击【OK】按钮关闭对话框即可。

图 10-65　两对象间距离测量结果

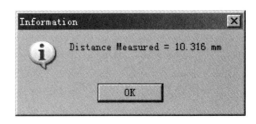

图 10-66　对象长度测量结果

10.4 练习

为图 5-46、图 5-47、图 5-48 对应的层次电路图设计 PCB 图。要求：尺寸尽可能小，电源线宽 30mil，地线线宽 50mil，信号线宽 20mil，双面板，手工布线，电路板四周放置安装孔，顶层和底层敷铜。其中需要自制按键的封装，尺寸如图 10-67 所示，单位是公制单位。

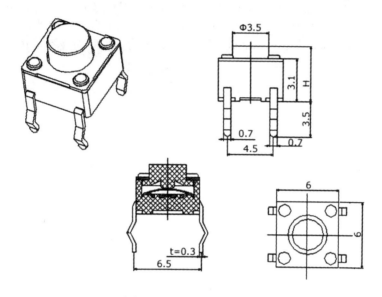

图 10-67 按键封装尺寸图

参 考 文 献

[1] 张义和. 电路图设计 [M]. 北京：科学出版社，2013.

[2] 张义和. 电路板设计 [M]. 北京：科学出版社，2013.

[3] 黄杰勇，林超文. Altium Designer 实战攻略与高速 PCB 设计 [M]. 北京：电子工业出版社，2015.

[4] 张青峰，胡仁喜. Altium Designer 14 中文版从入门到精通 [M]. 北京：机械工业出版社，2015.

[5] 李瑞，闫聪聪. Altium Designer 14 电路设计基础与实例教程 [M]. 北京：机械工业出版社，2015.